电气技术应用专业课程改革成果教材

电子基本电路装接与调试（第2版）

DIANZI JIBEN DIANLU ZHUANGJIE YU TIAOSHI

主　编　崔　陵

副主编　沈柏民　王炳荣

执行主编　朱红霞

U0364800

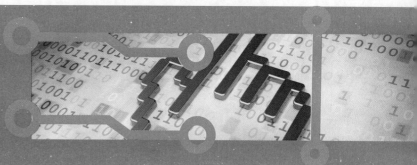

高等教育出版社·北京

内容简介

　　本书是中等职业教育电气技术应用专业课程改革成果教材,根据浙江省"中等职业学校电气技术应用专业选择性课改指导性实施方案与课程标准"编写而成。

　　本书采用项目式结构编写,主要内容包括 LED 灯电路的装接与调试、调光灯电路的装接与调试、助听器电路的装接与调试、大棚温控器电路的装接与调试、小型音箱电路的装接与调试、可调稳压电源电路的装接与调试、三人表决器电路的装接与调试、计数器电路的装接与调试 8 个项目,每个项目细化为若干个任务,按照任务驱动、学做互动的要求,将电子基本电路知识的学习、基本技能的训练与生产生活的实际应用紧密结合。

　　通过本书封底所附学习卡,可登录网站(http://abook.hep.com.cn/sve)上网学习及获取相关教学资源。详细说明见书末"郑重声明"页。

　　本书适合作为中等职业学校电气技术应用、电气运行与控制等相关专业教学用书,也可作为岗位培训教材及自学用书。

图书在版编目（CIP）数据

电子基本电路装接与调试 / 崔陵主编. -- 2 版. --
北京 : 高等教育出版社, 2021.2
　　ISBN 978-7-04-055147-1

　　Ⅰ. ①电… Ⅱ. ①崔… Ⅲ. ①电子电路-安装-中等
专业学校-教材②电子电路-调试方法-中等专业学校-
教材 Ⅳ. ①TN710②TN707

　　中国版本图书馆 CIP 数据核字(2020)第 192733 号

| 策划编辑　唐笑慧 | 责任编辑　唐笑慧 | 封面设计　张　志 | 版式设计　马　云 |
| 插图绘制　黄云燕 | 责任校对　陈　杨 | 责任印制　刘思涵 | |

出版发行	高等教育出版社		网　　址	http://www.hep.edu.cn
社　　址	北京市西城区德外大街 4 号			http://www.hep.com.cn
邮政编码	100120		网上订购	http://www.hepmall.com.cn
印　　刷	佳兴达印刷（天津）有限公司			http://www.hepmall.com
开　　本	850 mm×1168 mm　1/16			http://www.hepmall.cn
印　　张	18.5		版　　次	2014 年 10 月第 1 版
字　　数	520 千字			2021 年 2 月第 2 版
购书热线	010 - 58581118		印　　次	2021 年 2 月第 1 次印刷
咨询电话	400 - 810 - 0598		定　　价	45.20 元

本书如有缺页、倒页、脱页等质量问题,请到所购图书销售部门联系调换
版权所有　侵权必究
物 料 号　55147 - 00

浙江省中等职业教育电气技术应用专业
课程改革成果教材编写委员会

编写说明

2006 年，浙江省政府召开全省职业教育工作会议并下发《省政府关于大力推进职业教育改革与发展的意见》。该意见指出，"为加大对职业教育的扶持力度，重点解决我省职业教育目前存在的突出问题"，决定实施"浙江省职业教育六项行动计划"。2007 年年初，作为"浙江省职业教育六项行动计划"项目的浙江省中等职业教育专业课程改革研究正式启动，预计用 5 年左右时间，分阶段对 30 个左右专业的课程进行改革，初步形成能与现代产业和行业进步相适应的体现浙江特色的课程标准和课程结构，满足社会对中等职业教育的需要。

专业课程改革亟待改变原有以学科为主线的课程模式，尝试构建以岗位能力为本位的专业课程新体系，促进职业教育的内涵发展。基于此，课题组本着积极稳妥、科学谨慎、务实创新的原则，对相关行业企业的人才结构现状、专业发展趋势、人才需求状况、职业岗位群对知识技能要求等方面进行系统的调研，在庞大的数据中梳理出共性问题，在把握行业、企业的人才需求与职业学校的培养现状，掌握国内中等职业学校本专业人才培养动态的基础上，最终确立了"以核心技能培养为专业课程改革主旨、以核心课程开发为专业教材建设主体、以教学项目设计为专业教学改革重点"的浙江省中等职业教育专业课程改革新思路，并着力构建"核心课程+教学项目"的专业课程新模式。这项研究得到由教育部职业技术中心研究所、中央教科所和华东师范大学职教所等专家组成的鉴定组的高度肯定，认为课题研究"取得的成果创新性强，操作性强，已达到国内同类研究领先水平"。

依据本课题研究形成的课程理念及其"核心课程+教学项目"的专业课程新模式，课题组邀请了行业专家、高校专家以及一线骨干教师组成教材编写组，根据先期形成的教学指导方案着手编写本套教材，几经论证、修改，现付梓。

由于时间紧、任务重，教材中定有不足之处，敬请提出宝贵的意见和建议，以求不断改进和完善。

浙江省教育厅职成教教研室
2012 年 4 月

前言

本书为浙江省中等职业学校电气技术应用专业课程改革成果教材《电子基本电路装接与调试》的第 2 版。本书自第 1 版出版以来，得到了广大中等职业学校师生的一致好评。为使教材内容更加贴近教学实际，与中等职业学校电气技术应用专业培养目标相符，与行业企业的技术发展接轨，与电气技术应用专业学生的认知水平相洽，符合学生的认知规律和学习特点，反映浙江省课程改革的最新成果，在传承第 1 版教材优点的基础上，广泛听取一线教师的建议，对本书进行修订。

本次修订以浙江省"中等职业学校电气技术应用专业选择性课改指导性实施方案和课程标准"为依据，充分借鉴国内外优秀教材的特点，以项目引领、任务驱动模式编排教材内容，基本保持原有框架不变，注重整套教材的整体性和连贯性，注意教材之间的衔接关系，体现电气技术应用专业特点，开发成为中等职业学校新形态教材。本书主要做了以下改动：

1. 适度调整教材结构

根据课程标准，"电子基本电路装接与调试"课程依托基本功能电路，以工作任务为主线，学做合一，理实一体，为学习后续课程及走上工作岗位奠定基础。考虑电气技术应用专业的培养目标，增强学生的核心素养与学习后劲，对原有项目进行适度整合，将 LED 文字屏的装接与 LED 灯电源电路的装接与调试这两部分内容整合成 LED 灯电路的装接与调试，将红外报警器电路的装接与调试改成大棚温控器电路的装接与调试，将四路抢答器电路的装接与调试改成计数器电路的装接与调试，降低了装接与调试电子小作品的复杂度，并在项目的各任务中增加了"学生工作页"，提升了该专业学习的规范性与趣味性。

2. 适当体现课程思政

为充分反映电气产业发展最新进展，对接科技发展趋势和市场需求，及时吸收比较成熟的新技术、新工艺、新规范等，本书每个项目增设了与该项目相关的"学习材料"栏目，有机融入与课程内容相关的中华优秀传统文化、新中国建设成就、技术前沿发展等内容，体现爱国主义教育和生态文明教育，弘扬专业精神和职业精神。

3. 适量整合教学资源

将本课程数字化教学资源包、微视频等教学资源，与日常教学使用电子教案、演示文稿、教学动画等相关资源整合，配套数字课程网站，在书中的关键知识点和技能点旁插入二维码资源标志，让使用教材的师生随时可用，借助现代信息技术，增加学习兴趣，提升学习效率。

此外，本次修订还新增了大量图片和表格，使内容更加直观呈现；调整了一些文字表述，使文句更简练，更便于读者理解。

本课程建议教学总学时为 180 学时（一学期按 18 周计，4/6 学时/周，开设两个学期），各部分内容学时分配建议如下：

序号	教学项目	建议学时
1	项目 1　LED 灯电路的装接与调试	24
2	项目 2　调光灯电路的装接与调试	18

续表

序号	教学项目	建议学时
3	项目3　助听器电路的装接与调试	25
4	项目4　大棚温控器电路的装接与调试	27
5	项目5　小型音箱电路的装接与调试	18
6	项目6　可调稳压电源电路的装接与调试	20
7	项目7　三人表决器电路的装接与调试	22
8	项目8　计数器电路的装接与调试	22
9	机动	4
合计		180

　　本书配有学习卡资源，请登录 Abook 网站 http：// abook. hep. com. cn/sve 获取相关资源。详细说明见本书"郑重声明"页。

　　本书由浙江省教育科学研究院崔陵担任主编，杭州市中策职业学校沈柏民和杭州市教育科学研究院王炳荣担任副主编，杭州市萧山区教学研究室朱红霞担任执行主编并统稿。参与本书修订的人员有：杭州市萧山区第三中等职业学校余丽黎、郭明良、姜顺利、孙洪、黄海平、方小娟等。在本书的修订过程中，得到了各地市电子电工专业教研大组和一线教师的大力支持，在此表示真挚感谢！

　　由于编者水平有限，书中难免存在不足之处，恳请使用本书的师生和读者批评指正，以便进一步完善本书。读者意见反馈邮箱：zz_dzyj@ pub. hep. cn。

编者

2020 年 7 月

目录

项目 1

LED 灯电路的装接与调试

——单相整流滤波电路

项目目标

1. 能识别二极管的外形与符号。
2. 会判别二极管的极性与好坏。
3. 认识单相整流电路的组成，并能区分不同类型的整流电路。
4. 明确电子元器件的成形标准，学会元器件成形与插装技术。
5. 会正确使用电烙铁进行手工锡焊。
6. 能按电路图搭接不同类型的单相整流电路。
7. 会用万能表和示波器测量单相整流电路的相关参数与波形。
8. 会估算不同单相整流电路的输出电压。
9. 会合理选用整流二极管相关参数。

项目情境

LED 灯具有抗振耐冲击、光响应速度快、省电和寿命长等特点，是继传统白炽灯、荧光灯后的新一代光源。随着 LED 应用技术的发展，LED 灯以其独有的发光形式广泛应用于显示屏、照明、仪表盘指示等多个领域。但在 LED 灯等各种电子电气设备中，一般都需要稳定的直流供电。那就让我们来学一学、做一做由交流电通过整流滤波后点亮 LED 灯吧。

项目概述

尽管交流电在发电、变电、输电、配电等方面有很多优点，但在一些场合还必须使用直流电，如新能源车电瓶的充电、直流电动机的运行、电子电路的工作、LED 灯的点亮等，这就需要通过整流，将交流电转变成脉动直流电，再通过滤波变成较平滑的直流电。本项目主要学习与装接常见的单相半波整流电路、单相桥式整流电路、滤波电路，以及 LED 灯的制作。

任务 1
二极管的识别与检测

◆ 任务目标

1. 了解半导体基本知识。
2. 认识二极管及相关符号。
3. 明确二极管的特性及应用。

任务描述

本任务主要介绍二极管的特性，并在简单电路中加以应用。

任务准备

1. 半导体的主要特性

半导体是导电能力介于导体与绝缘体之间的物质，它的导电能力随着掺入杂质、输入电压（电流）、温度和光照条件的不同而发生很大变化。硅、锗是最常见的半导体材料。半导体材料具有三大奇妙且可贵的特性。

（1）掺杂性

在纯净的半导体（常称本征半导体）中掺入极其微量的杂质元素（如磷、铟等），它的导电能力将大大增强。利用这一特性，经过特殊的加工，可以制造出二极管、三极管、晶闸管、集成电路等半导体元器件。

（2）热敏性

半导体的导电能力随外界温度的变化而发生显著变化，如温度升高时，导电能力大大增强。利用这一特性，可制造出热敏电阻及其他热敏元件。

（3）光敏性

半导体的导电能力随光线照射的变化而发生显著变化，如光照越强，导电能力越强。利用这一特性，可制造出光敏电阻、光电二极管、光电三极管等光敏元件。

2. PN 结

在硅本征半导体（即纯净半导体）中，掺入微量的五价元素（磷或砷）作为杂质，形成 N 型半导体，磷原子最外层的 5 个价电子与硅原子的 4 个价电子组成共价键，1 个多余的价电子变成了带负电荷的自由电子（简称电子）。

在硅本征半导体中，掺入微量的三价元素（铟）作为杂质，形成 P 型半导体，铟原子最外层的 3 个价电子与硅原子组成共价键，缺少了 1 个价电子，就形成了 1 个带正电荷的空穴。

在半导体中，同时存在着自由电子与空穴，它们在外电场的作用下会作不同方向的定向移动，故统称为载流子。N 型半导体主要靠电子导电，电子是多数载流子，空穴是少数载流子；P 型半导体主要靠空穴导电，空穴是多数载流子，电子是少数载流子。

经过特殊的工艺加工，将 P 型半导体和 N 型半导体紧密地结合在一起，两种半导体交界处形成一个特殊导电性能的薄层，称为 PN 结，如图 1-1 所示。

PN 结加正向电压时导通，加反向电压时截止，称为 PN 结的单向导电性。

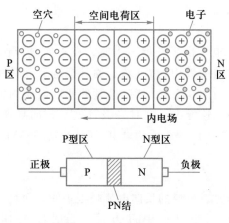

图 1-1　PN 结的构成

3. 二极管的结构与符号

二极管又称半导体二极管或晶体二极管。它由一个 PN 结组成的管芯，P 区与 N 区分别引出的正、负电极引线及封装外壳组成，如图 1-2 所示。

图 1-2　二极管实物　　　　　　　图 1-3　二极管的符号

在电路中，二极管的图形符号如图 1-3 所示，文字符号为 VD。

4. 二极管的导电特性

二极管的核心部分是 PN 结，PN 结具有单向导电性，这也是二极管的主要特性。

如图 1-4(a)所示，直流电源正极接二极管正极，直流电源负极接二极管负极，这种接法称为正向偏置，简称正偏。此时，二极管导通，指示灯亮。

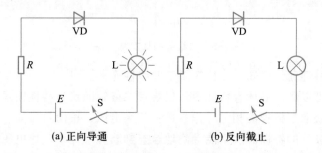

(a) 正向导通　　　　　　　　　　(b) 反向截止

图 1-4　二极管的单向导电性

如图 1-4(b)所示，直流电源正极接二极管负极，直流电源负极接二极管正极，这种接法称为反向偏置，简称反偏。此时，二极管截止，指示灯不亮。

观察结论：二极管加正向电压时，PN 结正偏，二极管导通；加反向电压时，PN 结反偏，二极管截止。可见二极管具有单向导电性。

5. 二极管的特性曲线

二极管的导电性能由加在二极管两端的电压和流过二极管的电流来决定，这两者之间的关系称为二极管的伏安特性。用于定量描述这两者关系的曲线称为伏安特性曲线，如图 1-5 所示。

二极管的伏
安特性

由图 1-5 可见，二极管的导电特性可分为正向特性(*OAB* 段)和反向特性(*OCD* 段)两部分。

（1）正向特性

当二极管两端所加的正向电压由零开始增大时，在正向电压比较小的范围内，正向电流很小，二极管呈现很大电阻。如图 1-5 中的 *OA* 段，通常把这个范围称为死区，相应的电压称为死区电压。硅二极管的死区电压约为 0.5 V，锗二极管的死区电压约为 0.2 V。当外加电压大于死区电压后，电流随电压增大而迅速增大，这时二极管处于正向导通状态，二极管呈现的电阻很小，如图 1-5 中 *AB* 段。二极管正向导通后两端电压降(也称管压降)基本不变，硅管约为 0.7 V，锗管约为 0.3 V。

（2）反向特性

当二极管两端加反向电压时，形成的反向电流是很小的，而且在很大范围内基本不随反向电压的变化而变化，即保持恒定。如图 1-5 中的 *OC* 段，此时对应的电流为反向饱和电流。实际应用中，此反向饱和电流值越小越好。一般硅二极管的反向饱和电流在几十微安以下，锗二极管则达几百微安，大功率二极管会略大些。

若反向电压不断增大，超过某一个值时(图 1-5 中 *C* 点)，反向电流突然增大，这种现象称为反向击穿。*CD* 段称为反向击穿区，*C* 点对应的电压就是反向击穿电压 $U_{(BR)}$。击穿后电流过大将会使管子损坏，因此除稳压二极管外，加在二极管上的反向电压不允许超过击穿电压。而稳压二极管则是应用特殊制造工艺，利用反向击穿特性在电路中起稳压作用，只要反向电流不超过极限电流，管子工作在反向击穿区是不会损坏的。

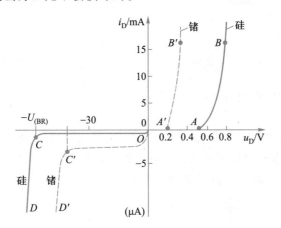

图 1-5　二极管的伏安特性曲线

由二极管的伏安特性曲线可知，二极管属于非线性元件。

在实际应用中，可以利用晶体管特性图示仪观察二极管的伏安特性曲线，以便了解不同型号二极管的工作特性，获取二极管的相关工作参数：死区电压、正向管压降、反向饱和电流、反向击穿电压等。观察二极管的特性曲线，能准确地检查判断管子处于工作电压状态时的质量优劣。

锗二极管和硅二极管的特性曲线形状相似，如图 1-5 中的 *OA′B′*、*OC′D′* 段，且均为非线性，但其特性存在一定的差异。硅二极管反向饱和电流较小，受温度的影响较小，常应用在电源整流及电工设备中。锗二极管死区电压较小，通常用于高频小信号的检波电路，以提高检波灵敏度。

6. 二极管的分类及参数

（1）二极管的型号与分类

我国对二极管的命名有统一规定，通常由五部分组成，各组成部分的符号及其含义见表 1-1。

表 1-1　国产二极管型号组成部分的符号及其含义

第一部分 主称		第二部分 材料		第三部分 类别		第四部分 序号	第五部分 规格号
数字	意义	字母	意义	字母	意义		
2	二极管	A	N 型锗材料	P	小信号管（普通管）	用数字表示同一类别产品序号	用字母表示产品规格、档次
				W	电压调整管和电压基准管（稳压管）		
				L	整流堆		
		B	P 型锗材料	N	阻尼管		
				Z	整流管		
				U	光电管		
		C	N 型硅材料	K	开关管		
				B 或 C	变容管		
				V	混频检波管		
		D	P 型硅材料	JD	激光管		
				S	隧道管		
				CM	磁敏管		
		E	化合物材料	H	恒流管		
				Y	体效应管		
				EF	发光二极管		

　　例如：2CZ-N 型二极管，2 表示二极管，C 表示其材料是 N 型硅，Z 表示其类别是整流管，N 为序号，故 2CZ-N 为 N 型硅材料整流二极管。

　　又如：2CW1-N 型二极管，2 表示二极管，C 表示其材料是 N 型硅，W 表示其类别是稳压管，N 为序号，故 2CW1-N 为 N 型硅材料稳压二极管。

二极管 $\begin{cases}\end{cases}$ 按材料分：锗二极管、硅二极管、砷化镓二极管等
按结构分：点接触型二极管、面接触型二极管、平面型二极管等
按用途分：整流二极管、检波二极管、开关二极管、稳压二极管、变容二极管、发光二极管、光电二极管等

　　特殊二极管的外形、符号及用途见表 1-2。

表 1-2　特殊二极管外形、符号及用途

序号	名称	实物图	图形符号	用途
1	稳压二极管		VZ	稳压二极管，又称齐纳二极管，是用特殊工艺制造的硅二极管，它是利用 PN 结的反向击穿区具有稳定电压的特性来工作的。稳压二极管主要用作稳压器或电压基准元件

序号	名称	实物图	图形符号	用途
2	发光二极管	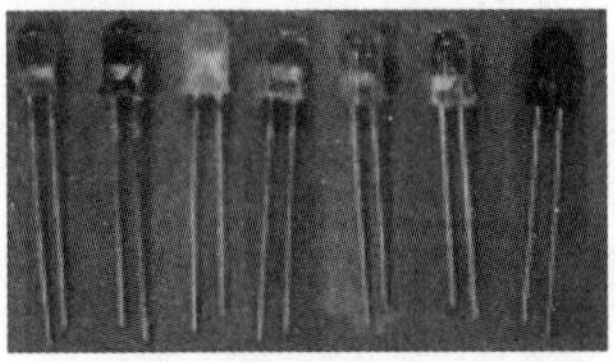	 ▷|◁ LED	发光二极管，简称 LED，是一种把电能转化成光能的器件。由磷化镓、磷砷化镓材料制成，体积小，正向驱动发光。常用的是发红光、绿光或黄光的二极管。它广泛应用于各种电子电路、家用电器、仪表设备中，作电源指示、电平指示或者组成文字或数字显示等
3	光电二极管		 ▷|◁ VD	光电二极管，也称光敏二极管，是将光信号变成电信号的半导体器件。它的核心部分也是一个 PN 结，不同之处是在光电二极管的外壳上有一个透明的窗口用于接收光线照射，实现光电转换。主要用在自动控制中，作为光电检测元件

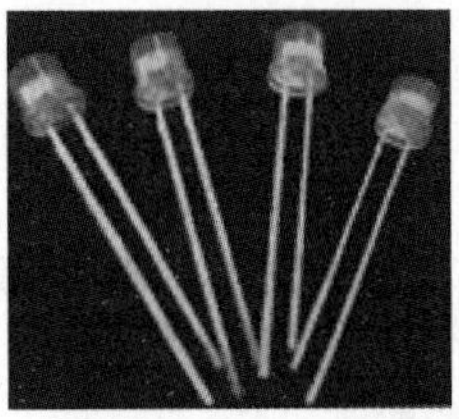

（2）二极管的主要参数

查看晶体管手册，会发现二极管有多个技术参数，以反映二极管的各种特性，在选用器件和设计电路时它们都是有用的，在实际应用中最主要的参数有 4 个。

① 最大整流电流 I_{FM}　是管子长期运行时允许通过的最大正向平均电流。实际应用时，不允许二极管的工作电流超过 I_{FM}，否则会使二极管 PN 结过热而烧毁。

② 最大反向工作电压 U_{RM}　是二极管正常工作时所能承受的最大反向电压值，一般为反向击穿电压的 $\frac{1}{2} \sim \frac{1}{3}$。使用时，外加反向电压不得超过此值，否则二极管 PN 结中的反向电流将会剧增而使二极管烧毁。

③ 最大反向饱和电流 I_{RM}　是二极管在规定的温度和最大反向工作电压下流过的反向电流，其值越小，则管子的单向导电性越好。温度增加，反向电流会急剧增大。

④ 最高工作频率 f_M　是二极管正常工作时的最高频率，通过二极管电流的频率超过此值，则二极管将不能起到它应有的作用。

7. 二极管的检测

二极管具有正向导通、反向截止的单向导电特性，因此，可通过万用表测量二极管的正、反向电阻，方便地判断二极管的极性和性能。

（1）整流二极管的极性判断

二极管的极性一般可通过二极管管壳上的标志来识别。若管壳无标志或标志不清，则需要用万用表进行检测，其电路如图 1-6（a）、（b）所示。首先，选择万用表 R×100 或 R×1 k 挡（一般不用 R×1 挡，因为电流太大，而 R×10 k 挡电压太高，管子会有损坏的危险），将两表笔分别接二极管的两个电极，接着交换电极再测一次，从而得到两个电阻值。根据二极管反向电阻值（几十千欧至几百千欧）远大于正向电阻值（几百到几千欧）的特性，以测量阻值小的一次为准，黑表笔接的是二极管的正极，红表笔接的是二极管的负极（以上测量使用的为指针式万用表，如使用数字万用表，则红表笔接的是二极管的正极，黑表笔接的是二极管的负极）。

使用数字万用表"二极管挡"检测二极管时，若红表笔接的是二极管的正极，黑表笔接的是二极管的负极，数字万用表会显示二极管导通电压；若红表笔接的是二极管的负极，黑表笔接

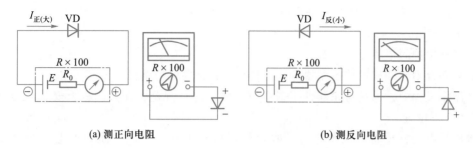

(a) 测正向电阻   (b) 测反向电阻

图 1-6 二极管的检测

的是二极管的正极，数字万用表会显示"1"表示溢出。

（2）二极管的好坏判断

若两次测得的正、反向电阻值均很小或接近零，说明管子内部已被击穿；如果正、反向电阻值均很大或接近无穷大，说明管子内部已断路；如果正、反向电阻值相差不大，说明其性能变坏或已失效。而性能好的二极管，一般反向电阻值比正向电阻值大几百倍以上。因此，出现以上 3 种情况的二极管都不能使用。

（3）发光二极管的检测

用万用表 $R \times 10$ k 挡可测量其正、反向电阻。一般来说，其正向电阻应小于 30 kW(使用指针式或数字万用表测量发光二极管正向电阻时,发光二极管会微微发光)，反向电阻应大于 1 MΩ。若正、反向电阻均为无穷大，表明其内部开路；若正、反向电阻均为零，则表明其内部击穿短路。

任务实施

1. 准备工具和器材

（1）工具

本次任务实施所需要的常用仪器及工具见表 1-3。

表 1-3 常用仪器及工具

编号	工具名称	规格	数量
1	直流稳压电源	自定	1 台
2	万用表	自定	1 只

（2）器材

本次任务实施所需要的器材见表 1-4。

表 1-4 器 材

编号	器材名称	规格	数量
1	干电池	自定	4 节
2	固定电阻	100 Ω(可在电子百拼套件内选)	1 只
3	二极管	1N4001(可在电子百拼套件内选)	1 只
4	发光二极管	可在电子百拼套件内选	1 只
5	稳压二极管	可在电子百拼套件内选	1 只
6	按键开关	可在电子百拼套件内选	1 只
7	电子百拼套件		1 套

2. 环境要求、安装工艺要求与安全要求

（1）环境要求

① 带漏电保护的单相交流电源。

② 安装平台不允许放置其他元器件、工具与杂物，要保持整洁。

③ 在操作过程中，工具与元器件不得乱摆乱放，注意规范，在万能板上安装元器件时，要注意前后、上下位置。

④ 操作结束后，要将工位整理好，收拾好器材与工具，清理台面和地上的杂物，关闭电源等。

（2）安装工艺要求

① 正确选用连接导线。

② 电路各连接点要可靠、牢固。

③ 同一接线端子的连接导线不能超过 2 根。

（3）安装过程的安全要求

安装过程必须做到"安全第一"，具体要遵守以下要求：

① 正确使用测电笔、螺丝刀、尖嘴钳，防止在操作过程中出现安全事故。

② 正确连接电源，同时接好地线，为此先用万用表检测好之后才能通电，以免烧坏。

③ 使用仪表带电测量时，一定要按照仪表使用的安全规程进行。

3. 完成安装测试的步骤与方法

根据如图 1-7(a) 所示电路在电子百拼板上进行安装拼搭，拼搭完成后如图 1-7(b) 所示，熟悉电子百拼板的拼搭操作。

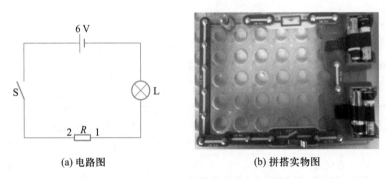

(a) 电路图　　　　　　　　　　　　(b) 拼搭实物图

图 1-7　电子百拼板的简单电路拼搭

根据如图 1-8(a) 所示电路在电子百拼板上进行安装拼搭，拼搭完成后如图 1-8(b) 所示，观察二极管的导电特性及电路的指示灯的发光情况（也可以用面包板或多孔板等器材进行安装测试）。

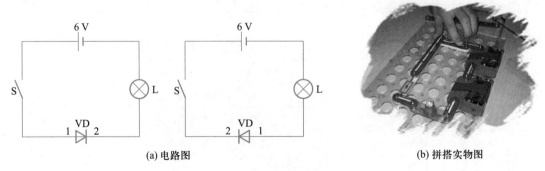

(a) 电路图　　　　　　　　　　　　(b) 拼搭实物图

图 1-8　电子百拼板的简单电路拼搭

学生工作页

工作任务	二极管的特性及应用	学生/小组		工作时间	

<table>
<tr><td rowspan="2">电路
识读</td><td colspan="5">
实际电路图　　　　　　　　　　　　接线图
</td></tr>
<tr><td colspan="5">
电路工作过程：
按下按钮 S⇨VD（_____）⇨灯 L（_____）
若将 VD 反接，则：
按下按钮 S⇨VD（_____）⇨灯 L（_____）
</td></tr>
</table>

电路接线 图绘制	

<table>
<tr><td rowspan="3">元器件识
别与检测</td><td>元器件图片</td><td>元器件名称</td><td>符号</td><td>元器件标注</td><td>测量值</td><td>备注</td></tr>
<tr><td></td><td></td><td>R</td><td></td><td></td><td></td></tr>
<tr><td></td><td></td><td>VD</td><td></td><td>正向电阻：

反向电阻：</td><td></td></tr>
<tr><td></td><td>
负极　　正极</td><td></td><td>LED</td><td></td><td>正向电阻：

反向电阻：</td><td></td></tr>
</table>

续表

电路搭接	 注：电路中可使用电阻 R，也可以用指示灯代替电阻 R （1）元器件准备　按电路图准备好所需元器件 （2）元器件搭接　按电路图在板上扣装好电源及元器件，注意电源的极性与连接 （3）电路连线　按接线图正确连线
电路检测 与调试	普通二极管应用电路测量结果 发光二极管应用电路测量结果

普通二极管应用电路测量结果

测量电压	电源电压/V	二极管两端电压 U_D/V	指示灯两端电压 U_L/V	电流/A
正向连接				
反向连接				

发光二极管应用电路测量结果

测量电压	电源电压/V	发光二极管两端电压 U_{LED}/V	电阻（或指示灯） 两端电压 U_R/V	电流/A
正向连接				
反向连接				

任务小结

任务评价表

工作任务	二极管的特性 及应用	学生/小组		工作 时间	
评价内容	评价指标	自评	互评	师评	
1. 电路图识读（10 分）	识读电路图，按要求分析元器件功能和电路工作过程（每错一处扣 2.5 分）				
2. 接线图的绘制（10 分）	根据电路图正确绘制接线图（每错一处扣 2 分）				
3. 元器件识别与检测（20 分）	正确识别和使用万用表检测元器件（识别检测错误，每错一处扣 1 分）				
4. 电路搭接（20 分）	按电路搭接步骤与要求将元器件搭装至底板，完成电路拼搭（搭接错误，每处扣 5 分）				

评价内容	评价指标	自评	互评	师评
5. 电路检测与调试（30分）	按图搭接正确，电路功能完整（返修一次扣 10 分）；按要求准确记录检测数据，进行参数测量与分析，并将结果记录在指定区域内（每错一处扣 2 分）			
6. 职业素养（10分）	安全意识强、用电操作规范（违规扣 2~5 分）；不损坏器材、仪表（违规扣 2~5 分）；现场管理有序，工位整洁（违规扣 2~5 分）			
实训收获				
实训体会				
开始时间		结束时间		实际时长	

任务拓展

1. 如图 1-9 所示，利用电子百拼板完成下列电路的拼搭，观察发光二极管亮与不亮的状态，说明发光二极管不亮的原因。

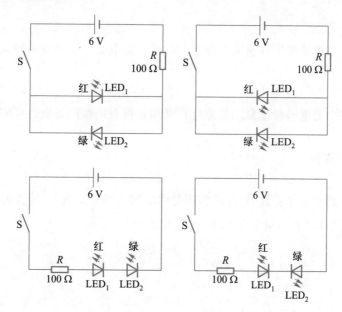

图 1-9　发光二极管的不同状态

2. 小明设计了一个三色彩灯电路，如图 1-10 所示。要求开关闭合后，绿色发光二极管、红色发光二极管、电珠均要点亮，请找出电路中存在的问题并加以改正。

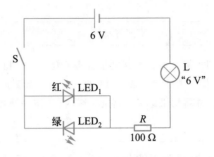

图 1-10 三色彩灯电路

任务 2

单相半波整流电路的装接与调试

 任务目标

1. 掌握电子元器件的成形标准,并能对元器件进行成形与插装。
2. 掌握手工焊接工艺要求,并能进行手工焊接。
3. 能绘制单相半波整流电路、分析其工作原理。
4. 能装接、调试单相半波整流电路并估算其相关参数。

任务描述

本任务主要介绍二极管在半波整流电路中的应用,是电类行业必备的知识与技能。

知识准备

整流电路用以将交流电转换成脉动直流电,利用二极管的单向导电性可实现单相整流和三相整流。

1. 单相半波整流电路

(1) 电路组成

单相半波整流电路由电源变压器 T(其作用是将电网上的交流电 u_1 转变为整流电路要求的交流电 u_2)、整流二极管 VD 和用电负载 R_L 构成,如图 1-11 所示。

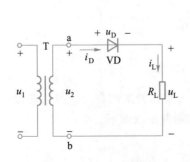

图 1-11 单相半波整流电路

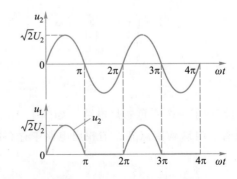

图 1-12 单相半波整流电路波形

（2）半波整流的工作过程

① 如图 1-11 所示，当 u_2 为正半周时，a 端电位高于 b 端电位，二极管 VD 正向偏置而导通，电流 i_L 由 a 端→VD→R_L→b 端，自上而下流过 R_L，在 R_L 上得到一个极性上正下负的电压 u_L。若不计二极管的正向压降，则此期间负载上的电压 $u_L = u_2$。

② 如图 1-11 所示，当 u_2 为负半周时，b 端电位高于 a 端电位，二极管 VD 反向偏置而截止，若不计二极管反向漏电流，此期间无电流通过 R_L，负载上的电压 $u_L = 0$。

可见，在交流电的一个周期内，二极管有半个周期导通，另外半个周期截止，在负载电阻 R_L 上的脉动直流电压波形是交流电压 u_2 的一半，故称为单相半波整流。单相半波整流电路波形如图 1-12 所示。

输出电压的极性取决于二极管在电路中的连接方式，如图 1-11 中二极管反接时，输出电压的极性也将反向。

（3）负载上的直流电压与直流电流的估算

① 负载上的直流电压 U_L　负载 R_L 上的半波脉动直流电压平均值可用直流电压表直接测得，也可按下式计算求得

$$U_L = 0.45 U_2 \tag{1-1}$$

式中，U_2 为变压器的二次电压有效值。

② 负载上的直流电流 I_L　流过负载 R_L 的直流电流为

$$I_L = \frac{U_L}{R_L} = 0.45 \frac{U_2}{R_L} \tag{1-2}$$

（4）整流二极管的选用

① 最大整流电流 I_{FM}　由图 1-11 可知，整流二极管与负载是串联的，所以流过二极管的电流 I_D（平均值）与负载上的直流电流 I_L 相等，故选用二极管时要求

$$I_{FM} \geq I_D = I_L \tag{1-3}$$

② 最大反向工作电压 U_{RM}　二极管承受的最大反向工作电压是发生在 u_2 达到最大值时，即

$$U_{RM} \geq \sqrt{2} U_2 \tag{1-4}$$

根据最大整流电流和最大反向工作电压的计算值，查阅有关半导体器件手册，选用合适的二极管型号，使其额定值大于计算值。

【例 1-1】现有一直流负载，其阻值为 1.5 kΩ，要求工作电流为 10 mA，如果采用半波整流电路，试求电源变压器的二次电压，并选择适当的整流二极管。

解：
$$U_L = I_L R_L = 10 \times 10^{-3} \times 1.5 \times 10^3 \text{ V} = 15 \text{ V}$$

因为
$$U_L = 0.45 U_2$$

所以变压器二次电压的有效值　$U_2 = \frac{U_L}{0.45} = \frac{15}{0.45} \text{V} \approx 33 \text{ V}$

二极管承受的最大反向工作电压为
$$U_{RM} \geq \sqrt{2} U_2 \approx 1.41 \times 33 \text{ V} \approx 47 \text{ V}$$

流过二极管的最大整流电流为
$$I_{FM} \geq I_D = I_L = 10 \text{ mA}$$

根据求得的参数，查阅整流二极管参数手册，可选择 $I_{FM} = 100$ mA，$U_{RM} = 50$ V 的 2CZ82B 型整流二极管，或选用符合条件的其他型号二极管，如 1N4001、1N4002 等。

2. 电烙铁使用方法

电烙铁是电子制作和电器维修必备的焊接工具，主要用途是熔化焊锡、焊接元器件及导线。烙铁头是由紫铜做成，具有较好的传热性能。烙铁头的体积、形状、长短与工作所需的温度和工

作环境等有关。常用的烙铁头有方形、圆锥形、椭圆形等。根据烙铁芯与烙铁头位置的不同可分为内热式和外热式两种，如图 1-13（a）、（b）所示。内热式的电烙铁体积较小，而且价格便宜，一般电子制作都用 20~30 W 的内热式电烙铁。外热式因发热电阻在电烙铁的外面而得名，它适合于焊接大型的元器件，有 25 W、30 W、50 W、75 W、100 W 等多种规格。图 1-13（c）所示是目前工厂常用的恒温式电烙铁。

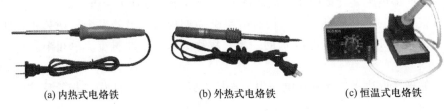

(a) 内热式电烙铁　　　　(b) 外热式电烙铁　　　　(c) 恒温式电烙铁

图 1-13　电烙铁

电烙铁握法：在焊接时，电烙铁的握持方法并无统一的规定，应以不易疲劳、便于焊接为原则，一般有正握法、反握法和笔握法 3 种，如图 1-14 所示。笔握法就像拿笔写字一样，适用于初学者和小功率电烙铁焊接印制电路板。

(a) 反握法　　　　(b) 正握法　　　　(c) 笔握法

图 1-14　电烙铁的握法

新电烙铁使用前，应用细砂纸将烙铁头打磨光亮，通电烧热，蘸上松香后用烙铁头刃面接触焊锡丝，使烙铁头上均匀地镀上一层锡。这样做便于焊接和防止烙铁头表面氧化。旧的烙铁头如严重氧化而发黑，可用钢挫挫去表层氧化物，使其露出金属光泽后，重新镀锡，才能使用。

任务实施

1. 准备工具和器材

（1）工具

本次任务实施所需要的常用仪器及工具见表 1-5。

表 1-5　常用仪器及工具

编号	工具名称	规格	数量
1	双踪示波器	自定	1 台
2	测电笔	自定	1 支
3	万用表	自定	1 只
4	电子实训通用工具	自定	1 套

（2）器材

本次任务实施所需要的器材见表 1-6。

表 1-6　器　材

编号	工具名称	规格	数量
1	电子百拼套件		1 套

续表

编号	工具名称	规格	数量
2	变压器		1 只
3	插接导线	专配	若干

2. 环境要求、安装工艺要求与安全要求

（1）环境要求

环境要求见项目 1 任务 1。

（2）安装工艺要求

安装工艺要求见项目 1 任务 1。

（3）安装过程的安全要求

安装过程必须做到"安全第一"，具体要遵守以下要求：

① 正确使用测电笔、螺丝刀、尖嘴钳，防止在操作过程中出现安全事故。

② 正确连接电源，同时接好地线，为此先用万用表检测好之后才能通电，以免烧坏。

③ 使用仪表带电测量时，一定要按照仪表使用的安全规程进行。

④ 安装时，不得用工具敲击安装元器件，以防造成器材或工具的损坏。

3. 元器件成形与插装的步骤与方法

（1）元器件的插装工艺

在通用印制电路板上进行元器件的成形与插装，具体步骤如图 1-15 所示。

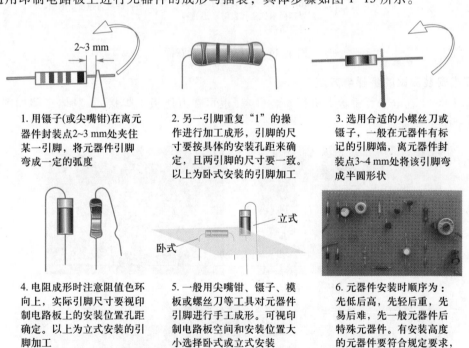

1. 用镊子(或尖嘴钳)在离元器件封装点2~3 mm处夹住某一引脚，将元器件引脚弯成一定的弧度

2. 另一引脚重复"1"的操作进行加工成形，引脚的尺寸要按具体的安装孔距来确定，且两引脚的尺寸要一致。以上为卧式安装的引脚加工

3. 选用合适的小螺丝刀或镊子，一般在元器件有标记的引脚端，离元器件封装点3~4 mm处将该引脚弯成半圆形状

4. 电阻成形时注意阻值色环向上，实际引脚尺寸要视印制电路板上的安装位置孔距确定。以上为立式安装的引脚加工

5. 一般用尖嘴钳、镊子、模板或螺丝刀等工具对元器件引脚进行手工成形。可视印制电路板空间和安装位置大小选择卧式或立式安装

6. 元器件安装时顺序为：先低后高，先轻后重，先易后难，先一般元器件后特殊元器件。有安装高度的元器件要符合规定要求，统一规格的元器件尽量安装在同一高度上

图 1-15　元器件成形与插装示意图

（2）元器件的焊接工艺

采用插焊通孔技术直接焊接在印制电路板上的元器件引脚，具体步骤如图 1-16 所示。

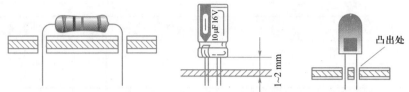

1.电阻(二极管)、电容、发光二极管等元器件插装于印制电路板上,注意色环方向与极性等

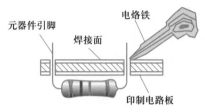

2.烙铁头加热焊接部位,烙铁头和连接点要有一定的接触面和压力

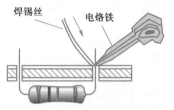

3.在烙铁头和连接点的接触部位加上适量的焊锡,以熔化焊锡,并使焊锡浸润被焊金属

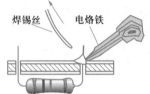

4.当焊锡适量熔化后迅速移开

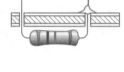

5.当焊接点上的焊锡流散接近饱满,焊点中有青烟冒出,助焊剂尚未完全挥发时,迅速移开电烙铁

6.焊锡冷却后,在焊点上方1~2 mm处用斜口钳剪掉多余的引脚

图1-16 元器件焊接示意图

4. 完成安装测试的步骤与方法

根据图1-11在电子百拼板上进行安装拼搭(也可在万能板上焊接),具体步骤如图1-17所示,完成学生工作页。

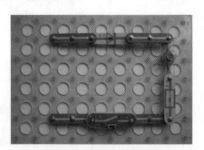

1.在电子百拼板上拼搭好电路

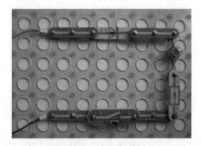

2.接上3 V交流电源

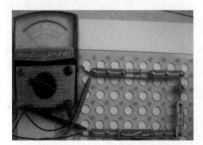

3.用万用表交流电压挡测量输入(电源)电压,读取交流电压值

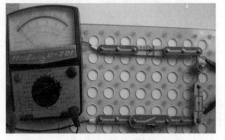

4.用万用表直流电压挡测量输出(负载)电压,读取直流电压值

图1-17 安装测试示意图

学生工作页

<table>
<tr><th>工作任务</th><th>半波整流电路的搭接与测试</th><th>学生/小组</th><th></th><th>工作
时间</th><th></th></tr>
<tr><td rowspan="2">电路识读</td><td colspan="5">实际电路图
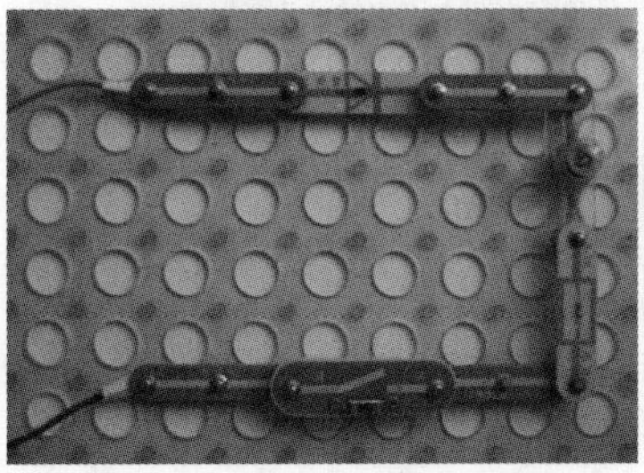
接线图
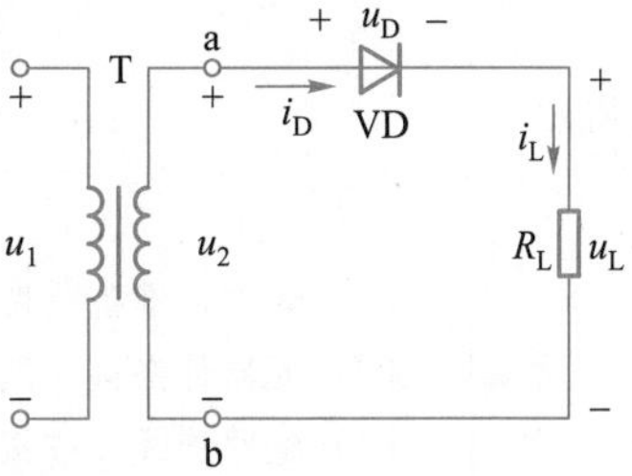
</td></tr>
<tr><td colspan="5">电路工作过程：
当电压 u_2 为正半周时，a 端电位高于 b 端电位，二极管 VD（________），电流 i_L 由 a 端⇨（________）⇨R_L⇨（________）端，自上而下流过 R_L
当电压 u_2 为负半周时，b 端电位高于 a 端电位，二极管 VD（________），此期间无电流通过 R_L</td></tr>
<tr><td>电路接线
图绘制</td><td colspan="5">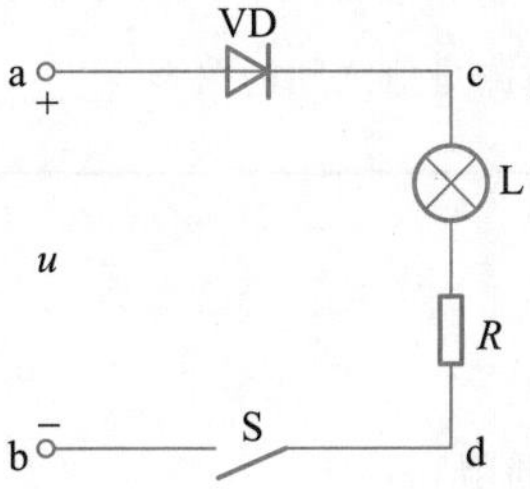

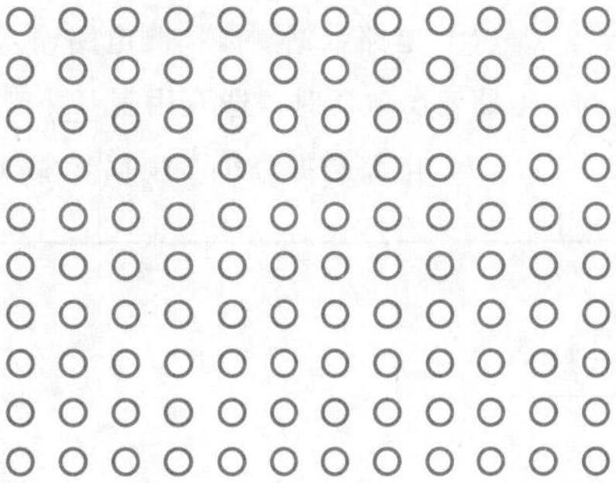</td></tr>
<tr><td>元器件与
仪表准备</td><td colspan="5">（1）写出不同二极管的符号，分析工作原理
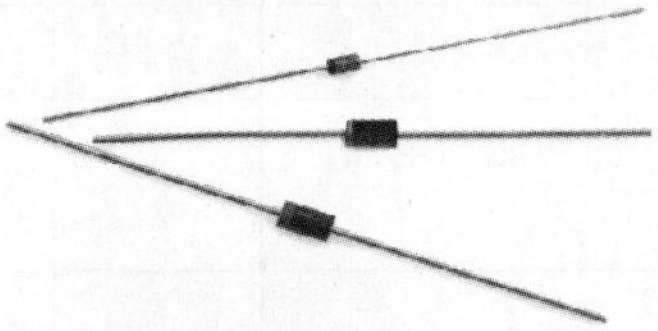
（2）万用表交、直流电压挡的使用
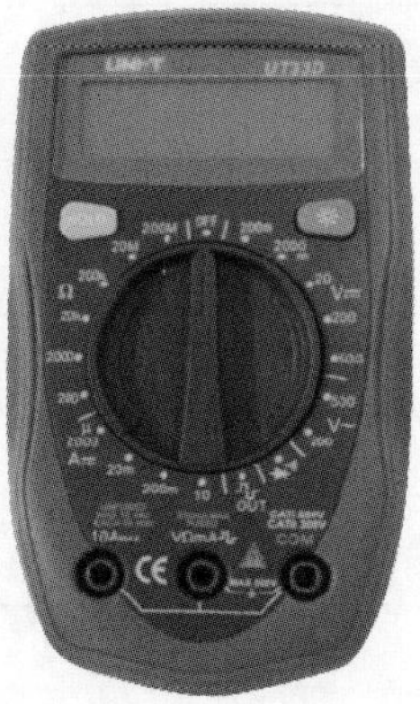

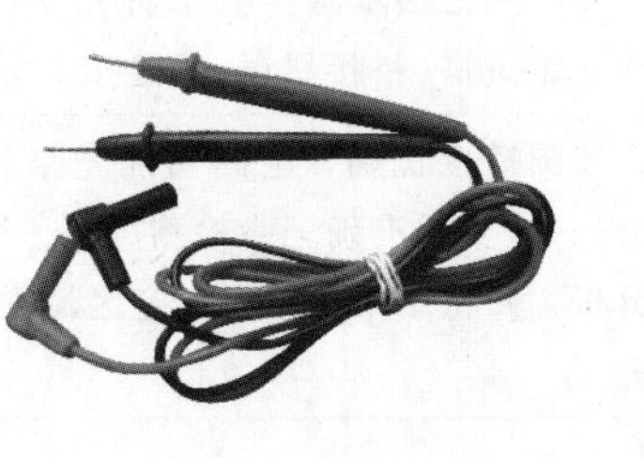

</td></tr>
</table>

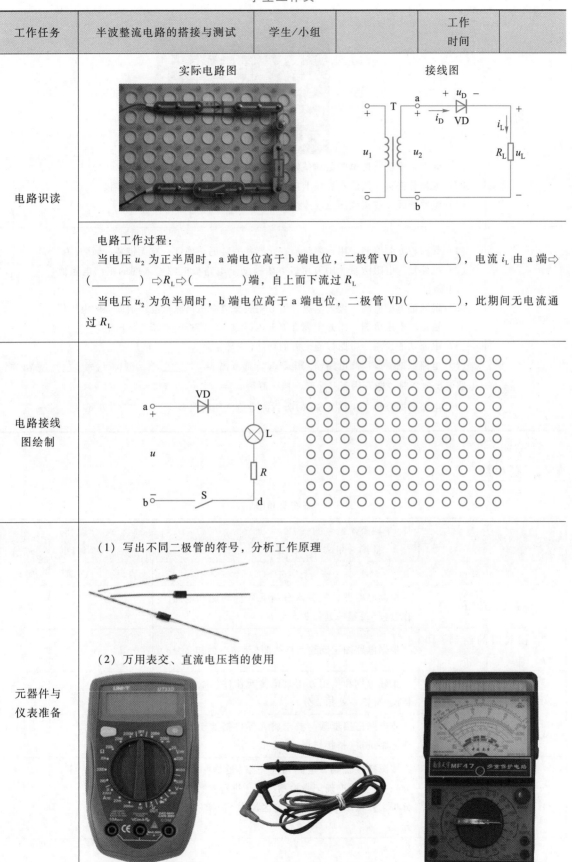

电路搭接	 （1）元器件准备　按电路图准备好所需元器件 （2）元器件搭接　按图在底板上扣装好电源及元器件，注意电源的连接 （3）电路连线　按接线图正确连线
电路检测 与调试	（1）元器件安装检测　用目测法检查元器件安装的正确性，有无错装、漏装(有、无) （2）电路输入电阻测量　用万用表电阻挡测量电路板电源输入端的正向电阻值＿＿＿＿，反向电阻值＿＿＿＿。 （3）输入端电压检测　接入电源，用万用表交流电压挡测量电路输入端的电压值＿＿＿＿。 （4）输出端电压检测　用万用表直流电压挡测量电路板输出端的电压值＿＿＿＿。 （5）电路功能检测　电路板通电后的功能(或现象)＿＿＿＿(L 亮灭)。 （6）电路数据测量　测电路输入电压时，选万用表＿＿＿＿挡，测得 u_{ab} = ＿＿＿＿ V；测电路输出电压时，选万用表＿＿＿＿挡，测得 u_{cd} = ＿＿＿＿ V （7）电路数据分析　根据步骤(6)分析测量值之间的关系＿＿＿＿，并小结。

任务小结

任务评价表

工作任务	半波整流电路的 搭接与测试	学生/小组		工作 时间	
评价内容	评价指标	自评	互评		师评
1. 电路图识读(10 分)	识读电路图，按要求分析元器件功能和电路工作过程(每错一处扣 2.5 分)				
2. 接线图的绘制(10 分)	根据电路图正确绘制接线图(每错一处扣 2 分)				
3. 元器件及仪表准备(20 分)	正确识别和使用万用表检测元器件(识别、检测错误,每错一处扣 2 分)				
4. 电路搭接(20 分)	按电路搭接步骤与要求将元器件搭装至底板完成电路拼搭(搭接错误,每处扣 5 分)				
5. 电路检测与调试(30 分)	按图搭接正确，电路功能完整(返修一次扣 10 分)；按要求准确记录检测数据，进行参数测量与分析，并将结果记录在指定区域内(每错一处扣 2 分)				

评价内容	评价指标	自评	互评	师评
6. 职业素养(10分)	安全意识强、用电操作规范(违规扣 2~5 分); 不损坏器材、仪表(违规扣 2~5 分);现场管理有 序,工位整洁(违规扣 2~5 分)			
实训 收获				
实训 体会				

开始 时间		结束 时间		实际 时长	

任务拓展

1. 在元器件布局、搭接时应注意什么?

2. 你能用万用表测量学生工作页电路输入电压 u_{ab}、输出电压 u_{cd} 的值吗?

3. 你能根据线路及附录介绍的示波器使用方法,测量学生工作页电路输入电压 u_{ab}、输出电压 u_{cd} 的电压波形吗?

4. 按图 1-17 所示步骤,将二极管反过来接,按学生工作页所示步骤操作,结果如何?

5. 将交流电源改接成 3 V 的直流电源,结果如何?

6. 根据第 4、第 5 小题总结出半波整流的工作过程。

任务 3
单相桥式整流电路的装接与调试

任务目标

1. 能绘制单相桥式整流电路、分析其工作原理。

2. 能装接、调试、估算单相桥式整流电路的相关参数。

任务描述

单相桥式整流电路是电源电路的主要组成部分,对其进行分析、装接和调试是本专业必备的知识与技能,本任务主要介绍二极管在单相桥式整流电路中的应用。

任务准备

(1) 单相桥式整流电路组成

单相桥式整流电路由电源变压器 T 和 4 个同型号的整流二极管接成电桥形式组成,桥路的一对对角点接变压器,另一对对角点接负载,如图 1-18 所示,图中 $VD_1 \sim VD_4$ 为整流二极管,R_L

是要求供电的负载电阻。

（2）单相桥式整流电路的工作过程

如图 1-18 所示，单相桥式整流电路的工作过程如下：

① 当电压 u_2 为正半周时，a 端为正、b 端为负，这时 VD_1、VD_3 导通，VD_2、VD_4 截止，电流 i_L 流通路径为 a 端→VD_1→R_L→VD_3→b 端，此电流流经负载 R_L 时，在 R_L 上形成了上正下负的输出电压。

② 当 u_2 为负半周时，a 端为负，b 端为正，这时 VD_2、VD_4 导通，VD_1、VD_3 截止，电流 i_L 流通路径为 b 端→VD_2→R_L→VD_4→a 端，此电流流经负载 R_L 时，方向和 u_2 正半周时的方向一致，在 R_L 上同样形成了上正下负的输出电压。

由此可见，无论 u_2 处于正半周还是负半周，都有电流分别流过一对二极管，并以相同方向流过负载 R_L，是单方向的全波脉动波形。单相桥式整流电路的波形如图 1-19 所示。单相桥式整流电路的不同画法如图 1-20 所示。

单相桥式整流电路的工作过程

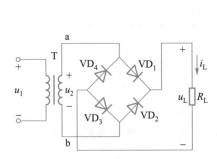

图 1-18 单相桥式整流电路

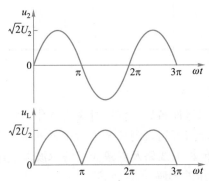

图 1-19 单相桥式整流电路波形

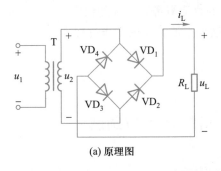

(a) 原理图

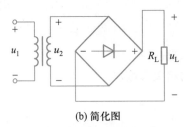

(b) 简化图

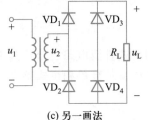

(c) 另一画法

图 1-20 单相桥式整流电路的不同画法

将若干只整流二极管用绝缘陶瓷、环氧树脂等外壳封装成一体就制成了整流堆，常见的有半桥整流堆和全桥整流堆［也称整流桥堆，如图 1-21（a）所示］，标注"AC"的两个引脚接交流输入端，标注"+""-"的两个引脚接直流输出端。整流桥堆的接线电路如图 1-21（b）所示。

（3）负载上的直流电压与直流电流平均值的估算

由以上分析可知：桥式整流电路中负载所获得的直流电压比半波整流电路提高一倍。

 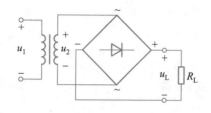

(a) 常见的整流桥堆　　　　　(b) 整流桥堆的接线电路

图 1-21　整流桥堆与接线电路

① 负载上的直流电压平均值 U_L

$$U_L = 0.9U_2 \tag{1-5}$$

② 负载上的直流电流平均值 I_L

$$I_L = \frac{U_L}{R_L} = 0.9\frac{U_2}{R_L} \tag{1-6}$$

（4）整流二极管的选用

① 最大整流电流 I_{FM}　在桥式整流电路中，每只二极管都是在交流电压的半个周期内导通，每只管子的电流平均值是负载电流平均值的一半，故选用二极管时要求

$$I_{FM} \geqslant I_D = \frac{1}{2}I_L \tag{1-7}$$

② 最大反向工作电压 U_{RM}　二极管承受的最大反向工作电压是发生在 u_2 达到最大值时，故选用二极管的最大反向工作电压为

$$U_{RM} \geqslant \sqrt{2}U_2 \tag{1-8}$$

【例 1-2】现有一负载需直流电压 6 V，直流电流为 0.4 A，如果采用单相桥式整流电路，试求电源变压器的二次电压，并选择适当的整流二极管。

解：　由 $U_L = 0.9U_2$，可得

$$U_2 = \frac{U_L}{0.9} = \frac{6}{0.9}\text{V} \approx 6.7\text{ V}$$

二极管承受的最大反向工作电压应满足

$$U_{RM} \geqslant \sqrt{2}U_2 = 1.41 \times 6.7 \text{ V} \approx 9.4 \text{ V}$$

流过二极管的最大整流电流应满足

$$I_{FM} \geqslant I_D = \frac{1}{2}I_L = \frac{1}{2} \times 0.4 \text{ A} = 0.2 \text{ A} = 200 \text{ mA}$$

根据求得的参数，查阅整流二极管参数手册，可选择 $I_{FM} = 300$ mA，$U_{RM} = 10$ V 的 2CZ56A 型整流二极管，或选用符合条件的其他型号二极管，如 1N4007、1N4002 等。

任务实施

1. 准备工具和器材

（1）工具

本次任务实施所需要的常用工具与设备见表 1-7。

表 1-7　常用工具与设备

编号	工具名称	规格	数量
1	单相交流电源	15 V（或 9~16 V 可调）	1 个
2	万用表	自定	1 只
3	双踪示波器	XC4320 型	1 台
4	电烙铁	15~25 W	1 把
5	烙铁架	自定	1 只
6	电子实训通用工具	尖嘴钳、斜口钳、镊子、螺丝刀（一字和十字）、小剪刀等	1 套

（2）器材

本次任务实施所需要的器材见表 1-8。

表 1-8　器　材

编号	工具名称	规格	数量
1	万能板	10 mm×10 mm	1 块
2	二极管	1N4007	4 只
3	电阻	390 Ω~1 kΩ	1 只
4	发光二极管	红色	1 只
5	焊接材料	焊锡丝、松香助焊剂、连接导线等	1 套

2. 环境要求、安装工艺要求与安全要求

（1）环境要求

环境要求见项目 1 任务 1。

（2）安装工艺要求

① 元器件成形符合要求。

② 元器件排列与接线的走向正确、合理。

③ 连接导线紧贴电路板，同一焊接点的连接导线不能超过 2 根。

④ 电路各焊接点要可靠、牢固、光滑。

（3）安装过程的安全要求

安装过程必须做到"安全第一"，具体要遵守以下要求：

① 电烙铁插头最好使用三极插头，要使外壳妥善接地。

② 电烙铁使用前，应认真检查电源插头、电源线有无损坏，并检查烙铁头是否松动。

③ 电烙铁使用中，不能用力敲击，要防止跌落。烙铁头上焊锡过多时，可用布擦掉，不可乱甩，以防烫伤他人。

④ 焊接过程中，电烙铁不能到处乱放。不焊时，应放在烙铁架上。注意电源线不可搭在烙铁头上，以防烫坏绝缘层而发生事故。

⑤ 使用结束后，应及时切断电源，拔下电源插头。冷却后，再将电烙铁收回工具箱。

3. 完成装接与调试的步骤与方法

（1）单相桥式整流电路图

单相桥式整流电路如图 1-22 所示。

（2）根据图纸进行电路的安装

根据图 1-22 所示的电路图，在万能板（又称单孔板，俗称洞洞板）上进行装接与调试，如图

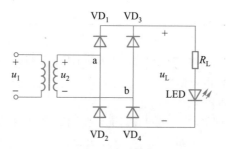

图 1-22　单相桥式整流电路

1-23所示。完成学生工作页。

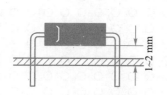

1. 二极管的成形与插装，
悬空卧式安装便于散热

2. 4只二极管的负极在上，
正极在下，接上负载电阻与
发光二极管，注意极性

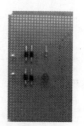

3. 接上电源接线柱
并连接好线路

4. 接入交流电源

5. 用万用表合适的交流
电压挡测量输入电压值

6. 用万用表合适的直流
电压挡测量输出电压值。
注意正负极性

图 1-23　单相桥式整流电路装接与调试示意图

学生工作页

工作任务	单相桥式整流电路的装接与调试	学生/小组		工作时间	
电路识读	实际电路图		接线图		

电路 识读	电路工作过程： 当电压 u_2 为正半周时，a 端电位高于 b 端电位，二极管 VD_1、VD_3(_____)，VD_2、VD_4(_____)，电流由 a 端⇨(_____)⇨R_L⇨(_____)⇨b 端，i_L 自上而下流过 R_L，形成上正下负的输出电压 当电压 u_2 为负半周时，b 端电位高于 a 端电位，二极管 VD_2、VD_4(_____)，VD_1、VD_3(_____)，电流由 b 端⇨(_____)⇨R_L⇨(_____)⇨a 端，i_L 自上而下流过 R_L，形成上正下负的输出电压
电路接线 图绘制	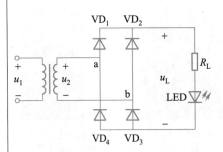
元器件识 别与检测	1. 色环电阻的识别 2. 写出发光二极管的符号，分析工作原理  3. 元器件清单 

序号	元器件代号	元器件名称	型号规格	测量结果	备注
1	R_L				
2	$VD_1 \sim VD_4$				
3	LED				

电路装接	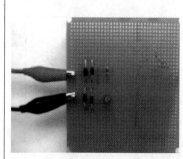
	（1）元器件成形　要求元器件成形符合工艺要求
	（2）元器件插装　要求元器件插装位置正确、牢固，符合工艺要求，并按先低后高、先轻后重、先易后难、先一般元器件后特殊元器件的顺序插装
	（3）元器件焊接　要求焊点大小适中、光滑，且焊点独立、不粘连
	（4）电路连线　要求连线平直、不架空，并按绘制的接线图连线
电路检测与调试	（1）元器件安装检测　用目测法检查元器件安装的正确性，有无错装、漏装（有、无）
	（2）焊接质量检查　焊接良好，有无漏焊、虚焊、粘连（有、无）
	（3）电路输入电阻测量　用万用表电阻挡测量电路板电源输入端的正向电阻值_____，反向电阻值_____
	（4）输入端电压检测　接入电源，用万用表交流电压挡测量电路输入端的电压值_____
	（5）输出端电压检测　用万用表直流电压挡测量电路板输出端的电压值_____
	（6）电路功能检测　电路板通电后的功能（或现象）_____（发光二极管亮/灭）
	（7）电路数据测量　按项目要求测量电压：$U_2 =$ _____ V，$U_L =$ _____ V
	（8）电路数据分析　根据步骤（7）分析测量值之间的关系_____，并小结

任务小结

任务评价表

工作任务	单相桥式整流电路的装接与调试	学生/小组		工作时间	
评价内容	评价指标	自评	互评	师评	
1. 电路图识读（10分）	识读电路图，按要求分析元器件功能和电路工作过程（每错一处扣1分）				
2. 接线图的绘制（10分）	根据电路图正确绘制接线图（每错一处扣2分）				
3. 元器件识别与检测（20分）	正确识别和使用万用表检测元器件（识别、检测错误，每错一处扣2分）				
4. 电路装接（20分）	按工艺要求将元器件插装至万能板，焊点适中，无漏、虚、假、连焊，光滑、圆润、干净、无毛刺，引脚高度基本一致（未达到工艺要求，每处扣2分）				

续表

评价内容	评价指标	自评	互评	师评
5. 电路检测与调试（30分）	按图装接正确，电路功能完整（返修一次扣 10 分）；按要求准确记录检测数据，进行参数测量与分析，并将结果记录在指定区域内（每错一处扣 2 分）			
6. 职业素养（10分）	安全意识强、用电操作规范（违规扣 2~5 分）；不损坏器材、仪表（违规扣 2~5 分）；现场管理有序，工位整洁（违规扣 2~5 分）			
实训收获				
实训体会				
开始时间		结束时间		实际时长	

任务拓展

1. 在元器件布局、焊接时应注意什么？

2. 你能用万用表测量学生工作页电路输入电压 u_2、输出电压 u_L 的值吗？

3. 通过网络搜索等手段查找学校实验室中示波器的使用说明书（也可自学本书附录中关于示波器使用的相关内容）

4. 你能根据线路及附录中示波器的使用，测量学生工作页电路输入电压 u_2、输出电压 u_L 的电压波形吗？

5. 按图 1-23 所示步骤，将 4 只二极管均反接，输出结果如何？请用万用表直流电压挡测量输出电压。

6. 按图 1-23 所示步骤，其中一只二极管开路或脱焊，输出结果如何？请用万用表直流电压挡测量输出电压。

7. 按图 1-23 所示步骤，将其中的一只（或二只）二极管反接，用万用表 $R \times 100$ 或 $R \times 1$ k 电阻挡测量输入端的电阻，结果如何？（不允许接入电源，以防电源短路。）

任务 4

滤波电路的装接与调试

任务目标

1. 会分析电容滤波、电感滤波、复式滤波电路的工作过程。

2. 会按工艺流程安装电容滤波电路。

3. 会测试电容滤波、电感滤波、复式滤波电路的主要参数。

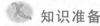
任务描述

　　交流电经过二极管整流之后，方向单一了，但是大小仍处于不断变化之中。这种脉动直流电一般是不能直接给电子电路供电的。要把脉动直流电变成波形平滑的直流电，还需要再做一番"填平取齐"的工作，这就是滤波。换句话说，滤波的任务就是把整流电路输出电压中的波动成分尽可能地减小，改造成接近恒稳的直流电。

　　电容器在电路中应接成并联形式，电感器在电路中应接成串联形式，根据选用的元件及元件之间的连接方式不同，滤波电路的类型可分为：电容滤波电路、电感滤波电路和复式滤波电路。

知识准备

1. 电容滤波电路

（1）电路组成

　　电容滤波电路是在负载两端并联一个电容构成的。图 1-24 所示是半波整流电容滤波电路，图 1-25 所示是桥式整流电容滤波电路。

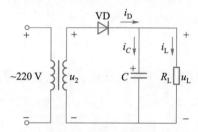

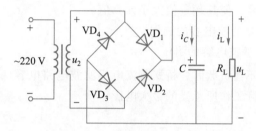

图 1-24　半波整流电容滤波电路　　　　　图 1-25　桥式整流电容滤波电路

（2）电容滤波的工作过程

以图 1-24 所示的半波整流电容滤波电路为例。

　　① 当输入电压 u_2 上升到超过电容端电压时，整流二极管 VD 导通，向电容 C 迅速充电（同时向负载供电），电容 C 两端电压 u_c 与 u_2 同步上升，并达到 u_2 的峰值。

　　② 当输入电压 u_2 下降到低于电容两端电压时，整流二极管 VD 截止。于是电容通过 R_L 放电，维持负载 R_L 的电流。由于 R_L 的阻值远大于二极管的正向电阻，故放电很慢，电容 C 两端电压 u_c 下降缓慢。

　　电容两端的输入电压是周期性脉动直流电压，充电-放电的过程周而复始，使得滤波后输出电压 u_L 的脉动程度大为减弱，波形相对平滑，从而达到滤波的目的。

　　（3）负载上的直流电压与直流电流的估算

　　① 负载上的直流电压 U_L　电容滤波电路负载 R_L 上的直流电压脉动成分减小，输出电压平均值有所提高，一般在 $0.9U_2 \sim 1.4U_2$ 之间波动，可用直流电压表直接测得，也可按下式估算求得

$$U_L = U_2 \quad （半波整流电容滤波电路） \tag{1-9}$$

$$U_L = 1.2U_2 \quad （桥式整流电容滤波电路） \tag{1-10}$$

不论是半波整流电容滤波电路还是桥式整流电容滤波电路，当负载不接时，电容两端的电压将升高至 $\sqrt{2}U_2$，此时输出电压 U_L 也随之升高，即

$$U_L = \sqrt{2}U_2 \quad （负载开路时的电容滤波电路） \tag{1-11}$$

式中，U_2 为变压器的二次电压有效值。

　　② 负载上的直流电流 I_L　流过负载 R_L 的直流电流为

$$I_L = \frac{U_L}{R_L} \tag{1-12}$$

（4）整流二极管的选用

① 最大整流电流 I_{FM}　在半波整流电容滤波电路中，整流二极管与负载是串联的，所以流过二极管的电流 I_D（平均值）与负载上的直流电流 I_L 相等，故选用二极管时要求

$$I_{FM} \geqslant I_D = I_L \tag{1-13}$$

在桥式整流电容滤波电路中，每只二极管都是在交流电压的半个周期（或小于半个周期）内导通，每只管子的平均电流是负载电流的一半，故选用二极管时要求

$$I_{FM} \geqslant I_D = \frac{1}{2} I_L \tag{1-14}$$

② 最大反向工作电压 U_{RM}　在半波整流电容滤波电路中，二极管承受的最大反向工作电压

$$U_{RM} \geqslant 2\sqrt{2} U_2 \tag{1-15}$$

在桥式整流电容滤波电路中，二极管承受的最大反向工作电压是发生在 u_2 达到最高值时，即

$$U_{RM} \geqslant \sqrt{2} U_2 \tag{1-16}$$

根据最大整流电流和最大反向工作电压的计算值，查阅有关半导体器件手册，选用合适的二极管型号，使其额定值大于计算值。

（5）滤波电容的选用

① 滤波电容的耐压

当不接负载时，桥式整流电容滤波电路电容两端的电压将升高至 $\sqrt{2} U_2$，故电容的耐压应大于它实际工作所承受的最大电压，即

$$U_c \geqslant \sqrt{2} U_2 \tag{1-17}$$

② 滤波电容的容量

滤波电容的选用与负载大小有关，电容滤波电路中电容的容量与负载电流的关系见表 1-9，可参考表 1-9 进行选用。

表 1-9　滤波电容 C 与负载电流 I_L 的关系

负载电流 I_L/A	2	1	0.5~1	0.1~0.5	0.05~0.1	0.05 以下
滤波电容 C 容量/μF	3 300	2 200	1 000	470	220~470	220

【例 1-3】　在桥式整流电容滤波电路中，要求输出直流电压为 18 V，负载直流电流为 100 mA，求：（1）电源变压器二次电压；（2）选用滤波电容；（3）选择整流二极管。

解：　（1）求电源变压器二次电压：由 $U_L = 1.2 U_2$ 可得

$$U_2 = \frac{U_L}{1.2} = \frac{18}{1.2} \text{ V} = 15 \text{ V}$$

（2）选用滤波电容

由 $I_L = 100$ mA，查表 1-9 可得滤波电容的容量 $C = 470$ μF

电容 C 的耐压 $U_c \geqslant \sqrt{2} U_2 = 1.414 \times 15 \text{ V} \approx 21 \text{ V}$

因此，可选用容量为 470 μF、耐压为 25 V 的电解电容器。

（3）选择整流二极管

二极管承受的最大反向工作电压为

$$U_{RM} \geqslant \sqrt{2} U_2 = 1.414 \times 15 \text{ V} \approx 21 \text{ V}$$

流过二极管的最大整流电流为

$$I_{FM} \geqslant I_D = \frac{1}{2} I_L = \frac{1}{2} \times 100 \text{ mA} = 50 \text{ mA}$$

根据以上计算，查晶体管手册，可选用型号为 2CP11(100 mA/50 V)的整流二极管 4 只。

2. 电感滤波电路

（1）电路组成

电感滤波电路是将电感元件与负载串联构成的，接在整流电路后面。图 1-26 所示是半波整流电感滤波电路，图 1-27 所示是桥式整流电感滤波电路。

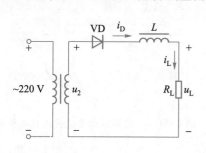
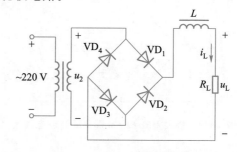

图 1-26　半波整流电感滤波电路　　　　图 1-27　桥式整流电感滤波电路

（2）电感滤波的工作过程

电感与电容一样，具有储能作用。利用流过储能元件电感器 L 的电流不能突变的特点，在整流电路的负载回路中串联一个电感，使输出电流波形较为平滑。因为电感对直流电的阻抗小，对交流电的阻抗大，因此能够得到较好的滤波效果而直流损失小。

① 当输入电压 u_2 升高导致流过电感 L 的电流增大时，L 中产生的自感电动势能阻止电流的增大，并且将一部分电能转化成磁场能储存起来。

② 当输入电压 u_2 降低导致流过电感 L 的电流减小时，L 中的自感电动势又能阻止电流的减小，同时释放出存储的能量以补偿电流的减小。

这样周而复始，经电感滤波后，输出电压的波形就可以变得平滑，脉动成分减小，电感 L 的电感量越大，滤波效果越好。

3. 复式滤波电路

复式滤波电路是由电容和电感或电容和电阻组合起来的多节滤波电路，它们的滤波效果要比单电容或单电感滤波好。常见的有 L 形、LC-π 形、RC-π 形滤波电路。

图 1-28 所示是桥式整流 L 形复式滤波电路，桥式整流输出的脉动直流电经过电感 L 滤波后脉动成分被削弱，再经过电容 C 滤波，把脉动成分进一步滤除，就可在负载上获得更加平滑的直流电。

为进一步提高滤波效果，可在 L 形滤波电路的输入端再并联一个电容，构成 LC-π 形复式滤波电路，如图 1-29 所示，该电路由于存在电感元件，体积大、成本高，因此只用在对直流输出稳定性要求较高的场合。

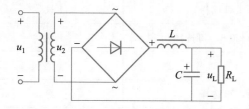
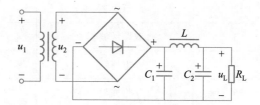

图 1-28　桥式整流 L 形复式滤波电路　　图 1-29　桥式整流 LC-π 形复式滤波电路

在负载电流较小时，常用电阻 R 代替 π 形滤波电路中的电感 L，构成 RC-π 形复式滤波电路，如图 1-30 所示，该电路体积小，成本低，由于 R 的存在，使输出电压降低，因此一般适用于输出小电流的场合。

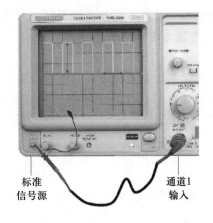

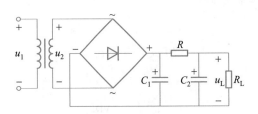

图 1-30　桥式整流 RC-π 形复式滤波电路　　　图 1-31　示波器屏幕上的校正方波信号

4. 示波器的单通道操作

① 电源接通，电源指示灯亮，约 20 s 后屏幕光迹出现，如果 60 s 没有出现光迹，请重新检查开关和控制旋钮的设置。

② 分别调节亮度、聚焦旋钮，使光迹亮度适中、清晰。

③ 调节通道 1 位移旋钮与光迹旋钮，使光迹与水平刻度平行。

④ 用 10 ∶ 1 探头将校正信号输入至通道 1(CH1)输入端。

⑤ 将 AC-GND-DC 开关设置在 AC 状态，则如图 1-31 所示的方波将会出现在屏幕上。

⑥ 调整聚焦旋钮使图像清晰。

⑦ 将探头接至被测信号，对于被测信号的观察，可通过调整垂直偏转因数相应的开关、扫描时间到所需位置，从而得到清晰的图形。

⑧ 调整垂直和水平位移旋钮，使得波形的幅度与时间容易读出。

以上是示波器的最基本操作，通道 2 的操作与通道 1 的操作相同。

任务实施

1. 准备工具和器材

（1）工具

本次任务所需要的工具见表 1-10。

表 1-10　工　具

编号	名称	规格	数量
1	小型整流变压器	12 V	1 个
2	万用表	可选择	1 只
3	双踪示波器	XC4320 型（可选择）	1 台
4	电烙铁	15~25 W	1 把
5	烙铁架	可选择	1 只
6	电子实训通用工具	尖嘴钳、斜口钳、镊子、螺丝刀（一字和十字）、小剪刀等	1 套

（2）器材

本次任务所需要的器材见表 1-11。

表 1-11　器　　材

编号	名称	规格	数量
1	万能板	10 mm×10 mm	1 块
2	二极管	1N4007	4 只
3	电阻	390 Ω~1 kΩ	1 只
4	发光二极管	红色	1 只
5	电容	220 μF/25 V	1 只
6	焊接材料	焊锡丝、松香助焊剂、连接导线等	1 套

2. 环境要求、安装工艺要求与安全要求

环境要求见项目 1 任务 1，安装工艺要求见项目 1 任务 1，安装过程中的安全要求见项目 1 任务 1。

3. 电路装接与调试的步骤与方法

参照 1-25 所示电路图，根据学生工作页中的实际电路图，在万能板上进行装接与调试，如图 1-32 所示，完成学生工作页。

1. 准备好所需要的元器件

2. 4 只二极管的负极在上，正极在下，接好桥式整流电路

3. 接好电容与负载，接上电源接线柱并连接好线路

4. 接入交流电源

5. 用万用表合适的交流电压挡测量输入电压值

6. 用万用表合适的直流电压挡测量输出电压值，注意正负极性

图 1-32　桥式整流电容滤波电路装接与调试示意图

学生工作页

工作任务	桥式整流电容滤波电路的装接与调试	学生/小组		工作时间	

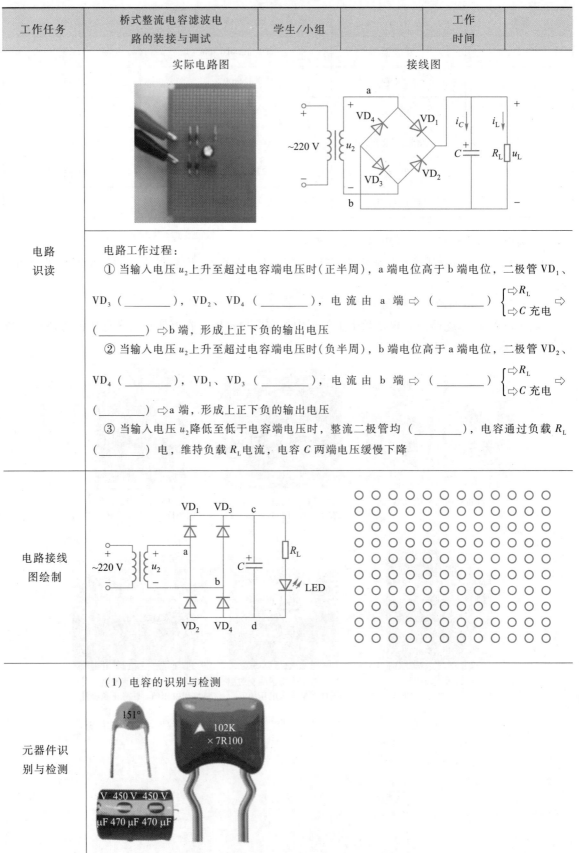

电路识读

实际电路图　　　　　　　　接线图

电路工作过程：

① 当输入电压 u_2 上升至超过电容端电压时（正半周），a 端电位高于 b 端电位，二极管 VD_1、VD_3（_____），VD_2、VD_4（_____），电流由 a 端 ⇨（_____）$\begin{cases} ⇨ R_L \\ ⇨ C \text{ 充电} \end{cases}$ ⇨（_____）⇨b 端，形成上正下负的输出电压

② 当输入电压 u_2 上升至超过电容端电压时（负半周），b 端电位高于 a 端电位，二极管 VD_2、VD_4（_____），VD_1、VD_3（_____），电流由 b 端 ⇨（_____）$\begin{cases} ⇨ R_L \\ ⇨ C \text{ 充电} \end{cases}$ ⇨（_____）⇨a 端，形成上正下负的输出电压

③ 当输入电压 u_2 降低至低于电容端电压时，整流二极管均（_____），电容通过负载 R_L（_____）电，维持负载 R_L 电流，电容 C 两端电压缓慢下降

电路接线图绘制

元器件识别与检测

（1）电容的识别与检测

元器件识别与检测	（2）小型整流变压器的使用  （3）元器件清单 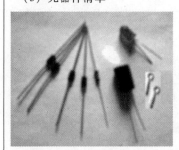

序号	元器件代号	元器件名称	型号规格	测量结果	备注
1	R_L				
2	C				
3	$VD_1 \sim VD_4$				
4	LED				

电路装接	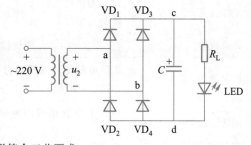 （1）元器件成形　要求元器件成形符合工艺要求 （2）元器件插装　要求元器件插装位置正确、牢固，符合工艺要求，并按先低后高、先轻后重、先易后难、先一般元器件后特殊元器件的顺序插装 （3）元器件焊接　要求焊点大小适中、光滑，且焊点独立、不粘连 （4）电路连线　要求连线平直、不架空，并按绘制的接线图连线

电路检测与调试	（1）元器件安装检测　用目测法检查元器件安装的正确性，有无错装、漏装(有、无) （2）焊接质量检查　焊接良好，有无漏焊、虚焊、粘连（有、无） （3）电路输入电阻测量　用万用表电阻挡测量电路板电源输入端的正向电阻值_____，反向电阻值_____ （4）输入端电压检测　接入电源，用万用表交流电压挡测量电路输入端的电压值_____

| 电路检测
与调试 | （5）输出端电压检测　用万用表直流电压挡测量电路板输出端的电压值_____
（6）电路功能检测　电路板通电后的功能（或现象）_____（发光二极管亮灭）
（7）电路数据测量　按项目要求测量电压：$u_2 =$_____ V，$u_L =$_____ V
（8）电路波形分析　用示波器检测输出电压的波形并记录于下表中，并小结 |

示波器波形分析记录表

| 1. 画 u_L 波形 | 2. 示波器量程
　　AC/DC：____探针衰减×1/×10：____
　　SEC/DIV：____ VOLTS/DIV：____
3. 数据分析
$U_2 =$_____
$U_L =$_____ |

任务小结

任务评价表

工作任务	桥式整流电容滤波 电路的装接与调试	学生/小组		工作 时间	
评价内容	评价指标	自评	互评	师评	
1. 电路图识读（10 分）	识读电路图，按要求分析元器件功能和电路工作过程（每错一处扣 1 分）				
2. 接线图的绘制（10 分）	根据电路图正确绘制接线图（每错一处扣 2 分）				
3. 元器件识别与检测（20 分）	正确识别和使用万用表检测元器件（识别、检测错误，每错一处扣 1 分）				
4. 电路装接（20 分）	按工艺要求将元器件插装至万能板，焊点适中，无漏、虚、假、连焊，光滑、圆润、干净、无毛刺，引脚高度基本一致（未达到工艺要求，每处扣 2 分）				
5. 电路检测与调试（30 分）	按图装接正确，电路功能完整（返修一次扣 10 分）；按要求准确记录检测数据，进行参数测量与分析，并将结果记录在指定区域内（每错一处扣 2 分）				

续表

评价内容	评价指标	自评	互评	师评
6. 职业素养（10分）	安全意识强、用电操作规范（违规扣 2～5 分）；不损坏器材、仪表（违规扣 2～5 分）；现场管理有序，工位整洁（违规扣 2～5 分）			
实训 收获				
实训 体会				

开始 时间		结束 时间		实际 时长	

任务拓展

1. LED 灯的 PCB 装接与调试

如图 1-33 所示为 LED 灯电路图，电路工作过程如下：单相交流电经整流二极管 VD_1～VD_4 桥式整流后为 LED 提供电源（此时蓄电池 BT 不接入），当 S 闭合时，LED 灯点亮，其中 LED_1 作电源指示用。若外接交流电不接时，也可用蓄电池 BT 为 LED 灯提供电源，接线时注意电源极性，当 S 闭合时，LED 灯点亮，但此时 LED_1 不发光。

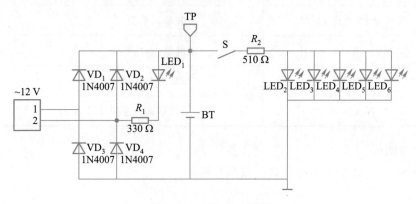

图 1-33　LED 灯电路图

（1）准备工具和器材

① 工具

本次任务实施所需要的常用工具与设备见表 1-12。

表 1-12　常用工具与设备

编号	名称	规格	数量
1	单相交流电源	12 V（或 9～16 V 可调）	1 个
2	万用表	自定	1 只
3	双踪示波器	XC4320 型	1 台

编号	名称	规格	数量
4	电烙铁	15~25 W	1 把
5	烙铁架	自定	1 只
6	电子实训通用工具	尖嘴钳、斜口钳、镊子、螺丝刀（一字和十字）、小剪刀等	1 套

② 器材

本次任务实施所需要的器材见表 1-13。

表 1-13　器　　材

编号	名称	规格	数量
1	电阻 R_1	330 Ω	1 只
2	电阻 R_2	510 Ω	1 只
3	整流二极管 $VD_1 \sim VD_4$	1N4007	4 只
4	发光二极管 $LED_1 \sim LED_6$	ϕ3 mm 红色	6 只
5	自锁按钮 S	8 mm×8 mm	1 只
6	接线端子(交流 12 V)	外接输入电源	2 只
7	BT	蓄电池(不接)	1 只
8	PCB	LED 灯 PCB	1 块
9	焊接材料	焊锡丝、松香助焊剂、连接导线等	1 套

（2）装接与调试

如图 1-34 所示，对 LED 灯电路进行装接与调试。

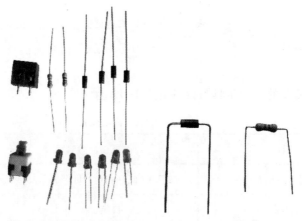

1. 准备好所需要的元器件及PCB　　　2. 元器件成形

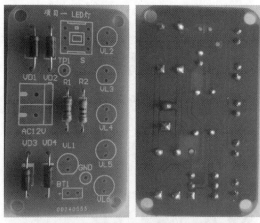

3. 装接电阻及整流二极管并剪去多余引脚　　　　4. 装接发光二极管

5. 装接接线端子与按钮并剪去多余引脚　　　6. 连接电源进线，检测并通电测试

图 1-34　LED 灯电路的装接与测试示意图

2. 在元器件布局、焊接时应注意什么？

3. 你能根据学生工作页线路并利用万用表及示波器，测量电路输入电压 u_2（即 ab 端的电压）及波形吗？

4. 你能根据学生工作页线路并利用万用表及示波器，测量电路输出电压 u_L（即 cd 端的电压）及波形吗？

5. 按半波整流电容滤波电路原理图装接半波整流电容滤波电路，并测试相关参数。

6. LED 节能灯如图 1-35 所示，图（a）所示为 LED 节能灯的散件，图（b）所示为电路原理图，请回答下列问题：

（1）作为光源的 LED 是学过的晶体管器件，它的名称是_____。

（2）LED 节能灯接在 220 V 交流电源上，根据原理电路，给 LED 供电的是直流电还是交流电？_____

（3）有兴趣的学生可以收集合适的元器件并制作该节能灯。

7. 如图 1-36 所示，测量正弦波作用下整流滤波电路产生的信号电压。（正弦波由函数信号发生器提供，函数信号发生器的使用见项目 3 任务 1 的任务拓展 2。）

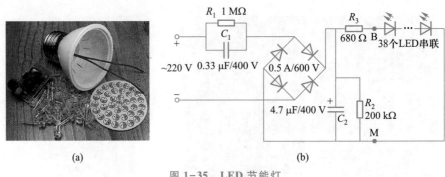

图 1-35　LED 节能灯

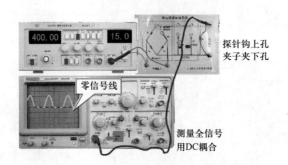

图 1-36　整流滤波电路电压参数测试

示波器波形分析记录表	
1. 画波形： 	2. 示波器量程： 　AC/DC：_____ 探针衰减×1/×10：_____ 　SEC/DIV：_____ VOLTS/DIV：_____ 3. 数据分析： 　$U_2 =$ _____ 　$U_L =$ _____ 　输入信号频率：_____ Hz

8. 如图 1-37 所示，测量整流滤波电路滤波信号的交流电压分量峰-峰值。（正弦波由函数信号发生器提供。）

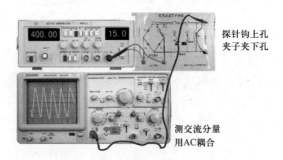

图 1-37　整流滤波电路交流成分测试

示波器波形分析记录表

1. 画波形：	2. 示波器量程： 　　AC/DC：_____探针衰减×1/×10：_____ 　　SEC/DIV：_____ VOLTS/DIV：_____ 3. 数据分析： 　　$U_2 =$ _____ 　　$U_L =$ _____ 　　输入信号频率：_____ Hz

项目总结

常见的整流电路比较见表 1-14，常见的电容滤波电路比较见表 1-15，常见的滤波电路比较见表 1-16。

表 1-14　常见的整流电路比较表

类型	电路	整流电压的波形	整流电压平均值	每管电流平均值	每管承受最大反向工作电压
单相半波	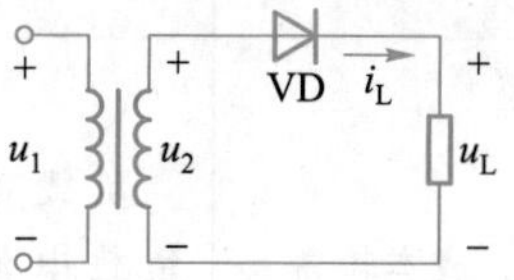		$0.45U_2$	I_L	$\sqrt{2}\,U_2$
单相桥式	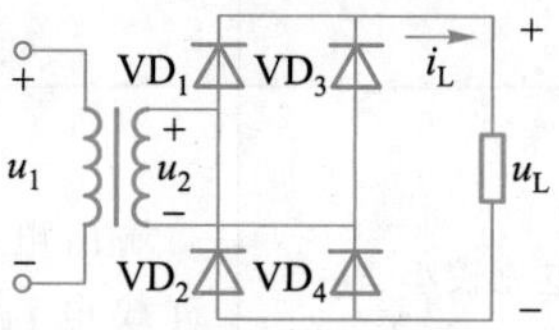	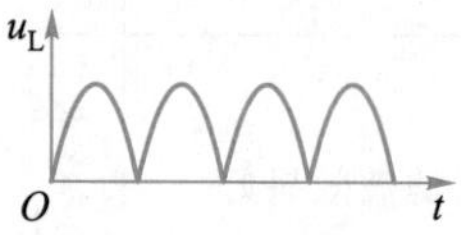	$0.9U_2$	$\dfrac{1}{2}I_L$	$\sqrt{2}\,U_2$

表 1-15　常见的电容滤波电路比较表

类型	电路	电容滤波输出电压的波形	滤波电压平均值	每管电流平均值	每管承受最大反向工作电压
单相半波	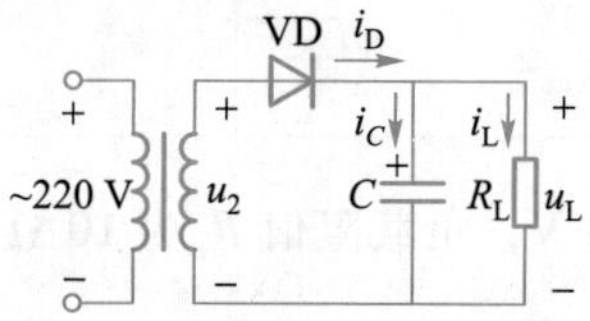	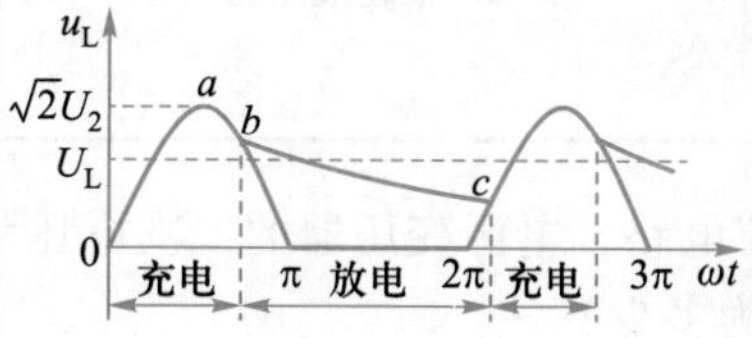	U_2	I_L	$2\sqrt{2}\,U_2$

类型	电路	电容滤波输出电压的波形	滤波电压平均值	每管电流平均值	每管承受最大反向工作电压
单相桥式			$1.2U_2$	$\dfrac{1}{2}I_L$	$\sqrt{2}\,U_2$

表 1-16　常见的滤波电路比较表

类型		电路	优点	缺点	应用场合
电容滤波			1. 输出电压高 2. 在小电流时滤波效果好	1. 带负载能力差 2. 电源接通瞬间，整流二极管要承受因电容充电而产生的较大浪涌电流	负载电流较小的场合
电感滤波			1. 带负载能力较强 2. 对变动的负载滤波效果好	1. 体积较大 2. 输出电压较低	负载变动大、负载电流大的场合
复式滤波	L 形滤波		1. 输出电流较大 2. 滤波效果好	体积较大，成本较高	负载变动较大、负载电流较大的场合
	LC-π 形滤波		1. 滤波效果好 2. 能兼起降压、限流作用	1. 输出电流较小 2. 带负载能力差	输出电压稳定、负载电流较小的场合
	RC-π 形滤波		1. 成本低、体积小 2. 滤波效果好	1. 输出电流较小 2. 带负载能力差	负载电流较小、要求稳定的场合

1. 现有一单相半波整流电路，电源变压器的二次电压为 15 V，负载阻值 R_L 为 10 Ω，则：

（1）整流输出电压 U_L 为多少？

（2）流过二极管的电流和二极管承受的最大反向工作电压为多少？

2. 能否用万能板、二极管等装接半波整流电路？

3. 一手机充电器，输入电压(即变压器的一次电压)为 220 V 的单相交流电压，要求输出直流电压为 6 V，输出直流电流为 500 mA，采用桥式整流电路，试求：

(1) 选用变压比为多少的变压器。

(2) 选用合适的二极管。

4. 整流滤波电路如图 1-38 所示，二极管是理想元件，电容 $C = 500 \ \mu F$，负载电阻 $R_L = 5 \ k\Omega$，开关 S_1 闭合、S_2 断开时，直流电压表 V 的读数为 141.4 V，求：

(1) 开关 S_1 闭合、S_2 断开时，直流电流表 A 的读数。

(2) 开关 S_1 断开、S_2 闭合时，直流电流表 A 的读数。

(3) 开关 S_1、S_2 均闭合时，直流电流表 A 的读数。(设电流表内阻为零，电压表内阻为无穷大。)

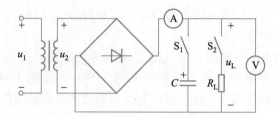

图 1-38　整流滤波电路

 学习材料　　　　　　　灯 的 发 展

20 世纪六七十年代，我国普遍使用的是煤油灯，如图 1-39 所示。煤油灯用玻璃制成，灯身造型精美，由底盘、油瓶、灯头构成。灯头形如张嘴的蛤蟆，一侧安装有可调节灯芯大小的手柄，还配有一个防风玻璃罩。

图 1-39　煤油灯

随着时代的变迁，马灯、汽灯也逐渐走进人们的生活，灯光一点点照亮了每一片土地。但汽灯一般只有在演出、看电影时才会使用，如图 1-40 所示。

图 1-40　汽灯时代

　　20 世纪 80 年代以来，随着供电设施和照明技术的不断发展，照明设施和使用成本不断降低，白炽灯逐渐普及。煤油灯、马灯也逐渐退出了历史舞台。

　　其实早在 1969 年，科技工作者利用半导体 PN 结发光的原理，研制成了 LED 光源。当时研制的 LED，所用的材料是 GaAsP，其发光颜色为红色。经过近 30 年的发展，LED 已能发出红、橙、黄、绿、蓝等多种色光。然而照明需用的白色光 LED 直到 2000 年以后才发展起来。

　　2016 年开始，普通的白炽灯因为不够环保而逐渐被淘汰，取而代之的是更加节能环保、发光面积更大的 LED 灯。

　　相比之前的灯，LED 灯的优势非常明显，如：在节能方面，白光 LED 的能耗仅为白炽灯的 1/10、节能灯的 1/4，寿命可达 10 万小时，可以频繁开关，固态封装，可以工作在恶劣的自然环境中，一体化设计，环保、没有汞等有害物质，容易拆装、可回收，减轻视觉疲劳……随着 LED 的普及，价格也在不断降低。

　　现在人们对照明的需求不只是满足于"亮"，还追求健康的"亮"。例如针对学生学习，现在有一些频闪低、灯光呈暖黄色、光线更加柔和的小台灯，如图 1-41 所示，还可利用手机 APP 控制，自动调节亮度和色温，减轻了以往普通荧光灯的冷光造成的眼睛疲劳。

图 1-41　LED 用于照明

　　除了照明，LED 还可用于灯光表演，如图 1-42 所示，根据音乐节奏变换的喷泉和灯光展现光与水的共舞，令人叹为观止。

图 1-42　LED 用于灯光表演

　　随着 LED 技术的发展，LED 屏幕诞生了。我们熟悉的手机、电视等很多产品使用 LED 技术，如图 1-43 所示，其原理就是通过不同颜色的 LED 矩阵单元来显示图形。LED 灯及 LED 屏幕将在未来很长一段时间内广泛应用。

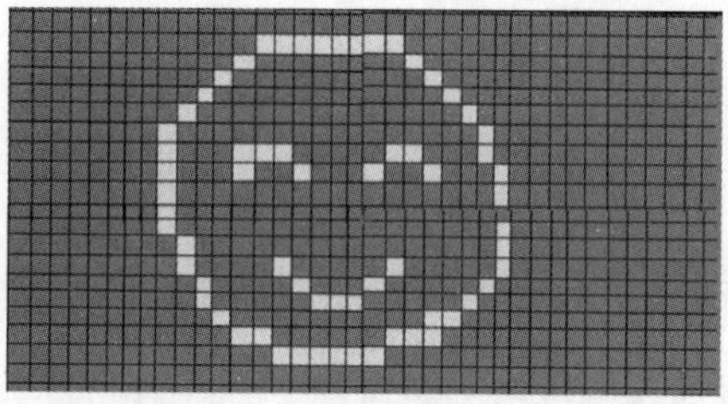

图 1-43　LED 用于显示屏

　　从煤油灯到多彩的 LED 灯再到光影变幻的灯光表演，从满足人们对照明基本需求，到对灯饰造型美的追求，丰富多彩的灯饰装点了千家万户。

　　随着科技的发展，未来或许会有如无线光源、可折叠屏幕、虚拟折射光、空间全息技术等诞生，照明和显示技术将会向"薄""轻""智能""便携""全息"等方向不断前进。

项目2

调光灯电路的装接与调试
——单相可控整流电路

 项目目标

1. 认识晶闸管的外形和图形符号。
2. 会使用万用表判别单向晶闸管的引脚、判断单向晶闸管的好坏。
3. 认识单相可控整流电路的基本结构，能分析工作原理。
4. 能安装、检测单相可控整流电路，会估算电路的主要参数。

项目情境

调光灯通过调整灯光亮度，从而衬托出不同的室内环境氛围，也许你正在使用调光灯，你可曾想过它是如何工作，如何亲手制作一盏简易调光灯电路呢？下面让我们来动手做一做吧！

项目概述

晶闸管是硅晶体闸流管的简称，又称可控硅（SCR），是一种能实现弱电控制强电的半导体功率器件，调光灯电路是晶闸管在电路中的实际应用之一。本项目主要介绍晶闸管的特点和基本电路的组成、工作过程、分析方法，并通过调光电路装接与调试，提高对晶闸管整流电路的理解，为以后的学习打好基础。

任务1
晶闸管的识别与检测

任务目标

1. 知道常见晶闸管的种类与用途。
2. 会识别晶闸管的外形和图形符号。
3. 能判别常用晶闸管的引脚，并检测其好坏。

✏️ **任务描述**

能对常见晶闸管进行外观识别，画出晶闸管的图形符号，并使用万用表对晶闸管的引脚进行识别和好坏检测。

🔧 **任务准备**

晶闸管在调速、调光、调压、调温电路中广泛应用，是一种弱电控制强电的新型半导体器件。它具有体积小、质量轻、效率高、寿命长、使用方便等优点。

1. 晶闸管的分类

常用的晶闸管有单向晶闸管和双向晶闸管之分。晶闸管的外形有平面型、螺栓型和小型塑封型等几种，晶闸管的分类方式如下：

（1）按控制方式分　普通晶闸管、双向晶闸管、逆导晶闸管、可关断晶闸管、BTG 晶闸管、温控晶闸管、光控晶闸管。

（2）按引脚和极性分　二极晶闸管、三极晶闸管、四极晶闸管。

（3）按封装形式分　金属封装晶闸管（螺栓型、平板型、圆壳型），塑料封装晶闸管（带散热片型、不带散热片型），陶瓷封装晶闸管。

（4）按电流容量分　大功率晶闸管、中功率晶闸管、小功率晶闸管。

（5）按关断速度分　普通晶闸管、高频（快速）晶闸管。

2. 晶闸管的型号命名

国家对晶闸管的命名有统一规定，一般由 4 部分组成，各部分的表示符号和含义见图 2-1 和表 2-1。

图 2-1　晶闸管型号命名组成

表 2-1　晶闸管的命名

第 1 部分（数字）		第 2 部分（字母）		第 3 部分（字母）		第 4 部分（数字、字母）	
主称		类别		额定通态电流		重复峰值电压级数	
符号	含义	符号	含义	符号	含义	符号	含义
K	晶闸管	P	普通反向阻断型	1	1 A	1	100 V
		K	快速反向阻断型	5	5 A	2	200 V
		S	双向型	10	10 A	3	300 V

【例 2-1】KP1-2 普通反向阻断型晶闸管，型号具体含义如下：

第 1 部分	第 2 部分	第 3 部分	第 4 部分
主称 K：晶闸管	类别 P：普通反向阻断型	额定通态电流 1：1 A	重复峰值电压级数 2：200 V

【例 2-2】KS5-4 双向型晶闸管，型号具体含义如下：

第 1 部分	第 2 部分	第 3 部分	第 4 部分
主称 K：晶闸管	类别 S：双向型	额定通态电流 5：5 A	重复峰值电压级数 4：400 V

【例 2-3】快速反向阻断型晶闸管，型号具体含义如下：

第 1 部分	第 2 部分	第 3 部分	第 4 部分
主称 K：晶闸管	类别 K：快速反向阻断型	额定通态电流 5：5 A	重复峰值电压级数 7：700 V

任务实施

1. 识读常用晶闸管

晶闸管在电路中用文字符号"VT"来表示。单向晶闸管有正(阳)极 A、负(阴)极 K 和控制(门)极 G 三个极。双向晶闸管则有第一阳极 T_1、第二阳极 T_2 和控制极 G 三个极。它们的内部结构、外形和图形符号见表 2-2。

表 2-2 晶闸管的内部结构、外形和图形符号

名称	单向晶闸管	双向晶闸管
基本结构与图形符号		
外形		
导通条件	(1) 晶闸管正极 A 与负极 K 之间必须加正向电压 (2) 控制极 G 施加正向电压	控制极 G 施加电压，即可实现晶闸管的双向导通

注：当晶闸管导通后，即使降低控制极电压或去掉控制极电压，仍然导通。

2. 检测常用晶闸管

在使用晶闸管时，通常要识别晶闸管的电极及检测质量好坏。可以用万用表对其进行简单检测，具体操作步骤见表 2-3。

表 2-3　晶闸管的检测

项目	检测图示	检测方法
单向晶闸管电极判断	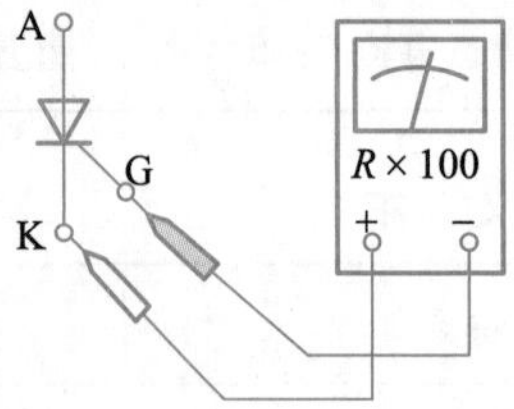	将万用表置于 $R \times 100$ 挡，两支表笔任意接触两个电极。只要测得低电阻值，证明测的是 PN 结正向电阻，这时黑表笔接的是控制极，红表笔接的是负极。这是因为 G-A 之间反向电阻趋于无穷大，A-K 间电阻也总是无穷大，均不会出现低阻的情况
单向晶闸管质量判别	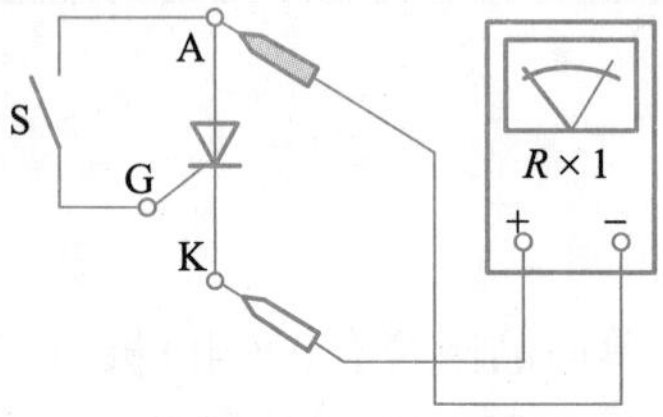	将万用表置于 $R \times 1$ 挡。开关 S 断开，晶闸管截止，测得的电阻值很大；开关 S 闭合时，相当于给控制极加上正向触发信号，晶闸管导通，测得电阻值很小（几欧或几十欧），则表示该管质量良好
双向晶闸管电极判断	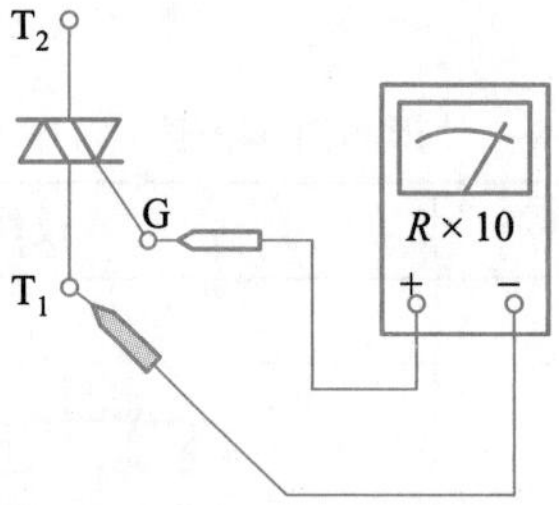	用万用表 $R \times 10$ 挡测出晶闸管相互导通的两个引脚，这两个引脚与第三个引脚均不通，即第三个引脚为 T_2 极，相互导通的两引脚为 T_1 极和 G 极。当黑表笔接 T_1 极，红表笔接控制极 G，所测得的正向电阻总要比反向电阻小一些，根据这一特性识别 T_1 极和 G 极
双向晶闸管质量判别	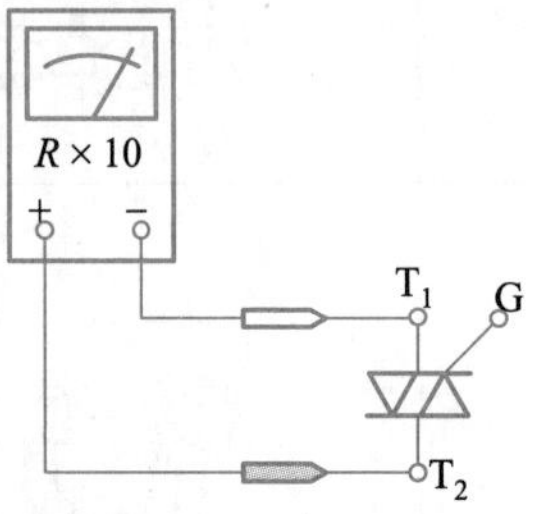	将万用表置于 $R \times 1$ 或 $R \times 10$ 挡，黑表笔接 T_2，红表笔接 T_1，然后将 T_2 与 G 瞬间短路，立即离开，此时若表针有较大幅度偏转，并停留在某一位置，说明 T_1 与 T_2 已触发导通；把红、黑表笔调换后再重复上述操作，如果 T_1、T_2 仍维持导通，说明该双向晶闸管质量良好，反之则是坏的

　　根据以上所学知识，请完成下面指定晶闸管的识别与检测，并完成学生工作页的数据记录。

学生工作页

工作任务	晶闸管的识别与检测	学生/小组		工作时间	

晶闸管的识别与检测

实物图	数据记录
	（1）万用表的量程＿＿＿＿＿＿＿＿＿＿ （2）1 脚与 2 脚的正向电阻＿＿＿＿＿；反向电阻＿＿＿＿＿＿ （3）1 脚与 3 脚的正向电阻＿＿＿＿＿；反向电阻＿＿＿＿＿＿ （4）2 脚与 3 脚的正向电阻＿＿＿＿＿；反向电阻＿＿＿＿＿＿ （5）根据测量数据，确定晶闸管的三脚分别为： 1 脚是＿＿＿＿＿；2 脚是＿＿＿＿＿；3 脚是＿＿＿＿＿ （6）画出该晶闸管的图形符号＿＿＿＿＿＿＿＿＿＿＿

双向晶闸管的识别与检测

实物图	数据记录
	（1）万用表的量程＿＿＿＿＿＿＿＿＿＿
	（2）1 脚与 2 脚的正向电阻＿＿＿＿＿；反向电阻＿＿＿＿＿＿
	（3）1 脚与 3 脚的正向电阻＿＿＿＿＿；反向电阻＿＿＿＿＿＿
	（4）2 脚与 3 脚的正向电阻＿＿＿＿＿；反向电阻＿＿＿＿＿＿
	（5）根据测量数据，确定晶闸管的三脚分别为：
	1 脚是＿＿＿＿＿＿；2 脚是＿＿＿＿＿＿；3 脚是＿＿＿＿＿
1 2 3	（6）画出该晶闸管的图形符号＿＿＿＿＿＿＿＿＿＿＿＿＿

根据实践体验，总结你识别的方法与经验

任务小结

任务评价表

工作任务	晶闸管的识别与检测	学生/小组		工作时间	
评价内容	评价指标		自评	互评	师评
1. 你对测量方法是否了解？	A. 是 B. 否				
2. 你的测量过程正确吗？	A. 正确率 100% B. 正确率大于 80% C. 正确率小于 80%				
3. 你的测量结果正确吗？	A. 正确率 100% B. 正确率大于 80% C. 正确率小于 80%				
实训收获					
实训体会					
开始时间		结束时间		实际时长	

任务拓展

1. 认识单结晶体管

为了实现可控整流的目的，需要在晶闸管的控制极加入一个相位可调的触发信号，使之能对输出电压进行调节。提供触发信号的电路为触发电路。常用的触发电路是单结晶体管触发电路。

（1）单结晶体管简介

单结晶体管（简称 UJT）又称基极二极管，它是一种只有一个 PN 结和两个电阻接触电极的半导体器件，它的基片为条状的高阻 N 型硅片，两端分别引出两个基极 B_1 和 B_2，在硅片中间略偏 B_2 制作一个 P 区作为发射极 E。其实物、结构、图形符号如图 2-2 所示。

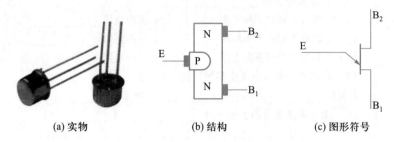

(a) 实物　　　　　(b) 结构　　　　　(c) 图形符号

图 2-2　单结晶体管的实物、结构、图形符号

（2）单结晶体管特性

从图 2-3 中可以看出，两基极 B_1 与 B_2 之间的电阻称为基极电阻

$$R_{BB} = R_{B1} + R_{B2}$$

式中：R_{B1} 为第一基极与发射极之间的电阻，其数值随发射极电流 i_E 而变化，R_{B2} 为第二基极与发射极之间的电阻，其数值与 i_E 无关；发射结是 PN 结，与二极管等效。若在两基极 B_2、B_1 间加上正电压 U_{BB}，则 A 点电压为

$$U_A = \left[R_{B1} / (R_{B1} + R_{B2}) \right] U_{BB} = (R_{B1} / R_{BB}) U_{BB} = \eta U_{BB}$$

式中，η 称为分压比，其值一般在 0.3~0.85 之间。

如果发射极电压 U_E 由零逐渐增加，可测得单结晶体管的伏安特性，如图 2-4 所示。特性分析如下：

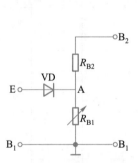

图 2-3　单结晶体管的等效图

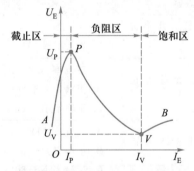

图 2-4　单结晶体管伏安特性图

① 当 $U_E < \eta U_{BB}$ 时，发射结处于反向偏置状态，管子截止，发射极只有很小的漏电流 I_{CEO}。

② 当 $U_E \geq \eta U_{BB} + U_D$ 时，U_D 为二极管正向压降（约为 0.7 V），PN 结正向导通，I_E 显著增加，R_{B1} 阻值迅速减小，U_E 相应下降，这种电压随电流增加反而下降的特性，称为负阻特性。管子由截止区进入负阻区的临界点 P 称为峰点，与其对应的发射极电压和电流，分别称为峰点电压 U_P 和峰点电流 I_P。I_P 是正向漏电流，它是使单结晶体管导通所需的最小电流，显然 $U_P = \eta U_{BB}$。

③ 随着发射极电流 I_E 不断上升，U_E 不断下降，降到 V 点后，U_E 不再下降，V 点称为谷点，与其对应的发射极电压和电流，称为谷点电压 U_V 和谷点电流 I_V。

④ 过了 V 点后，发射极与第一基极间半导体内的载流子达到了饱和状态，所以 U_E 继续增加时，I_E 便缓慢地上升，显然 U_V 是维持单结晶体管导通的最小发射极电压，如果 $U_E < U_V$，管子重新截止。

（3）单结晶体管触发电路

图 2-5(a)所示是由单结晶体管组成的张弛振荡电路。触发信号可从电阻 R_1 上取出脉冲电压 u_G。

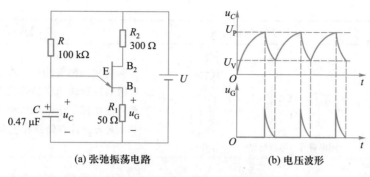

图 2-5　单结晶体管张弛振荡电路

假设在接通电源之前，图 2-5（a）中电容 C 上的电压 u_C 为零。接通电源 U 后，它就经 R 向电容器 C 充电，使其端电压按指数曲线升高。电容器上的电压就加在单结晶体管的发射极 E 和第一基极 B_1 之间。当 u_C 等于单结晶体管的峰点电压 U_P 时，单结晶体管导通，电阻 R_{B1} 急剧减小（约为 20 Ω），电容器向 R_1 放电。由于电阻 R_1 取得较小，放电很快，放电电流在 R_1 上形成一个脉冲电压 u_G，如图 2-5（b）所示。由于电阻 R 取得较大，当电容电压下降到单结晶体管的谷点电压时，电源经过电阻 R 供给的电流小于单结晶体管的谷点电流，于是单结晶体管截止。电源再次经 R 向电容 C 充电，重复上述过程。于是在电阻 R_1 上就得到一个脉冲电压 u_G。

2. 认识其他晶闸管

（1）其他晶闸管

晶闸管在电路中能够实现交流电的无触点控制，以小电流控制大电流，并且不像继电器那样控制时有火花产生，被广泛应用于控制电路中。除单向晶闸管和双向晶闸管外还有可关断晶闸管、BTG 晶闸管、光控晶闸管、逆导晶闸管、四极晶闸管等，见表 2-4。

表 2-4　其他晶闸管

名称	外形与图形符号	特点
可关断晶闸管	外形　　图形符号	导通后只能达到临界饱和状态，当控制极输入一个负向触发信号即可使之由导通状态变为阻断状态
BTG 晶闸管	金属外壳　塑封　外形　　图形符号	又称程控单结晶体管或可调式单结晶体管，它既可作为晶闸管使用，又可作为单结晶体管使用
光控晶闸管	受光窗口　外形　　图形符号	一种利用光电信号控制的开关器件，其伏安特性和普通晶闸管相似，只是用光触发代替了电触发，控制极 G 成为受光窗口

名称	外形与图形符号	特点
逆导晶闸管	RCT SCR VD S3800 MF 图形符号 等效电路 外形	与单向晶闸管相比，具有工作频率高、关断时间短和误动作少等优点，被广泛应用于超声波电路、电子镇流器、开关电源、电磁炉和超导磁能存储系统等领域
四极晶闸管	GA GK VT₁ VT₂ 图形符号 等效电路	灵敏度很高，控制极触发电流极小，开关时间很短。GA 极悬空，可代替单向晶闸管或可关断晶闸管使用；GK 悬空，可代替 BTG 晶闸管或可关断晶闸管使用；GA 极和 A 极短接，可代替逆导晶闸管或 NPN 型硅三极管使用

（2）特殊晶闸管的检测

在选用特殊晶闸管时应注意判别晶闸管的电极，可以使用万用表对这些特殊的晶闸管做简单检测来判断电极，见表 2-5。

表 2-5 特殊晶闸管的电极判断

名称	检测图例	操作说明
可关断晶闸管的电极判断	GTO $R \times 100$	将万用表置于 $R \times 100$ 挡，依次测量 3 个引脚之间的电阻，电阻值比较小的一对引脚，红表笔所接的引脚为负极 K，黑表笔所接的引脚为控制极 G，而剩下的引脚是正极 A
BTG 晶闸管的电极判断	BTG $R \times 1k$	将万用表置于 $R \times 1$ k 挡，测量任意两个引脚之间的正、反向电阻，当测得某对引脚的电阻值最小时，则所测的为控制极 G 与正极 A 之间的正向电阻，黑表笔所接的引脚为正极 A，红表笔所接的是控制极 G，另一个引脚是负极 K
光控晶闸管的电极判断	光 VT $R \times 1$ E 3 V	将万用表置于 $R \times 1$ 挡，在黑表笔上串联 3 V 干电池，检测光控晶闸管两引脚之间的正、反向电阻。光照时，测量电阻值较小的为正向电阻，黑表笔所接引脚为正极 A，红表笔所接引脚为负极 K
逆导晶闸管的电极判断	$R \times 100$ RCT	将万用表置于 $R \times 100$ 挡，测量任意两个引脚间的电阻，有一个引脚与另外两个引脚之间的正、反向电阻中都有一个电阻值较小，则该引脚为负极 K。然后将万用表的黑表笔接负极 K，用红表笔分别去触碰另外两个引脚，电阻值较小的测量中，红表笔所接的引脚为正极 A，另一个引脚为控制极 G

任务 2

单相半波可控整流电路的装接与调试

◆ **任务目标**

1. 能识别单相半波可控整流电路的结构，会分析其工作原理。
2. 能安装单相半波可控整流电路，会测量相关参数。

✎ **任务描述**

利用所给的单向晶闸管等元器件和电路图，安装单相半波可控整流电路，测试电路相关参数，加深对单相半波可控整流电路的理解。

🐝 **任务准备**

1. 单相半波可控整流电路的结构

可控整流是指把交流电转换成单一方向、大小可调的直流电的过程。可控整流技术是电力电子技术的基础，在生产、生活中应用极广。用晶闸管组成的可控整流电路，在不影响工程计算精度的情况下，可将晶闸管、二极管看作理想元件，即导通时正向压降与关断时漏电流以及管子的通断时间忽略不计。

电阻性负载情况下的单相半波可控整流电路如图 2-6（a）所示。由变压器 T、晶闸管 VT、负载电阻 R_L 组成。整流变压器一次电压为 u_1、电流为 i_1，二次电压为 u_2、电流为 i_2。可控整流电路输出电压平均值为 U_0、电流平均值为 I_0。

2. 单相半波可控整流电路的工作过程

① 晶闸管的控制极上未加触发电压，不论在正弦交流电压 u_2 的正半周还是负半周，晶闸管都不会导通。这时负载电阻 R_L 两端电压 $u_0 = 0$，负载电流 $i_0 = 0$，电源电压全部加在晶闸管上，$u_T = u_2$。单相半波可控整流电路的波形如图 2-6(b)所示。

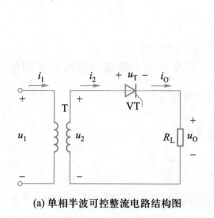

(a) 单相半波可控整流电路结构图　　(b) 单相半波可控整流电路波形图

图 2-6　单相半波可控整流电路

② 在 u_2 正半周（上正下负），晶闸管承受正向电压，若在 $\omega t = \alpha$ 时，在控制极加上适当的触发脉冲电压 u_G，晶闸管将立即导通。电路中电流流向为 $u_2(+) \rightarrow VT \rightarrow R_L \rightarrow u_2(-)$。晶闸管导通后，忽略管压降，电源电压全部加在负载 R_L 上，即 $u_0 = u_2$。

③ 在电源电压 u_2 从正半周转入负半周过零的时候，晶闸管自行关断。

④ 在 u_2 负半周（上负下正），晶闸管承受反向电压，即使控制极上加触发电压，晶闸管也不会导通。这时，负载电压、电流都为零，晶闸管承受 u_2 的全部电压。

单相可控整流电路中从晶闸管承受正向电压开始到被触发导通所经历的电角度称为控制角，又称触发角、移相角，用 α 表示。晶闸管从开始导通到关断所经历的电角度称为导通角，用 θ 表示。改变 α 角的大小即可改变晶闸管导通的时刻，输出电压、电流波形和输出电压、电流的平均值都随之改变，因此称为可控整流电路。单相半波可控整流电路控制角的移相范围是 $0° \sim 180°$，故 $\theta = \pi - \alpha$。控制角 α 越小，则输出电压、电流的平均值越大，如图 2-7、图 2-8 所示。

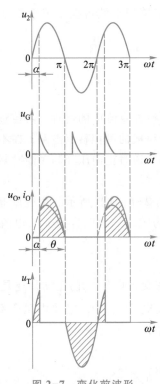

图 2-7 变化前波形

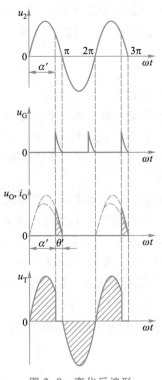

图 2-8 变化后波形

3. 负载上直流电压和电流的估算

（1）负载直流平均电压 U_0 和平均电流 I_0

变压器二次电压 $u_2 = \sqrt{2}\, U_2 \sin \omega t$，$U_0$ 是负载电压波形在一个周期内面积的平均值

$$\frac{U_0}{U_2} = 0.45 \frac{1 + \cos \alpha}{2}$$

根据欧姆定律，负载电阻 R_L 中的直流平均电流为

$$I_0 = \frac{U_0}{R_L} = 0.45 \frac{U_2}{R_L} \cdot \frac{1 + \cos \alpha}{2}$$

在单相半波可控整流电路中，触发脉冲的移相范围为 $0° \sim 180°$。当 $\alpha = 0°$，$\theta = 180°$ 时，晶闸管在正半周内全导通，输出电压平均值最高，即 $U_0 = 0.45 U_2$；当 $\alpha = 180°$，$\theta = 0°$ 时，晶闸管全关断，输出电压、电流都为零。可见，输出电压的可控范围为 $0 \sim 0.45 U_2$。负载上的电压与电

流均为缺角的正弦半波。

（2）负载电压的有效值 U 和电流的有效值 I

电压的有效值 U 为

$$U = U_2 \sqrt{\frac{\pi - \alpha}{2\pi} + \frac{\sin 2\alpha}{4\pi}}$$

电流的有效值为

$$I = \frac{U}{R_L} = \frac{U_2}{R_L} \sqrt{\frac{\pi - \alpha}{2\pi} + \frac{\sin 2\alpha}{4\pi}}$$

（3）功率因数 $\cos \varphi$

$$\cos \varphi = \frac{P}{S} = \frac{UI}{U_2 I} = \sqrt{\frac{\sin 2\alpha}{4\pi} + \frac{\pi - \alpha}{2\pi}}$$

式中，P—变压器二次侧供给的有功功率，$P = I^2 R_L = UI$；

　　　S—变压器二次侧供给的视在功率，$S = U_2 I$。

功率因数受控制角的影响，当 $\alpha = 0°$ 时，$\cos \varphi = 0.707$ 为最大。由于谐波的存在，即使是电阻性负载，功率因数最大只有 0.707。而且 $\cos \varphi$ 随 α 的增大而降低，设备利用率也就越低。

4. 晶闸管的选择

（1）晶闸管电流的有效值 I_T

在单相半波可控整流电路中，由于晶闸管和负载串联，负载电流的有效值即是流过晶闸管电流的有效值，关系式为

$$I_T = I$$

（2）晶闸管承受的最大反向电压 U_{TM}

从 u_T 的波形图可以看出，晶闸管承受的最大反向电压就是变压器二次相电压的峰值电压，即

$$U_{TM} = \sqrt{2} U_2$$

根据晶闸管电流的有效值 I 和最大反向电压 U_{TM} 的计算值，查阅有关半导体器件手册，选用合适型号的晶闸管，使其额定值大于计算值。

【例 2-4】有一单相半波可控整流电路，电阻性负载，由 220 V 交流电源直接供电。负载要求的最大平均电压为 60 V，相应电流的有效值为 15.7 A，试计算最大输出时的控制角 α，并选择晶闸管。

解：（1）先求出最大输出时的控制角 α

晶闸管的额定电压可按下式计算与选择

$$\cos \alpha = \frac{2U_0}{0.45 U_2} - 1 = \frac{2 \times 60}{0.45 \times 220} - 1 \approx 0.212$$

$$\alpha \approx 77.8°$$

（2）求出晶闸管两端承受的正、反向峰值电压

$$U_{TM} = \sqrt{2} U_2 = 311 \text{ V}$$

（3）选择晶闸管。晶闸管通态平均电流可按下式计算与选择

$$I_{T(AV)} = (1.5 \sim 2) \frac{I_T}{1.57} = (1.5 \sim 2) \times \frac{15.7}{1.57} \text{ A} = 15 \sim 20 \text{ A}$$

$$U_{Tn} = (2 \sim 3) U_{TM} = 622 \sim 933 \text{ V}$$

式中，U_{Tn} 为晶闸管额定电压。取 $U_{Tn} = 1\,000$ V

根据晶闸管型号的定义，可选用 KP20-10 型晶闸管。

任务实施

1. 准备工具和器材

（1）工具

本次任务实施所需要的常用工具与设备见表 2-6。

表 2-6 常用工具与设备

编号	工具名称	规格	数量
1	单相交流电源	自定	1 套
2	万用表	自定	1 只
3	双踪示波器	自定	1 台
4	电烙铁	15~25 W	1 把
5	烙铁架	自定	1 只
6	电子实训通用工具	尖嘴钳、斜口钳、镊子、螺丝刀（一字和十字）、小剪刀等	1 套

（2）器材

本次任务实施所需要的器材见表 2-7。

表 2-7 器 材

编号	名称	规格	数量
1	固定电阻 R_1	1 kΩ	1 个
2	固定电阻 R_2	300 Ω	1 个
3	固定电阻 R_3	50 Ω	1 个
4	可调电阻 R_4	300 kΩ	1 个
5	电容 C	0.22 μF	1 只
6	单向晶闸管 VT_1	BT169	1 只
7	单结晶体管 VT_2	BT33	1 只
8	稳压二极管 VZ	4V3	1 只
9	整流二极管 VD	1N4007	1 只
10	小电珠 L	5 W/12 V	1 只
11	万能板	50 mm×100 mm	1 块
12	焊接材料	焊锡丝、松香助焊剂、连接导线等	1 套

2. 环境要求、安装工艺要求与安全要求

（1）环境要求

环境要求见项目 1 任务 1。

（2）安装工艺要求

安装工艺要求见项目 1 任务 3。

（3）安装过程的安全要求

安装过程必须做到"安全第一"，具体要遵守以下要求：

① 电烙铁插头最好使用三极插头，要使外壳妥善接地。

② 正确使用电烙铁进行焊接操作，不能用力敲击，当电烙铁上焊锡量过多时，应在焊接专用清洁擦拭高温海绵上擦掉。切勿乱甩，以防烫伤他人。

③ 焊接过程中，电烙铁不能到处乱放。不焊时，应放在烙铁架上。注意电源线不可搭在烙铁头上，以防止烫坏绝缘层而发生安全事故。

④ 完成焊接后，应及时切断电烙铁的电源，拔下电源插头。待冷却后再将电烙铁收回工具箱。

3. 完成安装测试的步骤与方法

（1）电路的安装

在万能板上进行安装，如图 2-9 所示

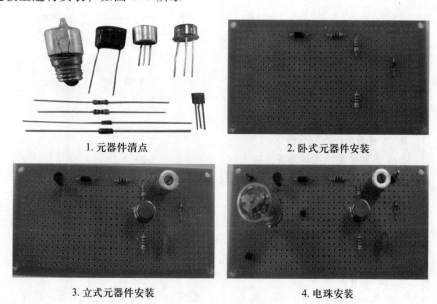

1. 元器件清点　　　　2. 卧式元器件安装

3. 立式元器件安装　　　　4. 电珠安装

图 2-9　电路安装示意图

（2）电路的测试

① 正确接入 12 V 交流输入电源。调节 R_4，观察电珠 L 的亮度变化。

② 正确连接示波器测试探头，分别测量 TP_1、TP_2、TP_3 各点波形，如图 2-10 所示，将测量数据记录于学生工作页中。

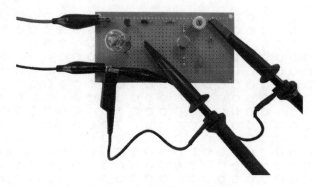

图 2-10　电路测量连接示意图

学生工作页

工作任务	单相半波可控整流电路 的安装与测试	学生/小组		工作时间	

**电路图
识读**

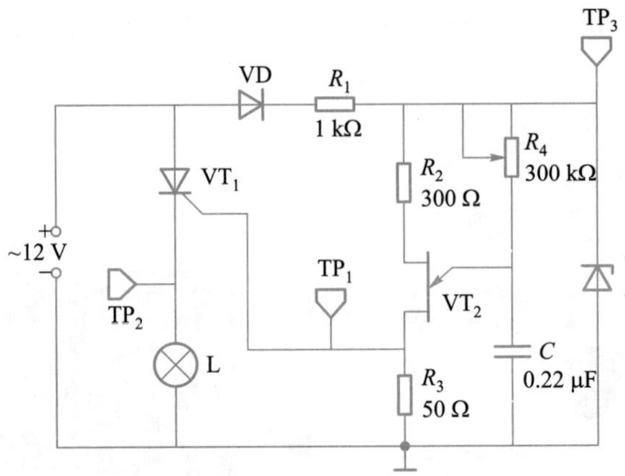

1. 主要元器件功能分析

(1) 晶闸管 VT_1 的导通条件是_____、_____

(2) 单结晶体管 VT_2 在电路中的作用是_____

(3) 二极管 VD 的作用是_____

(4) 稳压二极管 VZ 的作用是_____

2. 电路工作原理梳理

(1) 电路结构可分为主电路和触发电路,其中主电路以_____为核心构成,触发电路以_____为核心构成

(2) 接通电源,正半周时,经_____整流,得到_____直流电,再经_____削波,得到_____形波直流电。该直流电通过电阻____对电容 C ____,当电容电压到达 VT_2 的峰点电压时,电阻____两端获得一个触发脉冲给 VT_1 的____极,从而使 VT_1 ____,电珠就____

(3) 调节____,可以改变电容的充放电____,从而调节触发信号的相位,使电珠两端的电压改变,当 R_4 阻值变大时,电珠变_____

**电路接线
图绘制**

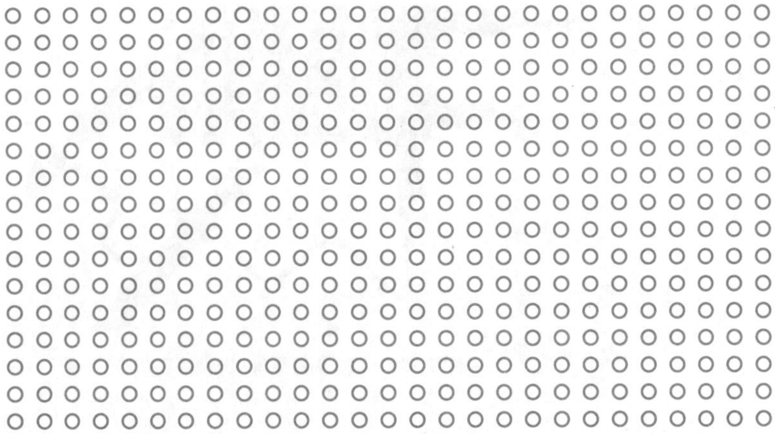

续表

	序号	元器件代号	元器件名称	型号规格	数量	测量结果	备注
元器件识别与检测	1	R_1					
	2	R_2					
	3	R_3					
	4	R_4					
	5	C					
	6	VD					
	7	VZ					
	8	VT_1					
	9	VT_2					
	10	L					

电路装接	具体步骤： （1）元器件成形 要求元器件成形符合工艺要求 （2）元器件插装 要求按先低后高、先轻后重、先易后难、先一般元器件后特殊元器件的顺序插装，并符合插装工艺要求 （3）元器件焊接 要求按"五步法"进行焊接，焊点大小适中、光滑，且焊点独立、不粘连 （4）电路连线 要求连线平直、不架空，并按绘制的接线图连线

电路检测与调试	（1）元器件安装检查 用目测法检查元器件安装的正确性，有无错装、漏装（有、无） （2）元器件成形检查 检查元器件成形是否符合规范（是、否） （3）焊接质量检查 焊接良好，有无漏焊、虚焊、粘连 （有、无） （4）电路板电源输入端短路检测 用万用表电阻挡测量电路板电源输入端的正向电阻值为_____，反向电阻值为_____ （5）工作台电源检测 用万用表交流电压挡测量工作台电源电压值是_____ （6）电路板电源检测 用万用表交流电压挡测量电路板电源输入端的电压值是_____

电路技术参数测量与分析	利用双踪示波器测量 TP_1、TP_2、TP_3各点波形，绘制波形并做好数据记录

电路数据分析：

（1）TP_1的波形为_____，在 1 个正半周内，触发有效的为第____个，其余_____

（2）当 R_4的阻值变小时，晶闸管的控制角将变_____，控制角将变_____，电珠两端的电压将变_____，电珠的亮度将_____

 任务小结

任务评价表

工作任务	单相半波可控整流 电路的装接与调试	学生/小组		工作 时间	
评价内容	评价指标	自评	互评	师评	
1. 电路图识读(10分)	识读电路图，按要求分析元器件功能和电路原理(每错一处扣0.5分)				
2. 电路接线图绘制(10分)	根据电路图正确绘制接线图(每错一处扣2分)				
3. 元器件识别与检测(10分)	正确识别和使用万用表检测元器件(识别检测错误，每个扣2分)				
4. 元器件成形与插装(10分)	按工艺要求将元器件插装至万能板(插装错误，每个扣2分；插装未符合工艺要求，每个扣2分)				
5. 焊接工艺(20分)	焊点适中，无漏、虚、假、连焊，光滑、圆润、干净、无毛刺，引脚高度基本一致(未达到工艺要求，每处扣2分)				
6. 电路检测与调试(20分)	按图装接正确，电路功能完整，记录检测数据准确(返修一次扣10分，其余每错一处扣2分)				
7. 电路技术参数测量与分析(10分)	按要求进行参数测量与分析，并将结果记录在指定区域内(每错一处扣1分)				
8. 职业素养(10分)	安全意识强、用电操作规范(违规扣2~5分)；不损坏器材、仪表(违规扣2~5分)；现场管理有序，工位整洁(违规扣2~5分)				
实训 收获					
实训 体会					
开始 时间		结束 时间		实际 时长	

任务拓展

电感性负载的单相半波可控整流电路如图 2-11 所示。电感性负载可用电感元件 L 和电阻元件 R 串联表示。晶闸管触发导通时，电感元件中存储了磁场能量，当 u_2 过零变负时，电感中产生感应电动势，晶闸管不能及时关断，造成晶闸管的失控，为了防止这种现象的发生，必须采取相应措施。

通常是在负载两端并联二极管 VD(图 2-11 中虚线所示)来解决。当交流电压 u_2 过零变负时，感应电动势 e_L 产生的电流可以通过这个二极管形成回路。因此这个二极管称为续流二极管。这时 VD 的两端电压近似为零，晶闸管因承受反向电压而关断。有了续流二极管以后，输出电压的波形就和电阻性负载时一样了。

值得注意的是，续流二极管的方向不能接反，否则将引起短路事故。

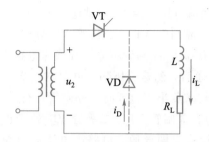

图 2-11　电感性负载的单相半波可控整流电路

任务 3

单相半控桥式整流电路的装接与调试

◆ **任务目标**

1. 能识别单相半控桥式整流电路的结构，会分析其工作原理。
2. 能装接单相半控桥式整流电路，会测量相关参数。

✎ **任务描述**

利用所给的单向晶闸管等元器件和电路图，安装单相半控桥式整流电路，测量电路相关参数，加深对单相半控桥式整流电路的理解。

🖐 **任务准备**

1. 单相半控桥式整流电路的组成

如图 2-12 所示，其主电路与单相桥式整流电路相比，只是其中两桥臂中的二极管被晶闸管 VT_1、VT_2 所取代。

2. 单相半控桥式整流电路的工作过程

单相半控桥式整流电路的工作波形如图 2-13 所示。

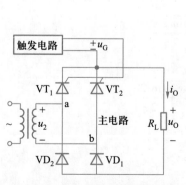

图 2-12　单相半控桥式整流电路

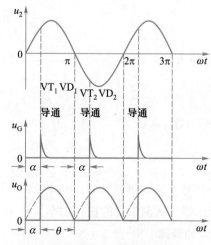

图 2-13　电路的工作波形

① 晶闸管的控制极上未加触发电压时，不论正弦交流电压 u_2 是正半周还是负半周，晶闸管

都不会导通。这时负载电阻 R_L 两端电压 $u_0 = 0$，负载电流 $i_0 = 0$。

② 在 u_2 正半周(上正下负)，晶闸管 VT_1、二极管 VD_1 处于正向电压作用下，若在 $\omega t = \alpha$ 时，在控制极加上适当的触发脉冲电压 u_G，晶闸管将立即导通。电路中电流流向为 a $/u_2(+) \rightarrow VT_1 \rightarrow R_L \rightarrow VD_1 \rightarrow$ b$/u_2(-)$。晶闸管导通后，忽略管压降，电源电压全部加在负载 R_L 上，即 $u_0 = u_2$。

③ 当电源电压 u_2 从正半周转入负半周过零时，晶闸管自行关断。

④ 在 u_2 负半周(上负下正)，晶闸管 VT_2、二极管 VD_2 处于正向电压作用下，在控制极加上适当的触发脉冲电压 u_G，晶闸管将立即导通。电路中电流流向为 b$/u_2(+) \rightarrow VT_2 \rightarrow R_L \rightarrow VD_2 \rightarrow$ a$/u_2(-)$。晶闸管导通后，忽略管压降，电源电压全部加在负载 R_L 上，即 $u_0 = u_2$。

⑤ 当电源电压 u_2 从负半周转入正半周过零时，晶闸管自行关断。

在以后各个周期，均重复上述过程。由图 2-12 可见，无论 u_2 在正半周还是负半周内，流过负载 R_L 的电流方向是相同的。

3. 负载上直流电压和电流的估算

(1) 负载直流平均电压 U_0 和平均电流 I_0

变压器二次电压 $u_2 = \sqrt{2} U_2 \sin \omega t$，$U_0$ 是负载电压波形在一个周期内面积的平均值。输出电压平均值比单相半波可控整流大一倍，即

$$U_0 = 0.9 U_2 \cdot \frac{1 + \cos \alpha}{2}$$

根据欧姆定律，负载电阻 R_L 中的直流平均电流为

$$I_0 = \frac{U_0}{R_L} = 0.9 \frac{U_2}{R_L} \cdot \frac{1 + \cos \alpha}{2}$$

在单相半控桥式整流电路中，触发脉冲的移相范围为 $0° \sim 180°$。当 $\alpha = 0°$，$\theta = 180°$ 时，晶闸管在半周内全导通，输出电压平均值最大，即 $U_0 = 0.9 U_2$；当 $\alpha = 180°$，$\theta = 0°$ 时，晶闸管全关断，输出电压、电流都为零。可见，输出电压的可控范围为 $0 \sim 0.9 U_2$。负载上的电压与电流均为缺角的正弦波。

流经晶闸管和二极管的平均电流为

$$I_T = I_D = \frac{1}{2} I_0$$

(2) 负载电压的有效值 U 和电流的有效值 I

电压有效值 U 为

$$U = U_2 \sqrt{\frac{\pi - \alpha}{\pi} + \frac{\sin 2\alpha}{2\pi}}$$

电流有效值为

$$I = \frac{U}{R_L} = \frac{U_2}{R_L} \sqrt{\frac{\pi - \alpha}{\pi} + \frac{\sin 2\alpha}{2\pi}}$$

(3) 功率因数 $\cos \varphi$

$$\cos \varphi = \frac{P}{S} = \frac{UI}{U_2 I} = \sqrt{\frac{\pi - \alpha}{\pi} + \frac{\sin 2\alpha}{2\pi}}$$

式中，P—变压器二次侧供给的有功功率，$P = I^2 R_L = UI$；

S—变压器二次侧供给的视在功率，$S = U_2 I$。

4. 晶闸管的选择

(1) 晶闸管电流的有效值 I_T

在单相半控桥式可控整流电路中，由于晶闸管 VT_1、二极管 VD_1 和晶闸管 VT_2、二极管 VD_2

在一个周期中轮流导通，故流过每个晶闸管的平均电流为负载电流 I 的一半，即

$$I_{\mathrm{T}} = I/2$$

（2）晶闸管承受的最大反向电压 U_{TM}

晶闸管承受的最大反向电压就是变压器二次相电压的峰值电压，即

$$U_{\mathrm{TM}} = \sqrt{2}\,U_2$$

根据晶闸管电流的有效值 $I/2$ 和最大反向电压 U_{TM} 的计算值，查阅有关半导体器件手册，选用合适型号的晶闸管，使其额定值大于计算值。

任务实施

1. 准备工具和器材

（1）工具

本次任务实施所需要的常用工具与设备见表 2-8。

表 2-8　常用工具与设备

编号	工具名称	规格	数量
1	单相交流电源	自定	1 套
2	万用表	自定	1 只
3	双踪示波器	自定	1 台
4	电烙铁	15~25 W	1 把
5	烙铁架	自定	1 只
6	电子实训通用工具	尖嘴钳、斜口钳、镊子、螺丝刀（一字和十字）、小剪刀等	1 套

（2）器材

本次任务实施所需要的器材见表 2-9。

表 2-9　器　材

编号	名称	规格	数量
1	固定电阻 R_1	1 kΩ	1 个
2	固定电阻 R_2	360 Ω	1 个
3	固定电阻 R_3	51 Ω	1 个
4	电位器 R_{P}	150 kΩ	1 个
5	电容 C	0.022 μF	1 只
6	单向晶闸管 VT_1、VT_2	BT169	2 只
7	单结晶体管 VT_3	BT33	1 只
8	稳压二极管 VZ	2CW21A	1 只
9	整流二极管 $VD_1 \sim VD_6$	1N4007	6 只
10	电珠 L	5 W/36 V	1 只
11	万能板	50 mm×100 mm	1 块
12	焊接材料	焊锡丝、松香助焊剂、连接导线等	1 套

2. 环境要求、安装工艺要求与安全要求

环境要求见项目 1 任务 1，安装工艺要求见项目 1 任务 3，安全要求见项目 2 任务 2。

3. 完成装接调试的步骤与方法

（1）电路的装接

在万能板上进行安装，如图 2-14 所示。

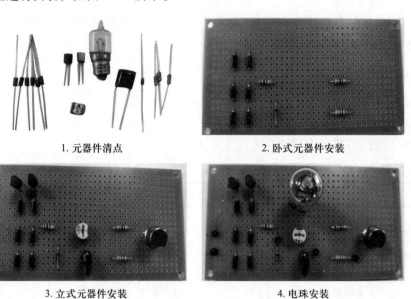

1. 元器件清点　　　　　　　　　　2. 卧式元器件安装

3. 立式元器件安装　　　　　　　　4. 电珠安装

图 2-14　电路安装示意图

（2）电路的测试

① 正确接入 12 V 交流输入电源。调节 R_p，观察电珠 L 的亮度变化。

② 正确连接示波器测试探头，分别测量 TP_1、TP_2、TP_3 各点波形，如图 2-15 所示，将测量数据记录于学生工作页中。

图 2-15　电路测量连接示意图

学生工作页

工作任务	单相半控桥式整流 电路的装接与调试	学生/小组		工作 时间	
电路图 识读					

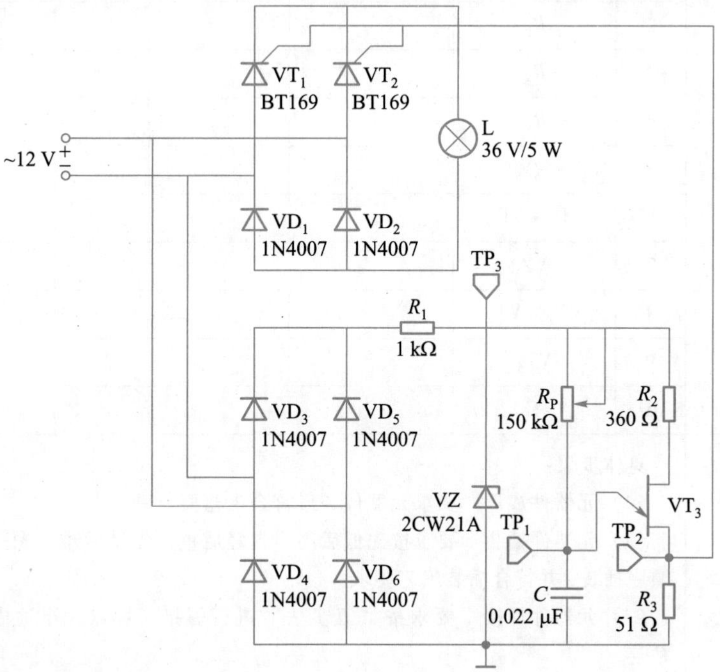

（电路图区域）

1. 主要元器件功能分析

（1）晶闸管 VT$_1$、VT$_2$ 的导通条件是_____、_____

（2）单结晶体管 VT$_3$ 在电路中的作用是_____

（3）二极管 VD$_3$~VD$_6$ 构成_____整流电路，输出_____直流电

（4）稳压二极管 VZ 的作用是_____

2. 电路工作原理梳理

（1）电路结构可分为_____电路和_____电路，其中前者电路以_____为核心构成，后者电路以_____为核心构成

（2）接通电源，触发电路产生_____脉冲，同时触发 VT$_1$、VT$_2$，在一个半周内，一只晶闸管_____，一只晶闸管_____。另一个半周内，两只晶闸管工作状态交换

（3）由于触发脉冲一样，VT$_1$、VT$_2$ 导通角_____，因此每个半周负载上得到的电压_____

（4）调节_____，可以改变电容的充放电_____，从而调节触发信号的相位，使电珠两端的电压改变，当 R_P 阻值变大时，电珠变_____

电路接线 图绘制	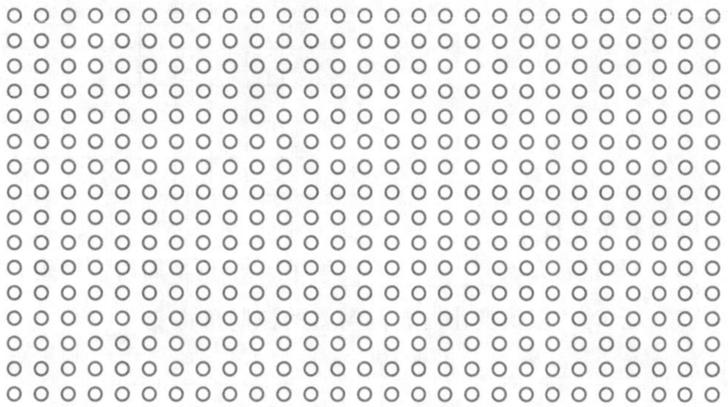

	序号	元器件代号	元器件名称	型号规格	数量	测量结果	备注
元器件识别与检测	1	R_1					
	2	R_2					
	3	R_3					
	4	R_P					
	5	C					
	6	$VD_1 \sim VD_6$					
	7	VZ					
	8	VT_1、VT_2					
	9	VT_3					
	10	L					
电路装接	具体步骤： （1）元器件成形　要求元器件成形符合工艺要求 （2）元器件插装　要求按先低后高、先轻后重、先易后难、先一般元器件后特殊元器件的顺序插装，并符合插装工艺要求 （3）元器件焊接　要求按"五步法"进行焊接，焊点大小适中、光滑，且焊点独立、不粘连 （4）电路连线　要求连线平直、不架空，并按绘制的接线图连线						
电路检测与调试	（1）元器件安装检查　用目测法检查元器件安装的正确性，有无错装、漏装（有、无） （2）元器件成形检查　检查元器件成形是否符合规范（是、否） （3）焊接质量检查　焊接良好，有无漏焊、虚焊、粘连（有、无） （4）电路板电源输入端短路检测　用万用表电阻挡测量电路板电源输入端的正向电阻值为_____，反向电阻值为_____ （5）工作台电源检测　用万用表交流电压挡测量工作台电源电压值是_____ （6）电路板电源检测　用万用表交流电压挡测量电路板电源输入端的电压值是_____						
电路技术参数测量与分析	利用双踪示波器测量 TP_1、TP_2、TP_3 各点波形，绘制波形并做好数据记录						

电路数据分析：
（1）TP_1 的波形为_____，在 1 个正半周内，触发有效的为第____个，其余____
（2）当 R_P 的阻值变小时，晶闸管的控制角将变_____，导通角将变_____，电珠两端的电压将变_____，电珠的亮度将_____

 任务小结

任务评价表

工作任务	单相半控桥式整流 电路的装接与调试	学生/小组		工作 时间	
评价内容	评价指标	自评	互评	师评	
1. 电路图识读(10分)	识读电路图，按要求分析元器件功能和电路原理(每错一处扣1分)				
2. 电路接线图绘制(10分)	根据电路图正确绘制接线图(每错一处扣2分)				
3. 元器件识别与检测(10分)	正确识别和使用万用表检测元器件(识别检测错误,每个扣2分)				
4. 元器件成形与插装(10分)	按工艺要求将元器件插装至万能板(插装错误,每个扣2分;插装未符合工艺要求,每个扣2分)				
5. 焊接工艺(20分)	焊点适中,无漏、虚、假、连焊,光滑、圆润、干净、无毛刺,引脚高度基本一致(未达到工艺要求,每处扣2分)				
6. 电路检测与调试(20分)	按图装接正确,电路功能完整,记录检测数据准确(返修一次扣10分,其余每错一处扣2分)				
7. 电路技术参数测量与分析(10分)	按要求进行参数测量与分析,并将结果记录在指定区域内(每错一处扣1分)				
8. 职业素养(10分)	安全意识强、用电操作规范(违规扣2~5分);不损坏器材、仪表(违规扣2~5分);现场管理有序,工位整洁(违规扣2~5分)				
实训收获					
实训体会					
开始时间		结束时间		实际时长	

任务拓展

(1) 单相全控桥式整流电路的结构

电阻性负载单相全控桥式整流电路如图 2-16 所示。其主电路与单相桥式整流电路相比，只是其中 4 个桥臂中的二极管被晶闸管 VT_1、VT_2、VT_3、VT_4 所取代。

(2) 单相全控桥式整流电路的工作过程

单相全控桥式整流电路的工作波形如图 2-17 所示。

① 晶闸管的控制极上未加触发电压时，不论在正弦交流电压 u_2 正半周还是负半周，晶闸管都不会导通。这时负载电阻 R_L 两端电压 $u_0 = 0$，负载电流 $i_0 = 0$。

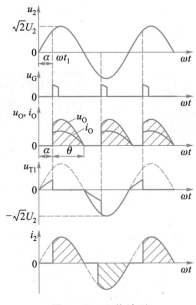

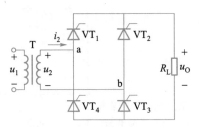

图 2-16 单相全控桥式整流电路   图 2-17 工作波形

② 在 u_2 的正半周(上正下负),晶闸管 VT$_2$、VT$_4$ 承受反向电压而关断,VT$_1$、VT$_3$ 承受正向电压,若在 $\omega t = \alpha$ 时,给其控制极加上触发脉冲电压 u_G,晶闸管 VT$_1$、VT$_3$ 立即导通,负载 R_L 上得到一个上正下负的电压,电路中电流流向为 a/u_2(+)→ VT$_1$→R_L→ VT$_3$→ b/u_2(-)。晶闸管导通后,忽略管压降,电源电压全部加在负载 R_L 上,即 $u_O = u_2$。

③ 当在电源电压 u_2 从正半周转入负半周过零时,晶闸管自行关断。

④ 在 u_2 负半周(上负下正),晶闸管 VT$_2$、VT$_4$ 处于正向电压作用下,在控制极加上适当的触发脉冲电压 u_G,晶闸管 VT$_2$、VT$_4$ 立即导通,负载 R_L 上得到一个上正下负的电压,电路中电流流向为 b/u_2(+)→ VT$_2$→R_L→ VT$_4$→ a/u_2(-)。晶闸管导通后,忽略管压降,电源电压全部加在负载 R_L 上,即 $u_O = u_2$。

⑤ 当电源电压 u_2 从负半周转入正半周过零时,晶闸管自行关断。

在以后各个周期,均重复上述过程。由图 2-17 可见,无论 u_2 在正半周还是负半周,流过负载 R_L 的电流方向是相同的。

任务 4 | 调光灯的装接与调试

◆ 任务目标

1. 能识别调光灯电路结构,会分析其工作原理。
2. 能正确装接与调试电路,会测量相关参数。

✎ 任务描述

会对所给出的调光灯电路进行识读,能根据晶闸管的特性进行电路分析与电路测量,巩固可控整流电路的知识,提升专业素养。

任务准备

调光灯电路原理图如图 2-18 所示。

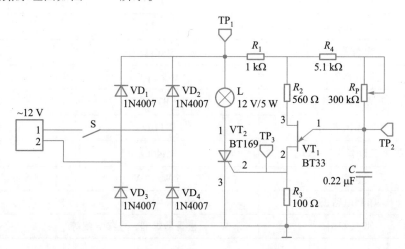

图 2-18 调光灯电路原理图

电路由桥式整流电路、调压电路、触发电路 3 个部分组成。由 VD_1、VD_2、VD_3、VD_4 构成桥式整流电路,将交流电转变成全波脉动直流电。由 VT_1、C、R_1、R_2、R_3、R_4、R_P 组成触发电路,产生触发脉冲给 VT_2 的控制极。由 VT_2 对负载进行调压,从而实现调光的功能。

任务实施

1. 准备工具和器材

(1)工具

本次任务实施所需要的常用工具与设备见表 2-10。

表 2-10 常用工具与设备

编号	工具名称	规格	数量
1	单相交流电源	自定	1 套
2	万用表	自定	1 只
3	双踪示波器	自定	1 台
4	电烙铁	15~25 W	1 把
5	烙铁架	自定	1 只
6	电子实训通用工具	尖嘴钳、斜口钳、镊子、螺丝刀(一字和十字)、小剪刀等	1 套

(2)器材

本次任务实施所需要的器材见表 2-11。

表 2-11 器 材

编号	名称	规格	数量
1	固定电阻 R_1	1 kΩ	1 个
2	固定电阻 R_2	560 Ω	1 个

续表

编号	名称	规格	数量
3	固定电阻 R_3	100 Ω	1 个
4	固定电阻 R_4	5.1 kΩ	1 个
5	电位器 R_P	300 kΩ	1 个
6	电容 C	0.22 μF	1 只
7	单结晶体管 VT_1	BT33	1 只
8	单向晶闸管 VT_2	BT169	1 只
9	整流二极管 $VD_1 \sim VD_4$	1N4007	4 只
10	电珠 L	5 W/12 V	1 只
11	印制电路板	50 mm×100 mm	1 块
12	焊接材料	焊锡丝、松香助焊剂、连接导线等	1 套

2. 环境要求、安装工艺要求与安全要求

环境要求见项目 1 任务 1，安装工艺要求见项目 1 任务 3，安全要求见项目 2 任务 2。

3. 完成安装测试的步骤与方法

（1）电路的安装

在印制电路板上进行安装，如图 2-19 所示。

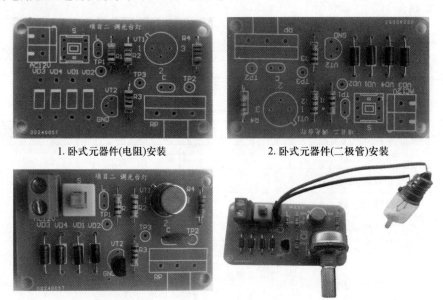

1. 卧式元器件(电阻)安装　　2. 卧式元器件(二极管)安装

3. 立式元器件安装　　4. 电珠、电位器安装

图 2-19　电路安装步骤

（2）电路的测试

① 正确接入 12 V 交流输入电源。调节 R_P，观察电珠 L 的亮度变化。

② 正确连接示波器测试探头，分别测量 TP_1、TP_2、TP_3 各点波形，如图 2-20 所示，将测量数据记录于学生工作页中。

图 2-20　电路测量连接图

学生工作页

工作任务	调光电路的 安装与测试	学生/小组		工作 时间	

电路图识读

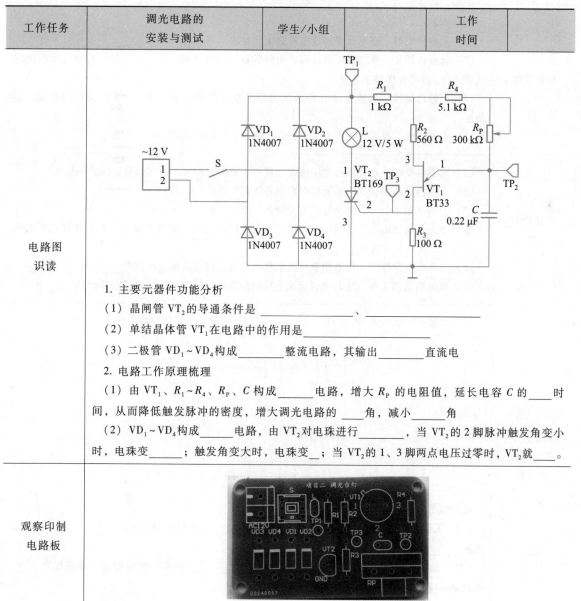

1. 主要元器件功能分析

（1）晶闸管 VT_2 的导通条件是 ＿＿＿＿＿＿、＿＿＿＿＿＿

（2）单结晶体管 VT_1 在电路中的作用是 ＿＿＿＿＿＿

（3）二极管 $VD_1 \sim VD_4$ 构成＿＿＿＿整流电路，其输出＿＿＿＿直流电

2. 电路工作原理梳理

（1）由 VT_1、$R_1 \sim R_4$、R_P、C 构成＿＿＿＿电路，增大 R_P 的电阻值，延长电容 C 的＿＿＿时间，从而降低触发脉冲的密度，增大调光电路的＿＿＿角，减小＿＿＿角

（2）$VD_1 \sim VD_4$ 构成＿＿＿＿电路，由 VT_2 对电珠进行＿＿＿＿，当 VT_2 的 2 脚脉冲触发角变小时，电珠变＿＿＿＿；触发角变大时，电珠变＿＿；当 VT_2 的 1、3 脚两点电压过零时，VT_2 就＿＿＿。

观察印制电路板

	序号	元器件代号	元器件名称	型号规格	数量	测量结果	备注
元器件识别与检测	1	R_1					
	2	R_2					
	3	R_3					
	4	R_4					
	5	R_P					
	6	C					
	7	$VD_1 \sim VD_4$					
	8	VT_1					
	9	VT_2					
	10	L					
电路装接	具体步骤： （1）元器件成形　要求元器件成形符合工艺要求 （2）元器件插装　要求按先低后高、先轻后重、先易后难、先一般元器件后特殊元器件的顺序插装，并符合插装工艺要求 （3）元器件焊接　要求按"五步法"进行焊接，焊点大小适中、光滑，且焊点独立、不粘连 （4）电路连线　要求连线平直、不架空，并按绘制的接线图连线						
电路检测与调试	（1）元器件安装检查　用目测法检查元器件安装的正确性，有无错装、漏装（有、无） （2）元器件成形检查　检查元器件成形是否符合规范（是、否） （3）焊接质量检查　焊接良好，有无漏焊、虚焊、粘连（有、无） （4）电路板电源输入端短路检测　用万用表电阻挡测量电路板电源输入端的正向电阻值为_____，反向电阻值为_____ （5）工作台电源检测　用万用表交流电压挡测量工作台电源电压值是_____ （6）电路板电源检测　用万用表交流电压挡测量电路板电源输入端的电压值是_____						
电路技术参数测量与分析	利用双踪示波器测量 TP_1、TP_2、TP_3各点波形，绘制波形并做好数据记录 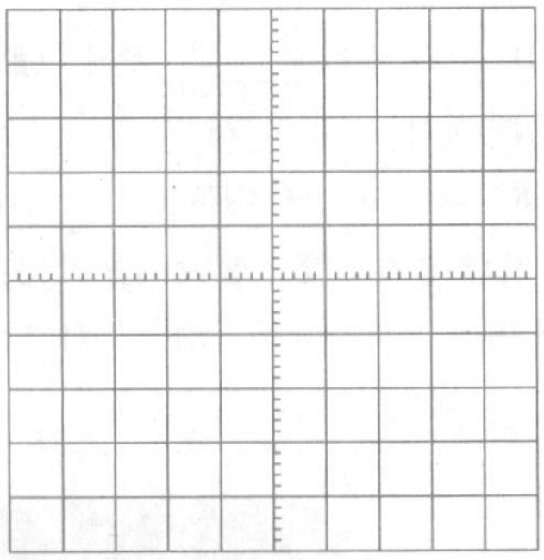						

电路数据分析：

（1）当 R_P 的阻值变大时，晶闸管的控制角将变____，电珠两端的电压将变____，电珠的亮度将_____

（2）当 R_P 的阻值变小时，电容 C 的充电时间变_____，触发电路的输出脉冲密度变____，电珠的亮度将_____

 任务小结

任务评价表

工作任务	调光灯电路的装接与调试	学生/小组		工作时间	
评价内容	评价指标	自评	互评	师评
1. 电路图识读(20分)	识读电路图,按要求分析元器件功能和电路原理(每错一处扣1.5分)				
2. 元器件识别与检测(10分)	正确识别和使用万用表检测元器件(识别检测错误,每个扣1分)				
3. 元器件成形与插装(10分)	按工艺要求将元器件安装至万能板(安装错误,每个扣2分;安装未符合工艺要求,每个扣2分)				
4. 焊接工艺(20分)	焊点适中,无漏、虚、假、连焊,光滑、圆润、干净、无毛刺,引脚高度基本一致(未达到工艺要求,每处扣2分)				
5. 电路检测与调试(20分)	按图装接正确,电路功能完整,记录检测数据准确(返修一次扣10分,其余每错一处扣2分)				
6. 电路技术参数测量与分析(10分)	按要求进行参数测量与分析,并将结果记录在指定区域内(每错一处扣1分)				
7. 职业素养(10分)	安全意识强、用电操作规范(违规扣2~5分);不损坏器材、仪表(违规扣2~5分);现场管理有序,工位整洁(违规扣2~5分)				
实训收获					
实训体会					
开始时间		结束时间		实际时长	

任务拓展

请完成图 2-21 所示的台灯调光电路,接入 220 V 交流电源时要注意安全。试分析其工作原理。

项目总结

1. 晶闸管是一种开关器件,可用控制极电流(电压)来控制管子的导通时刻,普通晶闸管导通后,控制极即失去控制作用,要关断晶闸管必须使阳极电压降到足够小。

2. 晶闸管组成的可控整流电路,具有输出电流大、反向耐压高、输出电压可调等优点,它可提供输出电压几百伏、电流几千安的大功率电源。

3. 晶闸管组成的半波可控整流电路,只有电源电压为正半周时,晶闸管才有导通可能。

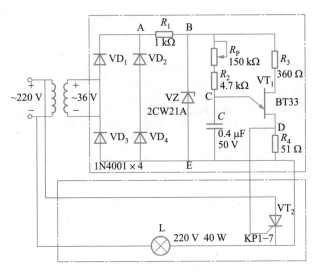

图 2-21 台灯调光电路

在电源电压为正半周时，只有第一个触发脉冲有效（脉冲电压的大小和宽度应足够大），它使晶闸管触发导通。电源电压在过零点时，晶闸管会自然关断，因此电源每变化一个周期，必须重新触发一次。

思考与实践

1. 某实验电路如图 2-22 所示。

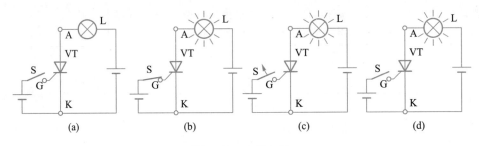

图 2-22 实验电路

测试步骤：

（1）图 2-22(a)所示电路中，晶闸管加正向电压，即晶闸管正极接电源正极，负极接电源负极。开关 S 不闭合，观察灯的状态，灯（亮、不亮）。

（2）图 2-22(b)所示电路中，晶闸管加正向电压，且开关 S 闭合。观察灯状态，灯（亮、不亮）；再将开关断开，如图 2-22(c)所示，灯（亮、不亮）。

（3）图 2-22(d)所示电路中，晶闸管加反向电压，即晶闸管正极接电源负极，负极接电源正极。将开关闭合，灯（亮、不亮）；开关 S 不闭合，灯（亮、不亮）。

实验总结：晶闸管导通必须具备的条件是：_____。

2. 如何用万用表判别晶闸管的好坏？

3. 某单相半波可控整流电路，变压器二次电压有效值为 220 V，电阻性负载与晶闸管串联，试计算：$\alpha=30°$ 时，整流输出电压平均值是多少？晶闸管承受的最大反向电压为多少？考虑晶闸管 2 倍安全余量，额定电压应取多少？

4. 某单相半波可控整流电路，电阻性负载，由 220 V 交流电源直接供电。负载要求的最高平均电压为 60 V，相应平均电流为 20 A，试选择晶闸管，并计算在最大输出情况下的功率因数。

5. 在图 2-23 所示电路中，输入电压 U_2 为 220 V，负载电阻 R_L 为 10 Ω，试求：

（1）$\alpha = 30°$ 时的输出电压平均值和电流平均值。

（2）画出输出电压 u_O、输出电流 i_O 以及晶闸管两端电压的波形。

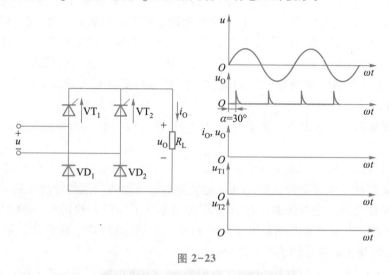

图 2-23

世界上最先进的输电技术——特高压电力传输工程

如今的夏天，空调、WiFi、冰西瓜已经成为许多人的夏日标配。对于现在的年轻人来说，"拉闸限电"已经成为一个历史名词。从不够用，到敞开用，特高压是个大功臣。

什么是特高压输电？特高压输电是由 1 000 kV 及以上交流和 ±800 kV 及以上直流输电构成，是目前世界上最先进的输电技术，具有远距离、大容量、低损耗、少占地的综合优势。

特高压输电对普通人有什么好处呢？我们平常用的是 220 V 的市电，看到的都是 10 kV 电杆，这些和高大上的特高压输电又有什么关系呢？

人们常说，要想富，先修路。想送电，没有"路"（通道）肯定不行，想大规模送电，没有"高速公路"（大容量通道）更不行。特高压就是这样一条电力高速公路。我国东中部地区经济发达，用电基数大、比重高，但一次能源资源匮乏，土地和环保空间有限，保障电力供应的压力较大。这时候，特高压输电大容量、低损耗、少占地的综合优势就显现出来了。

2018 年，新疆准东经济技术开发区辖区内的 ±1 100 kV 昌吉换流站第二个高端换流器成功解锁，标志着昌吉—古泉 ±1 100 kV 特高压直流输电工程（如图 2-24 所示）双极全压送电成功，世界最高电压 ±1 100 kV 输变电工程实现工程应用。

图 2-24 昌吉—古泉 ±1 100 kV 特高压直流输电工程

　　昌吉—古泉±1 100 kV 特高压直流输电工程是世界上电压等级最高、输送容量最大、输送距离最远、技术水平最先进的特高压输电工程，昌吉至古泉工程从电压等级±800 kV 上升至±1 100 kV，输送容量从 640 万千瓦上升至 1 200 万千瓦，经济输电距离提升至 3 000~5 000 km。该工程是国家电网在特高压输电领域持续创新的重要里程碑，刷新了世界电网技术的新高度，开启了特高压输电技术发展的新纪元，对于全球能源互联网的发展具有重大的示范作用。

　　昌吉—古泉±1 100 kV 特高压直流输电工程，是国家实施"疆电外送"的第二条特高压输电工程。该工程的建设对于新疆打造"丝绸之路经济带核心区"，转变能源发展方式，促进煤炭以及风能、太阳能等清洁能源参与全国范围内配置等均具有重要意义。这个电力超级工程，拥有四项"世界之最"：

　　① 电压等级最高　是世界上首次采用±1 100 kV 直流输电电压等级的线路，每千千米输电耗损仅为 1.5%。

　　② 输送容量最大　输送功率 1 200 万千瓦，每年可向华东输电 660 万千瓦时。

　　③ 输送距离最远　线路全长 3 293 km，是世界上输送距离最远的特高压输电工程。

　　④ 技术水平最先进　成功研制世界首个具有完全自主知识产权的±1 100 kV 换流变压器、换流阀等关键设备，换流阀单组件采用 9 只 6 英寸 8.5 kV 晶闸管串联设计，如图 2-25 所示，各项核心试验参数及性能指标均创世界之最。

图 2-25　特高压晶闸管换流阀

　　特高压电网中长期经济效益显著，可有力带动电源、电工装备、用能设备、原材料等上下游产业，推动装备制造业转型升级，培育新增长点，形成新动能，促进区域经济协调发展，对提升经济发展质量、效益、效率将发挥十分重要的作用。

　　特高压输电，实现了中国制造、中国创造、中国引领，带来了经济效益、社会效益和环境效益。未来，特高压输电工程还会输送更多清洁能源。

项目 3
助听器电路的装接与调试
——小信号放大电路

项目目标

1. 熟悉基本放大电路的结构，能画出放大电路的直流通路，会使用估算法分析放大电路的静态工作点（I_{BQ}、I_{CEQ}、U_{CEQ}）。
2. 能画出基本放大电路的交流通路，会分析放大电路的交流参数（A_u、r_i 和 r_o）。
3. 会安装与调试常见的基本放大电路及实际应用电路。

项目情境

在生产和技术工作中，经常需要通过放大电路对微弱的信号加以放大，以便进行有效观察、测量和利用。例如，电视机天线接收到的信号只有微伏数量级，经过放大后才能推动扬声器和显像管；自动控制设备把反映压力、温度或转速等信号的微弱的电信号加以放大后，推动各种继电器。在放大电路中，常用的电信号放大器件是三极管，利用三极管把微弱信号不失真地加以放大。那么，如何制作一款符合要求的放大电路呢？下面让我们动手来做一做吧！

项目概述

本项目主要介绍固定式偏置放大电路和分压式偏置放大电路的组成、工组过程、分析方法、特点及应用，并通过实际的电路安装与测试，提高对三极管放大电路的理解，为以后的学习打好基础。

任务 1
三极管的识别与检测

任务目标

1. 会识别三极管的外形和图形符号。
2. 会识别三极管的引脚。

3. 会用万用表检测三极管，判断三极管的好坏。

📝 **任务描述**

三极管是最常见的基本电子元器件之一，它的作用主要是电流放大，是放大路的核心元件。本任务主要利用万用表识别三极管的引脚、确定类型、判断好坏，为后面的任务顺利实施做好准备。

✂ **任务准备**

1. 常见三极管的图形符号和外形

三极管的基本结构是在一块半导体基片上制作两个相距很近的 PN 结，两个 PN 结把整块半导体分成三部分，中间部分是基区，两侧部分是发射区和集电区，排列方式有 PNP 和 NPN 两种，从 3 个区引出相应的电极，分别为基极（b）、发射极（e）、集电极（c）。发射区与基区之间的 PN 结称为发射结，集电区与基区之间的 PN 结称为集电结。基区很薄，发射区较厚，杂质浓度大。PNP 型三极管发射区"发射"空穴，其移动方向与电流方向一致，故发射极箭头向里；NPN 型三极管发射区"发射"的是自由电子，其移动方向与电流方向相反，故发射极箭头向外。发射极箭头指向 PN 结在正向电压下的导通方向。三极管内部结构和图形符号如图 3-1 所示。常用普通三极管的外形如图 3-2 所示。

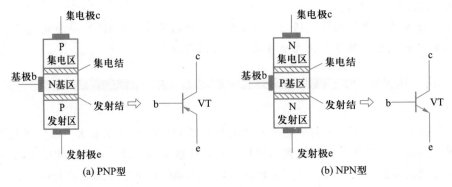

图 3-1 三极管的内部结构和图形符号

图 3-2(a)、(b)所示为小功率三极管。小功率三极管按工作频率又分为低频小功率三极管和高频小功率三极管。低频小功率三极管是指特征频率在 3 MHz 以下、功率小于 1 W 的三极管，一般用于小信号放大。高频小功率三极管是指特征频率大于 3 MHz、功率小于 1 W 的三极管，主要用于高频振荡、放大电路中。

图 3-2(c)、(d)所示为大功率三极管。大功率三极管按工作频率也分为低频和高频大功率三极管，低频大功率三极管是指特征频率小于 3 MHz、功率大于 1 W 的三极管。低频大功率三极管主要应用于电子音响设备的低频功率放大电路和各种大电流输出稳压电源中作为调整管。高频大功率三极管是指特征频率大于 3 MHz、功率大于 1 W 的三极管，主要用于通信设备中作为功率驱动、放大。

按封装方式分，图 3-2(a)、(c)所示为塑料封装三极管，图 3-2(b)、(d)所示为金属封装三极管。

2. 三极管的分类

晶体三极管简称三极管，是一种输入电流控制输出电流的电流控制型器件，在电路中主要作为放大和开关元件使用，三极管种类较多，其分类如下：

① 按材料分　锗三极管、硅三极管。

② 按结构排列分　NPN 型三极管、PNP 型三极管。

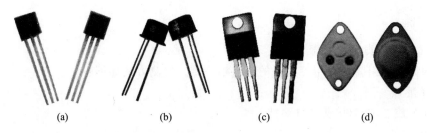

图 3-2 常用普通三极管的外形

③ 按制作工艺分 平面型三极管、合金三极管、扩散型三极管。

④ 按封装方式分 金属封装三极管、塑料封装三极管。

⑤ 按功率分 小功率三极管、中功率三极管、大功率三极管。

⑥ 按工作频率分 低频三极管、高频三极管、超高频三极管。

⑦ 按用途分 普通三极管、开关三极管、特殊三极管。

3. 常用三极管引脚的排列

常用三极管的封装形式有金属封装和塑料封装两大类，引脚的排列具有一定的规律。

对于小功率金属封装三极管，按图 3-3 所示位置放置，3 个引脚成等腰三角形排列，顶点引脚是基极 b，管帽边沿凸出对应的引脚为发射极 e，另一引脚为集电极 c。

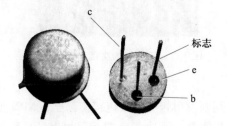

图 3-3 小功率金属封装三极管引脚识别

① 对于小功率塑料封装三极管，按图 3-4 所示，使其平面朝向自己，3 个引脚朝下放置，从左到右依次为发射极 e、基极 b、集电极 c。

② 对于大功率金属封装三极管，按图 3-5 所示，管底朝向自己，中心线上方左侧为基极 b，右侧为发射极 e，金属外壳为集电极 c。

③ 对于大功率塑料封装三极管，按图 3-6 所示，使其正面（有字一面）朝向自己，3 个引脚朝下放置，从左到右依次为基极 b、集电极 c、发射极 e。

 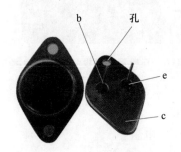 

图 3-4 小功率塑料封装三极管引脚识别　　图 3-5 大功率金属封装三极管引脚识别　　图 3-6 大功率塑料封装三极管引脚识别

注意：一般来说，三极管的引脚排列还是很有规律的，但是有些三极管引脚排列依据品种、型号及功能不同而不同，使用时多查阅产品手册或相关资料，防止出错。

任务实施

1. 判别三极管的类型和引脚

三极管的类型和引脚可以用万用表的电阻挡检测，检测方法如下：

（1）选择量程

将量程开关旋至 $R\times100$ 或 $R\times1$ k 挡。

（2）电阻调零

将红、黑表笔短接，调节电阻调零旋钮使指针指在第一条刻度线的 0 Ω 位置。

（3）检测类型和基极

任意假定三极管的一个电极是基极 b，用黑表笔与之相接，用红表笔分别与另外两极相接。当出现两次电阻都很小时，则黑表笔所接的就是基极，且管型为 NPN 型，当出现两次电阻都很大时，则管型为 PNP 型，如图 3-7 所示。

黑表笔接假定的基极 b，红表笔分别与另外两个电极相连

当出现两次电阻都很小时，则黑表笔所接的为基极，且管型为 NPN 型

图 3-7　三极管的类型和基极检测

（4）检测发射极和集电极

当基极 b 确定后，可接着判断发射极 e 和集电极 c。若是 NPN 型管，将两表笔与待测的两极相连，然后用手指捏紧基极与黑表笔，观察指针摆动的幅度，再将两表笔对调，重复上述测量过程，比较两次指针摆动的幅度，摆动幅度大的一次红表笔接的是发射极，黑表笔接的是集电极。若是 PNP 型管，只要在上述方法中将红、黑表笔对调即可，如图 3-8 所示。

将两表笔与待测的两极相连，然后用手指捏紧基极和黑笔表

比较两次指针摆动幅度，幅度摆动大的这次红表笔接的是 e 极，黑表笔接的是 c 极

图 3-8　三极管发射极和集电极检测

2. 判别三极管的好坏

用万用表可以判断三极管的好坏

（1）检测集电结和发射结的正反向电阻

① 选择量程　将量程开关旋至 $R\times100$ 或 $R\times1$ k 挡。

② 电阻调零　将红、黑表笔短接，调节电阻调零旋钮使指针指在第一条刻度线的 0 Ω 位置。

③ 检测 NPN 型或 PNP 型三极管的集电极和基极之间的正、反向电阻（即检测集电结正、反向电阻），图 3-9 所示为检测 NPN 型三极管的集电结电阻。

④ 检测 NPN 型或 PNP 型三极管的发射极和基极之间的正、反向电阻（即检测发射结正、反

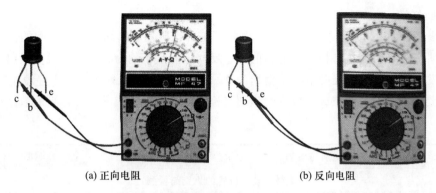

(a) 正向电阻　　　　　　　　　　　　(b) 反向电阻

图 3-9　检测 NPN 型三极管的集电极电阻

向电阻)，图 3-10 所示为检测 NPN 型三极管的发射结电阻。

正常时，集电结和发射结正向电阻都比较小，为几百欧至几千欧；反向电阻都比较大，为几百千欧至无穷大。

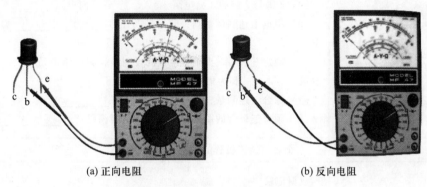

(a) 正向电阻　　　　　　　　　　　　(b) 反向电阻

图 3-10　检测 NPN 型三极管的发射结电阻

(2) 检测集电极与发射极之间电阻

① 选择量程　将量程开关旋至 $R\times 100$ 或 $R\times 1\,k$ 挡。

② 电阻调零　将红、黑表笔短接，调节电阻调零旋钮使指针指在第一条刻度线的 $0\,\Omega$ 位置。

③ 对于 NPN 型三极管，红表笔接集电极，黑表笔接发射极，测一次电阻，如图 3-11(a) 所示。互换表笔再测一次电阻，如图 3-11(b) 所示，正常时，两次电阻阻值比较接近，为几百千欧至无穷大。

对于 PNP 型三极管，红表笔接集电极，黑表笔接发射极测一次电阻，互换表笔再测一次电阻，正常时两次电阻比较接近，为十几千欧至几百千欧。

(a)　　　　　　　　　　　　　　(b)

图 3-11　检测集电极与发射极之间电阻

（3）判断好坏

如果三极管任意一个 PN 结的正、反向电阻不正常，或集电极和发射极之间的正、反向电阻不正常，说明三极管已损坏。如果发射结的正、反向电阻阻值均为无穷大，说明发射结开路；如果集电极与发射极之间的正反向电阻阻值均为 0，说明集电极与发射极之间击穿短路。

根据以上所学知识，请完成三极管的识别与检测任务，并完成学生工作页的数据记录。

学生工作页

工作任务	三极管的识别与检测	学生/小组		工作时间	

塑料封装三极管的识别与检测

实物图

数据记录

（1）万用表的量程＿＿＿＿＿＿＿＿＿＿＿

（2）1 脚与 2 脚的正向电阻＿＿＿＿＿＿；反向电阻＿＿＿＿＿＿

（3）1 脚与 3 脚的正向电阻＿＿＿＿＿＿；反向电阻＿＿＿＿＿＿

（4）2 脚与 3 脚的正向电阻＿＿＿＿＿＿；反向电阻＿＿＿＿＿＿

（5）根据上述测量数据，确定三极管的基极为＿＿＿＿＿＿脚，管子的类型为＿＿＿＿＿＿

（6）确定基极后，识别集电极和发射极，你的结论是：＿＿＿＿＿脚为发射极；＿＿＿＿＿脚为集电极

（7）综合上述测量，该三极管是否完好＿＿＿＿＿＿

（8）画出三极管的图形符号并标注引脚编码＿＿＿＿＿＿＿＿＿＿＿

金属封装三极管的识别与检测

实物图

数据记录

（1）万用表的量程＿＿＿＿＿＿＿＿＿＿＿

（2）1 脚与 2 脚的正向电阻＿＿＿＿＿＿；反向电阻＿＿＿＿＿＿

（3）1 脚与 3 脚的正向电阻＿＿＿＿＿＿；反向电阻＿＿＿＿＿＿

（4）2 脚与 3 脚的正向电阻＿＿＿＿＿＿；反向电阻＿＿＿＿＿＿

（5）根据上述测量数据，确定三极管的基极为＿＿＿＿＿＿脚，管子的类型为＿＿＿＿＿＿

（6）确定基极后，识别集电极和发射极，你的结论是：＿＿＿＿＿脚为发射极；＿＿＿＿＿脚为集电极

（7）综合上述测量，该三极管是否完好＿＿＿＿＿＿

（8）画出三极管的图形符号并标注引脚编码＿＿＿＿＿＿＿＿＿＿＿

根据实践体验，总结你识别三极管的方法与经验

任务小结

任务评价表

工作任务	三极管的识别与检测	学生/小组		工作时间	
评价内容	评价指标		自评	互评	师评
1. 你了解测量方法吗?	A. 是 B. 否				
2. 你的测量过程正确吗?	A. 正确率 100% B. 正确率大于 80% C. 正确率小于 80%				
3. 你的测量结果正确吗?	A. 正确率 100% B. 正确率大于 80% C. 正确率小于 80%				
实训收获					
实训体会					
开始时间		结束时间		实际时长	

任务拓展

1. 直流稳压电源简介 (PS-1502DD 型)

（1）面板认识

直流稳压电源的面板主要由显示面板和操作面板两部分组成，如图 3-12 所示。操作面板主要有电源开关、电压固定/可调输出旋钮、输出电压调节旋钮、最大输出电流调节旋钮、电压输出插孔等部件。

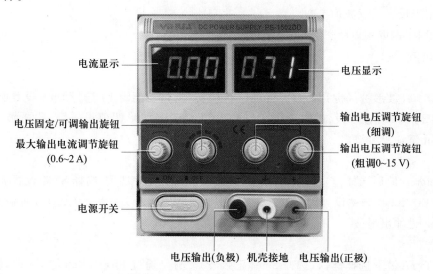

图 3-12　PS-1502DD 型直流稳压电源面板

（2）直流电源操作步骤

第 1 步：电源连接。将稳压电源连接上市电。

第 2 步：开启电源。在不接负载的情况下，按下电源总开关，此时，电源数字指示表头上即显示出当前工作电压和输出电流。

第 3 步：设置输出电压。通过调节输出电压调节（粗调）（细调）旋钮使数字电压显示表头显示出目标电压，完成电压设定。

第 4 步：设置最大输出电流。调节最大输出电流调节旋钮，使电流输出值达到工作最高电流的 120%。

2. 函数信号发生器简介（AFG-2225 型）

（1）面板认识

函数信号发生器的面板主要由显示面板和操作面板两部分组成，如图 3-13 所示。操作面板主要有功能键、操作键、开机按钮、波形输出按钮、数字键盘、可调旋钮、通道一/二输出端口等部件。

信号源使用方法

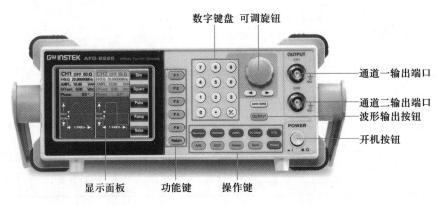

图 3-13　AFG-2225 型函数信号发生器

（2）前面板操作按键介绍

Waveform：用于选择波形类型。

FREQ/Rate：用于设置频率或取样率。

AMPL：用于设置波形幅值。

DC Offset：设置直流偏置。

UTIL：用于进入存储和调取选项。

ARB：用于设置任意波形参数。

Preset：用于调取预设状态。

（3）输出波形选择

① 方波

按 Waveform（波形选择键），选择 Square（方波）。通过功能键 F1 选择 Duty 设置所需占空比。分别通过 FREQ/Rate（频率设置键）设置相应频率和 AMPL（波形幅值设置键）设置波形幅值，最终通过 Output 键输出方波。

② 斜波

按 Waveform（波形选择键），选择 Ramp（斜波）。通过功能键 F1 选择 SYM 设置波形对称度。分别通过 FREQ/Rate（频率设置键）设置相应频率和 AMPL（波形幅值设置键）设置波形幅值，最终通过 Output 键输出斜波。

③ 正弦波

按 Waveform（波形选择键），选择 Sine（正弦波）。分别通过 FREQ/Rate（频率设置键）设置相应频率和 AMPL（波形幅值设置键）设置波形幅值，最终通过 Output 键输出正弦波。

任务 2
固定式偏置基本放大电路的装接与调试

◆ **任务目标**

1. 熟悉固定式偏置基本放大电路的结构，会分析其工作原理。
2. 能估算固定式偏置基本放大电路的静态工作点、动态参数。
3. 能绘制和安装固定式偏置基本放大电路，会测试其相关参数。

✐ **任务描述**

利用所给的三极管等元器件，安装固定式偏置基本放大电路，测试电路相关参数，能进行电路静态和动态分析，会通过调整电路静态工作点改善输出信号。

✿ **任务准备**

根据组成放大电路中三极管的不同连接方式，放大电路可以有 3 种不同的组态(见表 3–1)。

表 3–1　放大电路 3 种组态及其性能比较

电路组态	共发射极放大电路	共基极放大电路	共集电极放大电路
结构图			
特点	输入信号从基极与发射极之间加入，输出信号从集电极和发射极之间输出，因此发射极是输入与输出的公共端	输入信号从基极与发射极之间加入，输出信号从集电极和基极之间输出，因此基极是输入与输出的公共端	输入信号从基极与集电极之间加入，输出信号从发射极和集电极之间输出，因此集电极是输入与输出的公共端
性能比较	对电流、电压、功率具有较大的放大作用，常用于多级放大电路的中间级	对电压、功率具有较大的放大作用，对电流没有放大作用，而且这种电路频率特性好，一般用于高频放大、高频振荡及宽频放大	对电流、功率具有较大的放大作用，对电压没有放大作用，常用于多级放大电路中进行阻抗匹配或作为缓冲电路，也可用于多级放大电路的输入级和输出级

1. 固定式偏置基本放大电路的结构

放大电路（也称放大器）的功能是把微弱的电信号放大为足够强的电信号。放大电路必须由直流电源供电才能工作，因为放大电路的输出信号比输入信号大得多，其能量是由直流电源能量转化而来的。因此，放大电路实质上是一种能量转换器，即将直流电源的直流能量转化为输出信号的交流能量供给负载。固定式偏置基本放大电路如图 3-14 所示。电路各组成部分名称及作用见表 3-2。

基本放大电路的组成

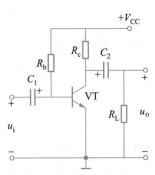

图 3-14　固定式偏置基本放大电路

表 3-2　固定式偏置基本放大电路各组成部分名称及作用

符号	名称	作用
VT	三极管	电流放大作用，是放大电路的核心器件。VT 工作在放大区，即发射结正偏、集电极反偏
V_{CC}	直流电源	通过电阻 R_b、R_c，使三极管 VT 发射结处于正偏，集电极处于反偏；为电路提供能量
R_c	集电极电阻	将三极管集电极电流的变化转换为集电极电压的变化
R_b	基极电阻	保证由基极电源向基极提供一个合适的基极电流
C_1、C_2	耦合电容	防止信号源以及负载对放大电路直流状态的影响；同时保证交流信号顺利地传输，即"隔直通交"

2. 固定式偏置基本放大电路的工作过程

放大电路在没有信号输入时是一种直流工作状态；加上交流输入信号后，是一种直流与交流的混合工作状态，各极的电压与电流波形如图 3-15 所示，各极电压与电流符号规定见表 3-3。因此，要分析放大电路的工作原理，可以将电路等效为直流和交流两种不同的状态。

放大电路的放大作用

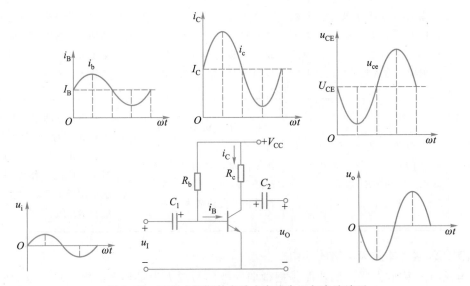

图 3-15　固定式偏置基本放大电路电压与电流波形

表 3-3 放大电路中电压与电流符号规定

物理量	书写规定	举例
直流分量	大写物理量加大写下标	I_B 基极电流的直流分量
交流分量	小写物理量加小写下标	i_b 基极电流的交流分量
交直流总量	小写物理量加大写下标	i_B 基极电流的总量，包括直流分量和交流分量
交流分量的有效值	大写物理量加小写下标	I_b 基极电流交流分量的有效值

3. 直流等效电路及静态工作点

直流等效电路又称直流通路，方便用于计算放大电路的静态工作点。直流通路是当放大电路在无输入信号时，在直流电源 V_{CC} 作用下直流电流所流通的路径。绘制直流等效电路的原则：对直流信号，电容 C 可视为开路（将电容断开），电感可视为短路（将电感用导线代替）。固定式偏置基本放大电路的直流通路画法如图 3-16 所示。固定式偏置基本放大电路三极管各极的电流和电压标注如图 3-17 所示。

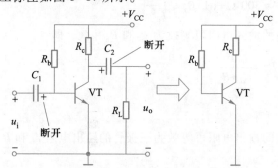

放大器的静态工作点

图 3-16 固定式偏置基本放大电路直流通路画法　　图 3-17 三极管各极电流与电压标注

对于由电源 V_{CC}、基极偏置电阻 R_b、三极管的发射结构成的直流回路，可列出回路方程 $V_{CC} = U_{BEQ} + I_{BQ} R_b$

求得
$$I_{BQ} = \frac{V_{CC} - U_{BEQ}}{R_b}$$

式中，U_{BEQ} 是三极管发射结导通电压，由三极管的材料决定，如硅管约为 0.7 V，锗管约为 0.3 V，估算时可以忽略，所以

$$I_{BQ} \approx \frac{V_{CC}}{R_b}$$

根据三极管的电流放大特性，求出 $I_{CQ} = \beta I_{BQ}$

对于由电源 V_{CC}、集电极偏置电阻 R_c、三极管的集-基构成的直流回路，列出回路方程求得
$$V_{CC} = U_{CEQ} + I_{CQ} R_c$$
$$U_{CEQ} = V_{CC} - I_{CQ} R_c$$

以上求出的直流参数 U_{BEQ}、U_{CEQ}、I_{BQ}、I_{CQ} 即为放大电路的静态工作点。

4. 交流等效电路及交流参数

交流等效电路也称交流通路，方便用于计算放大电路的交流参数。交流通路是交流电流所流通的路径。由于电容对交流相当于短路（将放大电路中的耦合电容作短路处理）；同时由于电源两端的电压保持稳定，对交流而言也相当于短路（即电源接地处理），如图 3-18 所示。

基本放大电路的交流参数主要有电压放大倍数、输入电阻、输出电阻。下面以固定式偏置基本放大电路为例进行介绍。

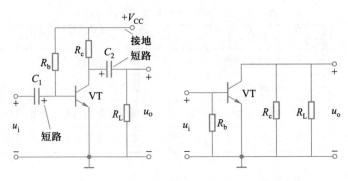

图 3-18 固定式偏置基本放大电路交流通路画法

（1）输入电阻 r_i

三极管 b、e 之间存在一个等效电阻，称为三极管的输入电阻 r_{be}。在工程上常用以下表达式估算，其中 I_E 的单位是 mA。

$$r_{be} \approx r_{bb} + (1+\beta)\frac{26\text{ mV}}{I_E} = 300\text{ }\Omega + (1+\beta)\frac{26\text{ mV}}{I_E}$$

从图 3-18 所示交流通路可以看出放大电路的输入电阻可等效为 r_{be} 和 R_b 并联，即

$$r_i = r_{be} \mathbin{/\mkern-5mu/} R_b = \frac{r_{be}R_b}{r_{be}+R_b}$$

通常情况下 $R_b \gg r_{be}$，所以 $r_i \approx r_{be}$

（2）输出电阻 r_o

从图 3-18 所示交流通路可以看出放大电路的输出电阻可等效为三极管的输出电阻 r_{ce} 和 R_c 并联，即

$$r_o = r_{ce} \mathbin{/\mkern-5mu/} R_c$$

通常情况下 $r_{ce} \gg R_c$，所以 $r_o \approx R_c$

（3）电压放大倍数 A_u

从交流通路可以看出放大电路的输出电压 u_o 为

$$u_o = -i_c(R_c \mathbin{/\mkern-5mu/} R_L) = -i_c R_L'$$

式中，R_L' 为 R_c 与 R_L 的并联值，当不接负载（空载）时，$R_L' = R_c$；负号是由于实际的电压极性与规定的电压极性相反（即输入信号和输出信号相位相反）。

输入电压 u_i 为 $u_i = i_b r_{be}$

所以

$$A_u = \frac{u_o}{u_i} = \frac{-i_c R_L'}{i_b r_{be}} = -\beta \frac{R_L'}{r_{be}}$$

式中，负号表示 u_o 与 u_i 的相位相反，因此该放大电路也称反相放大器。

【例 3-1】在图 3-16 所示电路中，设 $V_{CC} = 12$ V，$R_c = 2$ kΩ，$R_b = 220$ kΩ，$R_L = 2$ kΩ，$\beta = 60$。求放大电路的静态工作点及交流参数。

解：（1）求静态工作点

从电路可知，三极管是 NPN 型，在此视为硅管，则 $U_{BEQ} = 0.7$ V，则

$$I_{BQ} = \frac{V_{CC} - U_{BEQ}}{R_b} = \frac{12 - 0.7}{220}\text{ mA} \approx 50\text{ }\mu\text{A}$$

$$I_{CQ} = \beta I_{BQ} = 60 \times 50\text{ }\mu\text{A} = 3\,000\text{ }\mu\text{A} = 3\text{ mA}$$

$$U_{CEQ} = V_{CC} - I_{CQ}R_c = 12\text{ V} - 3 \times 2\text{ V} = 6\text{ V}$$

（2）求交流参数

$$r_{be} = 300\text{ }\Omega + (1+\beta)\frac{26\text{ mV}}{I_E} = 300\text{ }\Omega + (1+60) \times \frac{26}{3}\text{ }\Omega \approx 829\text{ }\Omega$$

$$A_u = -\beta \frac{R'_L}{r_{be}} = -60 \times \frac{\dfrac{2 \times 2}{2+2}}{0.829} \approx -72.4$$

$$R_i \approx r_{be} = 829 \ \Omega$$

$$R_e \approx R_c = 2 \ k\Omega$$

任务实施

1. 准备工具和器材

（1）工具

本次任务实施所需要的常用工具与设备见表 3-4。

表 3-4　常用工具与设备

编号	工具名称	规格	数量
1	直流稳压电源	自定	1 个
2	万用表	自定	1 只
3	双踪示波器	自定	1 台
4	信号发生器	自定	1 台
5	电烙铁	15~25 W	1 把
6	烙铁架	自定	1 只
7	电子实训通用工具	尖嘴钳、斜口钳、镊子、螺丝刀（一字和十字）、小剪刀等	1 套

（2）器材

本次任务实施所需要的器材，具体见表 3-5。

表 3-5　器　材

编号	名称	规格	数量
1	固定电阻 R_b	220 kΩ	1 个
2	固定电阻 R_e	2 kΩ	1 个
3	固定电阻 R_L	2 kΩ	1 个
4	电容 C_1、C_2	10 μF	2 只
5	万能板	50 mm×100 Ω	1 块
6	三极管 VT	9013	1 只
7	焊接材料	焊锡丝、松香助焊剂、连接导线等	1 套

2. 环境要求、安装工艺要求与安全要求

（1）环境要求

环境要求见项目 1 任务 1。

（2）安装工艺要求

安装工艺要求见项目 1 任务 3。

（3）安装过程的安全要求

安全要求见项目 2 任务 2。

3. 完成安装测试的步骤与方法

（1）电路的安装

在万能板上进行安装，如图 3-19 所示。

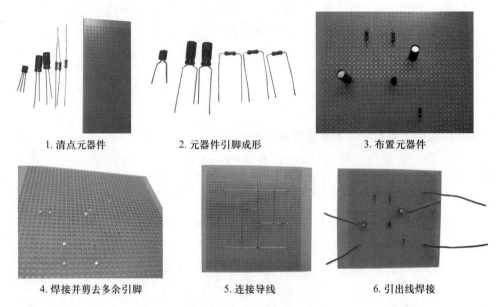

1. 清点元器件　　　　2. 元器件引脚成形　　　　3. 布置元器件

4. 焊接并剪去多余引脚　　　5. 连接导线　　　　6. 引出线焊接

图 3-19　电路安装示意图

（2）静态工作点的测试

① 检查制作好的电路，无误后开始测试。

② 将调节好的直流 6 V 电源接入电路，按学生工作页开始测量电路静态工作点。

（3）动态测试

① 在静态测试的基础上，调节函数信号发生器得到规定信号，并将函数信号发生器输出端与电路输入端相接。

② 将电路输出端与示波器相连，观察波形，并计算电压放大倍数。

电路测试连接示意图如图 3-20 所示。

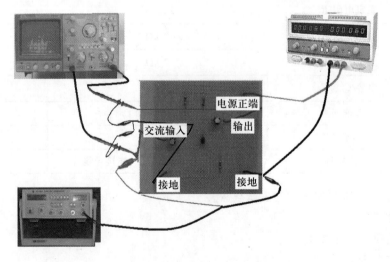

图 3-20　电路测试连接示意图

学生工作页

工作任务	固定式偏置放大电路的装接与调试	学生/小组		工作时间	
电路图识读	1. 主要元器件功能分析 （1）电阻 R_b 的作用是＿＿＿＿＿；电阻 R_c 的作用是＿＿＿＿＿ （2）三极管 VT 在电路中的作用是＿＿＿＿＿ （3）电容 C_1、C_2 的作用是＿＿＿＿＿ 2. 电路工作原理梳理 （1）该电路结构为共＿＿＿＿放大电路，在相位上具有＿＿＿＿功能 （2）要是放大电路能正常放大，电路必须设置＿＿＿＿，让三极管工作在＿＿＿＿状态，对＿＿＿＿交流信号进行放大，其实质是将电源的＿＿＿＿能转化为＿＿＿＿能，所以放大电路本质上就是＿＿＿＿转换器				
电路接线图绘制					

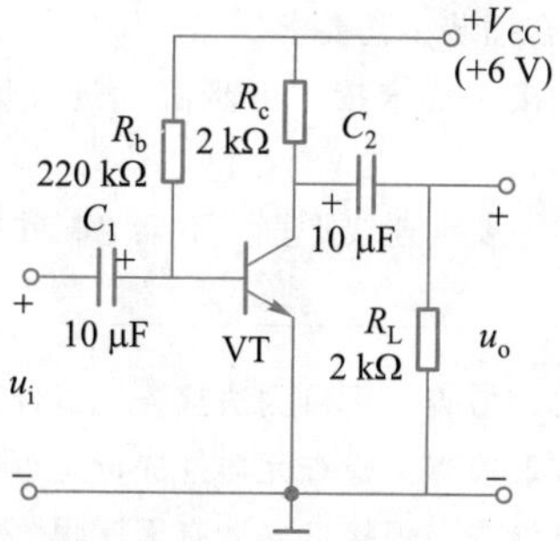

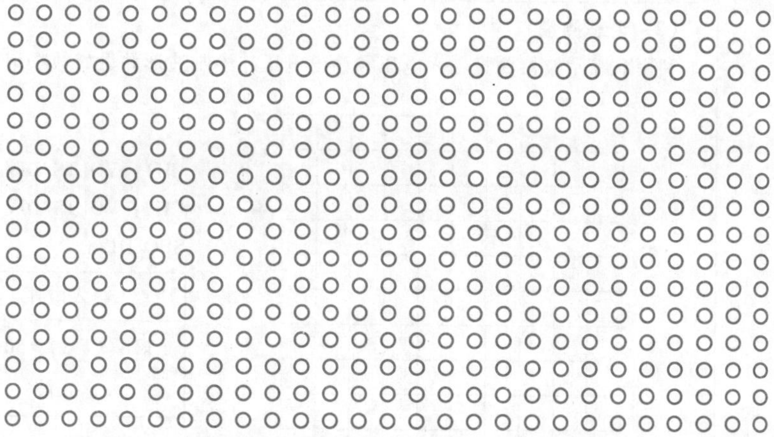

序号	元器件代号	元器件名称	型号规格	数量	测量结果	备注
1	R_b					
2	R_c					
3	R_L					
4	C_1、C_2					
5	VT					

元器件识别与检测

电路装接	具体步骤： （1）元器件成形 要求元器件成形符合工艺要求 （2）元器件插装 要求按先低后高、先轻后重、先易后难、先一般元器件后特殊元器件的顺序插装，并符合插装工艺要求 （3）元器件焊接 要求按"五步法"进行焊接，焊点大小适中、光滑，且焊点独立、不粘连 （4）电路连线 要求连线平直、不架空，并按绘制的接线图连线
电路检测 与调试	（1）元器件安装检查 用目测法检查元器件安装的正确性，有无错装、漏装（有、无） （2）元器件成形检查 检查元器件成形是否符合规范（是、否） （3）焊接质量检查 焊接良好，有无漏焊、虚焊、粘连（有、无） （4）电路板电源输入端短路检测 用万用表电阻挡测量电路板电源输入端的正向电阻值为 _____，反向电阻值为 _____ （5）工作台电源检测 用万用表测量工作台电源电压值是 _____ （6）电路板电源检测 用万用表测量电路板电源输入端的电压值是 _____
电路技术 参数测量 与分析	1. 电路数据测量 （1）静态测量

测量内容	V_{BQ}	V_{CQ}	V_{EQ}	U_{CEQ}
测量值				
测量值				

（2）动态测量

利用双踪示波器测量输入电压和输出电压，绘制波形并做好数据记录

CH1：VOLTS/DIV _____

CH2：VOLTS/DIV _____

SEC/DIV _____

输入电压	输出电压
1 kHz $U_{iP-P} = 50$ mV 正弦波	

2. 电路数据分析

（1）静态参数分析 根据测量数据，电路中三极管处于 _____ 工作状态，满足该工作状态的条件是 _____

（2）交流参数分析 根据测量数据，电路的电压放大倍数 $A_u =$ _____（$A_u = U_o/U_i$），输出电压与输入电压的相位为 _____

任务小结

任务评价表

工作任务	固定式偏置放大电路的装接与调试	学生/小组		工作时间	
评价内容	评价指标	自评	互评	师评	
1. 电路图识读(10分)	识读电路图，按要求分析元器件功能和电路原理(每错一处扣1分)				
2. 电路接线图绘制(10分)	根据电路图正确绘制接线图(每错一处扣2分)				
3. 元器件识别与检测(10分)	正确识别和使用万用表检测元器件(识别检测错误,每个扣2分)				
4. 元器件成形与插装(10分)	按工艺要求将元器件安装至万能板(安装错误,每个扣2分;安装未符合工艺要求,每个扣2分)				
5. 焊接工艺(20分)	焊点适中,无漏、虚、假、连焊,光滑、圆润、干净、无毛刺,引脚高度基本一致(未达到工艺要求,每处扣2分)				
6. 电路检测与调试(20分)	按图装接正确,电路功能完整,记录检测数据准确(返修一次扣10分,其余每错一处扣2分)				
7. 电路技术参数测量与分析(10分)	按要求进行参数测量与分析,并将结果记录在指定区域内(每错一处扣0.5分)				
8. 职业素养(10分)	安全意识强、用电操作规范(违规扣2~5分);不损坏器材、仪表(违规扣2~5分);现场管理有序,工位整洁(违规扣2~5分)				
实训收获					
实训体会					
开始时间		结束时间		实际时长	

任务拓展

放大电路失真及调整方法

信号波形被放大后幅度增大，而形状应保持原状。发生不对称或局部变形的现象都称为波形失真，由于三极管非线性特性而引起的失真，称为非线性失真。如果静态工作点(Q点)选择不合适，三极管进入饱和区或截止区工作，就会造成非线性失真(如图 3-21 所示)。非线性失真主要包括饱和失真和截止失真两种，它们产生的原因及调整方法见表 3-6。

Q 点与波形
失真

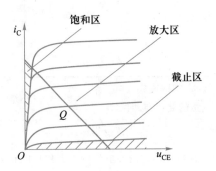

图 3-21　静态工作点 (Q) 选择不合适造成失真

表 3-6　饱和失真和截止失真产生的原因及调整方法

类型	饱和失真	截止失真
原因	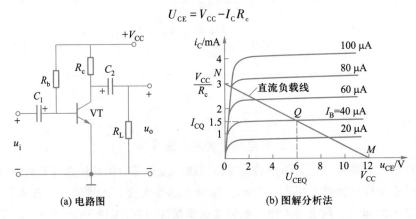（注：此处为原因示意图）Q 点过高	Q 点过低
调整方法	适当增大基极电阻，从而减小基极电流，可消除失真	适当减小基极电阻，从而增大基极电流，可消除失真

　　如果输入信号过大，即使 Q 点选择合适，也可能会产生失真（双向失真），此时减少信号幅度可消除失真。

　　图解分析法是利用三极管的输入特性和输出特性曲线，通过作图分析放大电路的工作情况，其优点是能直观地了解静态工作点设置与波形失真的关系。图 3-22 所示的放大电路中，$V_{CC} = 12\ V$，$R_b = 300\ k\Omega$，$R_c = 4\ k\Omega$。

　　（1）确定直流负载线

　　在没有输入信号的情况下，三极管集电极-发射极之间电压 U_{CE} 和 I_C 的关系是

$$U_{CE} = V_{CC} - I_C R_c$$

(a) 电路图　　　　　　　　　(b) 图解分析法

图 3-22　图解法分析静态工作点

当 $I_C = 0$ 时, $U_{CE} = V_{CC}$, 在图 3-22(b)中定出 M 点; 当 $U_{CE} = 0$ 时, 在图 3-22(b)中定出 N 点; 连接 MN, 则 MN 就是直流负载线, 如图 3-22(b)所示。

（2）静态工作点分析

在图 3-22(b)中

$$V_{CC} = I_B R_b + U_{BE}$$

所以

$$I_B = \frac{V_{CC} - U_{BE}}{R_b} = \frac{12}{300 \times 10^3} \text{ A} = 40 \text{ }\mu\text{A}$$

直流负载线 MN 和 $I_B = 40$ μA 曲线的交点, 就是静态工作点 Q。Q 点在输出特性曲线上对应的 I_{CQ} 和 U_{CEQ} 就是三极管的静态电流和电压, 由图 3-22(b)可以读出 $I_{CQ} = 1.5$ mA, $U_{CEQ} = 6$ V。

任务 3
分压式偏置放大电路的装接与调试

◆ **任务目标**

1. 熟悉分压式偏置基本放大电路的结构, 会分析其工作原理。
2. 能估算分压式偏置基本放大电路的静态工作点和动态参数。
3. 能绘制和装接分压式偏置基本放大电路, 会测量其相关参数。

✎ **任务描述**

利用所给出三极管等元器件, 装接分压式偏置基本放大电路, 测量电路相关参数, 能进行电路静态和动态分析, 会通过调整电路静态工作点改善输出信号。

✿ **任务准备**

固定式偏置基本放大电路的静态工作点由 V_{CC} 和 R_b 决定, 一般情况下是一个固定值。受温度变化或电源电压波动等因素影响, Q 点随之变化。如果 Q 点变动到不合适位置将引起放大信号失真。因此实际应用的放大电路应该考虑静态工作点的稳定, 以保证输出尽可能大的动态范围和避免非线性失真。分压式偏置放大电路就具有自动稳定静态工作点的特点, 所以被广泛应用。

1. 分压式偏置基本放大电路的结构

分压式偏置基本放大电路如图 3-23 所示, 电路各组成部分名称及作用见表 3-7。

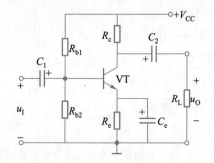

分压式偏置
电路

图 3-23　分压式偏置基本放大电路

表 3-7   分压式偏置基本放大电路各组成部分名称及作用

符号	名称	作用
VT	三极管	起电流放大作用，是放大电路的核心器件。VT 工作在放大区，即发射结正偏，集电结反偏
R_{b1}	上偏置电阻	电源电压 V_{CC} 通过 R_{b1}、R_{b2} 串联分压后为三极管基极提供基极电位 V_{BQ}
R_{b2}	下偏置电阻	
R_c	集电极电阻	将三极管集电极电流的变化转换为集电极电压的变化
R_e	发射极电阻	起到稳定静态电流 I_{EQ} 的作用
C_e	发射极旁路电容	因为其容量较大，对交流信号相当于短路，这样对交流信号的放大能力不因 R_e 的接入而降低
C_1、C_2	耦合电容	防止信号源以及负载对放大电路直流状态的影响；同时保证交流信号顺利地传输，即"隔直通交"

2. 分压式偏置基本放大电路稳定静态工作点的过程

分压式偏置基本放大电路能够稳定静态工作点，但有一个前提条件：$I_1 \approx I_2 \gg I_{BQ}$，才能稳定基极电位 V_B。

静态工作点的稳定过程如下：以温度 T 升高变化为例。温度升高引起三极管 β、I_{CEQ} 增大及 U_{CEQ} 减小；引起集电极电流 I_{CQ} 增大，则发射极电阻 R_e 上的电位 V_{EQ} 增大。基极电位 V_{BQ} 由 R_{b1} 和 R_{b2} 串联分压提供，大小基本稳定，因此 $U_{BEQ}(=V_{BQ}-V_{EQ})$ 减小，于是集电极电流 I_{CQ} 的增加受到限制，达到稳定静态工作点的目的。上述稳定静态工作点的过程如下所示。

温度 $T\uparrow \to \beta\uparrow \to I_{CQ}\uparrow \to I_{EQ}\uparrow \to V_{EQ}(=I_{EQ}R_e)\uparrow \to U_{BEQ}(=V_{BQ}-V_{EQ})\downarrow \to I_{BQ}\downarrow \to I_{CQ}\downarrow$

$$\uparrow \underline{\hspace{8cm}} 稳定 $$

3. 直流等效电路及静态工作点

分压式偏置基本放大电路的直流通路如图 3-24 所示。用估算法得出静态工作点如下：

$$V_{BQ} = V_{CC}\frac{R_{b2}}{R_{b1}+R_{b2}}$$

$$I_{CQ} \approx I_{EQ} = \frac{V_{BQ}-U_{BEQ}}{R_e}$$

$$I_{BQ} = \frac{I_{CQ}}{\beta}$$

$$U_{CEQ} = V_{CC}-I_{CQ}(R_c+R_e)$$

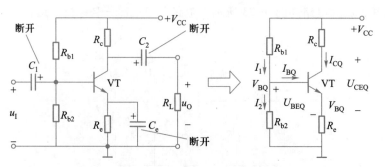

图 3-24   分压式偏置基本放大电路的直流通路

4. 交流等效电路及交流参数

分压式偏置基本放大电路的交流通路如图 3-25 所示。与固定式偏置基本放大电路相比，两者交流通路基本相同，只是分压式偏置基本放大电路用 $R_{b1} /\!/ R_{b2}$ 代替了固定式偏置基本放大电路中的 R_b，所以估算电压放大倍数、输入电阻、输出电阻的方法与固定式偏置基本放大电路相同。

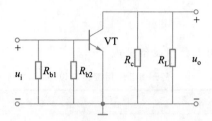

图 3-25　分压式偏置基本放大电路的交流通路

$$A_u = -\beta \frac{R'_L}{r_{be}} \quad (R'_L = R_c /\!/ R_L)$$

$$r_i = r_{be} /\!/ R_{b1} /\!/ R_{b2} \approx r_{be}$$

$$r_o = R_c$$

【例 3-2】在图 3-26 所示放大电路中，$R_{b1} = 30 \text{ k}\Omega$，$R_{b2} = 10 \text{ k}\Omega$、$R_c = 2 \text{ k}\Omega$、$R_e = 1 \text{ k}\Omega$、$V_{CC} = 9 \text{ V}$，试估算 I_{CQ} 和 U_{CEQ}。

解：$V_{BQ} = V_{CC} \dfrac{R_{b2}}{R_{b1}+R_{b2}} = 9 \times \dfrac{10}{30+10} \text{ V} = 2.25 \text{ V}$

$V_{EQ} = V_{BQ} - U_{BEQ} = 2.25 \text{ V} - 0.7 \text{ V} = 1.55 \text{ V}$

$I_{CQ} \approx I_{EQ} = \dfrac{V_{EQ}}{R_e} = 1.55 \text{ mA}$

$U_{CEQ} = V_{CC} - I_{CQ}R_c - I_{EQ}R_e \approx V_{CC} - I_{CQ}(R_c + R_e)$
　　　$= 9 \text{ V} - 1.55 \times (1+2) \text{ V} = 4.35 \text{ V}$

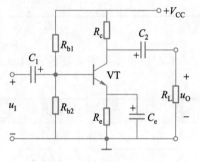

图 3-26　分压式偏置基本放大电路

【例 3-3】图 3-26 所示分压式偏置基本放大电路中，已知 $R_{b1} = 50 \text{ k}\Omega$，$R_{b2} = 10 \text{ k}\Omega$，$R_c = R_L = 3 \text{ k}\Omega$，$R_e = 2 \text{ k}\Omega$，$V_{CC} = 12 \text{ V}$，$U_{BEQ} = 0.7 \text{ V}$，$\beta = 50$。试计算：

（1）静态工作点 I_{CQ}、I_{BQ}、U_{CEQ}。

（2）电压放大倍数 A_u。

（3）输入电阻 r_i、输出电阻 r_o。

解：计算静态工作点时，分压式偏置基本放大电路先计算 V_{BQ} 和 I_{CQ}，再计算 I_{BQ}，最后计算 U_{CEQ}。

（1）$V_{BQ} = V_{CC} \dfrac{R_{b2}}{R_{b1}+R_{b2}} = 12 \times \dfrac{10}{50+10} \text{ V} = 2 \text{ V}$

$I_{CQ} \approx I_{EQ} = \dfrac{V_{BQ} - U_{BEQ}}{R_e} = \dfrac{2-0.7}{2} \text{ mA} = 0.65 \text{ mA}$

$I_{BQ} = \dfrac{I_{CQ}}{\beta} = \dfrac{0.65}{50} \text{ mA} = 13 \text{ μA}$

$U_{CEQ} = V_{CC} - I_{CQ}(R_c + R_e) = 12 \text{ V} - 0.65 \times (3+2) \text{ V} = 8.75 \text{ V}$

（2）$r_{be} = 300 \text{ }\Omega + (1+\beta)\dfrac{26 \text{ mV}}{I_E} = 300 \text{ }\Omega + (1+50) \times \dfrac{26}{0.65} \text{ }\Omega = 2.34 \text{ k}\Omega$

$A_u = -\beta \dfrac{R'_L}{r_{be}} = -50 \times \dfrac{1.5}{2.34} \approx -32$

（3）$r_i = r_{be} /\!/ R_{b1} /\!/ R_{b2} \approx 1.8 \ \text{k}\Omega$

$r_o = R_c = 3 \ \text{k}\Omega$

任务实施

1. 准备工具和器材

（1）工具

本次任务实施所需要的常用工具与设备见表 3-8。

表 3-8 常用工具与设备

编号	工具名称	规格	数量
1	直流稳压电源	自定	1 个
2	万用表	自定	1 只
3	双踪示波器	自定	1 台
4	信号发生器	自定	1 台
5	电烙铁	15~25 W	1 把
6	烙铁架	自定	1 只
7	电子实训通用工具	尖嘴钳、斜口钳、镊子、螺丝刀（一字和十字）、小剪刀等	1 套

（2）器材

本次任务实施所需要的器材见表 3-9。

表 3-9 器　材

编号	名称	规格	数量
1	可调电阻 R_{b1}	20 kΩ	1 个
2	固定电阻 R_{b2}	10 kΩ	1 个
3	固定电阻 R_e	2 kΩ	1 个
4	固定电阻 R_c、R_b	3 kΩ	2 个
5	固定电阻 R_L	3 kΩ	2 个
6	电容 C_1、C_2	10 μF	2 只
7	电容 C_e	47 μF	1 只
8	三极管 VT	9013	1 只
9	万能板	50 mm×100 mm	1 块
10	焊接材料	焊锡丝、松香助焊剂、连接导线等	1 套

2. 环境要求、安装工艺要求与安全要求

（1）环境要求

环境要求见项目 1 任务 1。

（2）安装工艺要求

安装工艺要求见项目 1 任务 3。

（3）安装过程的安全要求

安全要求见项目 2 任务 2。

3. 完成安装测试的步骤与方法

（1）电路的安装

在万能板上进行安装，如图 3-27 所示。

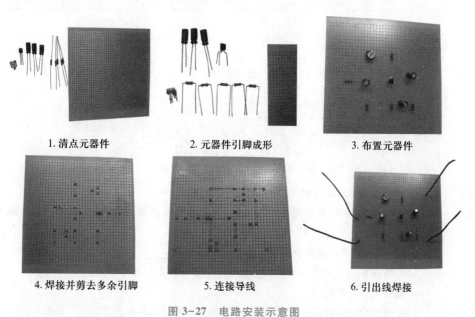

| 1. 清点元器件 | 2. 元器件引脚成形 | 3. 布置元器件 |
| 4. 焊接并剪去多余引脚 | 5. 连接导线 | 6. 引出线焊接 |

图 3-27 电路安装示意图

（2）静态工作点的测试

① 检查制作好的电路，无误后开始测试。

② 将调节好的 6 V 直流电源接入电路，调节上偏置电阻 R_{b1} 使基极电位固定在 2 V，然后按学生工作页开始测量电路静态工作点。

（3）动态测试

① 在静态测试的基础上，调节函数信号发生器得到规定信号，并将函数信号发生器输出端与电路输入端相接。

② 将电路输出端与示波器相连，观察波形，并计算电压放大倍数。

电路测试连接示意图如图 3-28 所示。

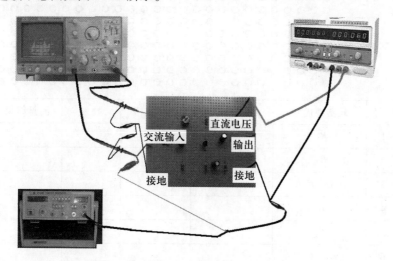

图 3-28 电路测试连接示意图

学生工作页

工作任务	分压式偏置放大电路的装接与调试	学生/小组		工作时间	

电路图识读

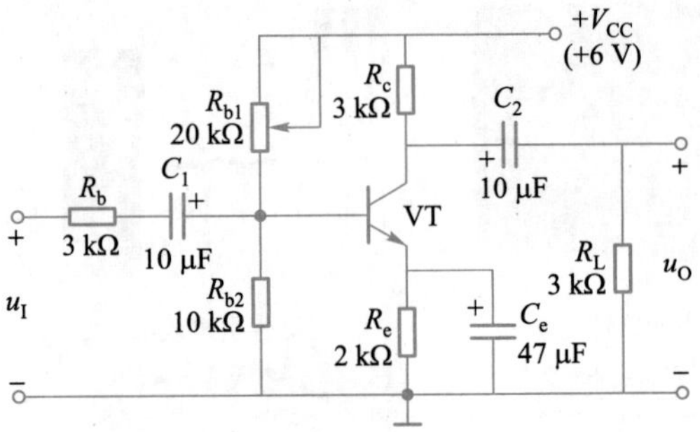

1. 主要元器件功能分析
（1）电阻 R_{b1}、R_{b2} 的作用是＿＿＿＿＿＿；电阻 R_c 的作用是＿＿＿＿＿＿；电阻 R_e 的作用是＿＿＿＿＿
（2）三极管 VT 在电路中的作用是＿＿＿＿＿＿＿＿＿＿
（3）电容 C_1、C_2 的作用是＿＿＿＿＿＿＿＿；电容 C_e 的作用是＿＿＿＿＿
2. 电路工作原理梳理
（1）该电路结构为共＿＿＿＿＿放大电路，在相位上具有＿＿＿＿＿功能
（2）要是放大电路能正常放大，电路必须设置＿＿＿＿＿，调节 R_{b1} 可改变其工作参数，让三极管工作在＿＿＿＿＿＿状态，对＿＿＿＿交流信号进行放大，其实质是将电源的＿＿＿＿能转化为＿＿＿＿能，所以放大电路本质上就是＿＿＿转换器 |

电路接线图绘制	

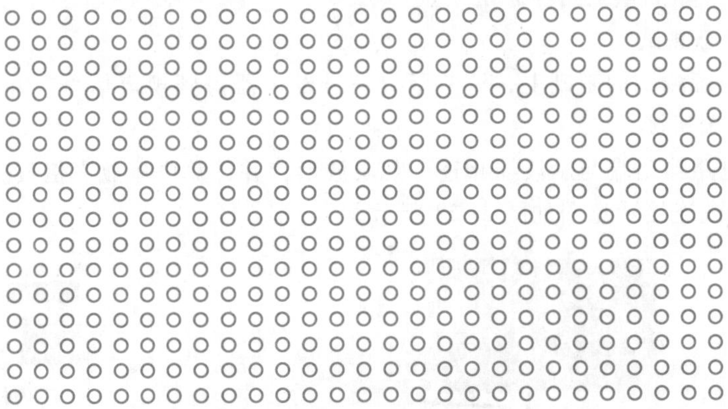

元器件识别与检测	序号	元器件代号	元器件名称	型号规格	数量	测量结果	备注
	1	R_{b1}					
	2	R_{b2}					
	3	R_c、R_b					
	4	R_e					
	5	R_L					
	6	C_1、C_2					
	7	C_e					
	8	VT					

续表

电路装接	具体步骤： （1）元器件成形　要求元器件成形符合工艺要求 （2）元器件插装　要求按先低后高、先轻后重、先易后难、先一般元器件后特殊元器件的顺序插装，并符合插装工艺要求 （3）元器件焊接　要求按"五步法"进行焊接，焊点大小适中、光滑，且焊点独立、不粘连 （4）电路连线　要求连线平直、不架空，并按绘制的接线图连线
电路检测与调试	（1）元器件安装检查　用目测法检查元器件安装的正确性，有无错装、漏装（有、无） （2）元器件成形检查　检查元器件成形是否符合规范（是、否） （3）焊接质量检查　焊接良好，有无漏焊、虚焊、粘连（有、无） （4）电路板电源输入端短路检测　用万用表电阻挡测量电路板电源输入端的正向电阻值为_____，反向电阻值为_____ （5）工作台电源检测　用万用表测量工作台电源电压值是_____ （6）电路板电源检测　用万用表测量电路板电源输入端的电压值是_____

电路技术参数测量与分析

1. 电路数据测量
（1）静态测量

测量内容	V_{BQ}	V_{CQ}	V_{EQ}	U_{CEQ}
测量值				
测量值				

（2）动态测量　利用双踪示波器测量输入电压和输出电压，绘制波形并做好数据记录

CH1：VOLTS/DIV _____

CH2：VOLTS/DIV _____

SEC/DIV _____

输入电压	输出电压
1 kHz　$U_{iP-P} = 50$ mV 正弦波	

2. 电路数据分析
（1）静态参数　根据测量数据，电路中三极管处于_____工作状态，满足该工作状态的条件是_____
（2）交流参数分析　根据测量数据，电路的电压放大倍数 $A_u =$ _____（$A_u = U_o / U_i$），输出电压与输入电压的相位为_____

 任务小结

任务评价表

工作任务	分压式偏置放大电路的装接与调试	学生/小组		工作时间	
评价内容	评价指标		自评	互评	师评
1. 电路图识读(10分)	识读电路图,按要求分析元器件功能和电路原理(每错一处扣1分)				
2. 电路接线图绘制(10分)	根据电路图正确绘制接线图(每错一处扣2分)				
3. 元器件识别与检测(10分)	正确识别和使用万用表检测元器件(识别检测错误,每个扣2分)				
4. 元器件成形与插装(10分)	按工艺要求将元器件安装至万能板(安装错误,每个扣2分;安装未符合工艺要求,每个扣2分)				
5. 焊接工艺(20分)	焊点适中,无漏、虚、假、连焊,光滑、圆润、干净、无毛刺,引脚高度基本一致(未达到工艺要求,每处扣2分)				
6. 电路检测与调试(20分)	按图装接正确,电路功能完整,记录检测数据准确(返修一次扣10分,其余每错一处扣2分)				
7. 电路技术参数测量与分析(10分)	按要求进行参数测量与分析,并将结果记录在指定区域内(每错一处扣0.5分)				
8. 职业素养(10分)	安全意识强、用电操作规范(违规扣2~5分);不损坏器材、仪表(违规扣2~5分);现场管理有序,工位整洁(违规扣2~5分)				
实训收获					
实训体会					
开始时间		结束时间		实际时长	

任务拓展

共集电极放大电路及其应用

共集电极放大电路又称射极输出器,其电路结构如图3-29所示。由于输出电压从发射极引出,所以该电路具有电压放大倍数 A_u 略小于1、输入阻抗高、输出阻抗低、无电压放大能力、具有电流和功率放大能力等特点,主要应用场合如下:

① 将射极输出器放在电路的首级,可以增大输入电阻。

② 将射极输出器放在电路的末级,可以减小输出电阻,提高带负载能力。当前级电阻信号源内阻较大时,用它作为阻抗变换,实现与后级的最佳匹配。因为射极输出器的输出电阻很小,

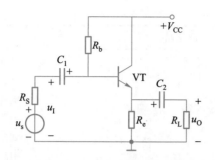

图 3-29　共集电极放大电路

所以在负载的输出电流变动较大时，其输出电压下降较小，即负载变化时，放大倍数基本不变，表示其带负载能力强。

③ 将射极输出器放在电路的两级之间，可以起到电路的匹配、缓冲、隔离等作用。

任务 4
助听器的装接与调试

◆ **任务目标**

1. 熟悉多级放大电路的耦合形式，会分析其特点。
2. 能分析多级放大电路的结构，会分析其功能。
3. 能装接与调试多级放大电路，会测量相关参数。

📝 **任务描述**

利用给出的三极管等元器件，安装三级放大电路，测量电路相关参数，能进行电路静态和动态分析，会通过调整电路静态工作点改善输出信号。

✎ **任务准备**

由于单个三极管组成的单级放大电路放大能力是有限的，在放大电路输入信号比较微弱时，为将信号电压放大到具有足够的幅值和能够提供负载工作所需的功率，常把若干个单级放大电路串接起来，组成多级放大电路，以得到足够大的电压放大倍数，多级放大电路的结构框图如图3-30所示。

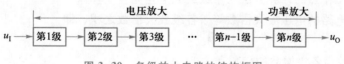

图 3-30　多级放大电路的结构框图

1. 多级放大电路级间耦合方式

多级放大电路级与级之间的连接称为耦合。常见的耦合方式有直接耦合、阻容耦合、变压器耦合和光电耦合，4 种耦合方式的电路结构及其特点见表 3-10。为了确保多级放大电路能正常工作，级间耦合必须满足以下两个基本要求：

表 3-10　4 种耦合方式的电路结构及其特点

耦合方式	电路结构	特点
直接耦合		级与级之间通过一条导线进行耦合，因此前后级之间的工作点相互影响、相互干扰，要合理地解决前后级工作点的相互影响问题。这种耦合方式的放大电路适宜传输任何信号，一般用于集成电路中
阻容耦合		级与级之间通过一个电容器进行耦合，由于电容器的"隔直"作用，前后级之间的工作点相互独立、互不干扰。这种耦合方式的放大电路不适宜传输频率过低和变化十分缓慢的信号，更不能传输恒定不变的直流信号
变压器耦合		级与级之间通过一个变压器进行耦合，由于变压器的存在，前后级之间的静态工作点相互独立、互不干扰。这种耦合方式的放大电路不适宜传输频率过低的信号，更不能传输恒定不变的直流信号
光电耦合		级与级之间通过一个光电耦合器件进行耦合，前级的输出经发光二极管转换成光信号，经光的照射改变光电三极管的工作状态，将光信号还原为电信号。光电耦合适宜传输任何信号，便于集成化

（1）必须保证前级的输出信号能够顺利地传输到后级，并尽可能减小功率损耗和波形失真。

（2）保证前、后级的静态工作点能够正常设置。

2. 多级放大电路的参数分析

多级放大电路的分析和单级放大电路相同，需要处理好每一级的"有载电压放大倍数"的计算问题。下面以阻容耦合多级放大电路为例来分析多级放大电路的性能。

（1）各级静态工作点的计算方法与单级放大电路完全一样。

（2）多级放大电路的电压放大倍数等于各级放大倍数之积，即

$$A_u = A_{u1} \cdot A_{u2} \cdots A_{un}$$

多级放大电路总增益为各级增益的代数和，即

$$G_u = G_{u1} + G_{u2} + \cdots + G_{un}$$

（3）输入电阻 r_i

多级放大电路的输入电阻就是其第一级的输入电阻，即

$$r_i = r_{i1}$$

多级放大电路的输出电阻就是其最后一级的输出电阻，即

$$r_o = r_{on}$$

（4）幅频特性

在某一段频率范围内，放大电路的电压放大倍数 A_u 与频率无关，是一个常数。随着信号频率的升高或降低，放大倍数会减小，同时输出电压与输入电压的相位差也随着信号频率的变化而变化。工程上把放大倍数下降到中频段放大倍数 A_u 的 0.707 时所对应的两个频率，分别称为放大电路的下限频率 f_L 和上限频率 f_H，如图 3-31 所示。在这两个频率之间的频率范围，称为放大电路的通频带 BW，即

$$BW = f_H - f_L$$

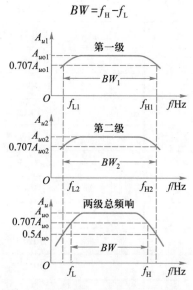

图 3-31 多级放大电路的幅频特性

多级放大电路的通频带比它任何一级的通频带都窄，是各级通频带的公共部分（交集）。

通常情况下，放大电路级数越多，通频带就越窄。为了满足多级放大电路通频带的要求，必须把每个单级放大电路的通频带选得更宽一些。

任务实施

1. 准备工具和器材

（1）工具

本次任务实施所需要的常用工具与设备见表 3-11。

表 3-11 常用工具与设备

编号	工具名称	规格	数量
1	直流稳压电源	自定	1个
2	万用表	自定	1只
3	双踪示波器	自定	1台
4	信号发生器	自定	1台
5	电烙铁	15～25 W	1把
6	烙铁架	自定	1只
7	电子实训通用工具	尖嘴钳、斜口钳、镊子、螺丝刀（一字和十字）、小剪刀等	1套

（2）器材

本次任务实施所需要的器材见表 3-12。

表 3-12　器　材

编号	名称	规格	数量
1	电阻 R_1	5.1 kΩ	1 个
2	电阻 R_2	100 kΩ	1 个
3	电阻 R_3	1.5 kΩ	1 个
4	电阻 R_4	1.5 kΩ	1 个
5	电阻 R_5	100 Ω	1 个
6	电阻 R_6	680 Ω	1 个
7	电阻 R_7	180 kΩ	1 个
8	电位器 R_P	10 kΩ	1 个
9	瓷介电容 C_1	0.1 μF	1 只
10	电解电容 C_2	4.7 μF	1 只
11	电解电容 C_3	4.7 μF	1 只
12	三极管 VT_1	9014	1 只
13	三极管 VT_2	9014	1 只
14	三极管 VT_3	9012	1 只
15	自锁按钮 S	8 mm×8 mm	1 个
16	驻极体话筒 Mic		1 个
17	耳机接口 J	3.5 mm	1 个
18	排针 BT	外接电源	1 个
19	印制电路板		1 块
20	焊接材料	焊锡丝、松香助焊剂等	1 套

2. 环境要求、安装工艺要求与安全要求

（1）环境要求

环境要求见项目 1 任务 1。

（2）安装工艺要求

安装工艺要求见项目 1 任务 3。

（3）安装过程的安全要求

安全要求见项目 2 任务 2。

3. 完成安装测试的步骤与方法

（1）电路的安装

在印制电路板上进行安装，具体步骤如图 3-32 所示。

1. 卧式元器件安装

2. 立式元器件安装

3.驻极体话筒安装　　　　4.耳机安装

图 3-32　电路安装示意图

（2）静态工作点的测试

① 检查制作好的电路，无误后开始测试。

② 将调节好的 3 V 直流电源接入电路，按学生工作页要求开始测量电路静态参数。

（3）动态测试

① 在静态测试的基础上，拔掉驻极体话筒，调节信号发生器，在原话筒接线柱两端输入 1 kHz、50 mV 的正弦波电压信号。

② 将电路输出端与示波器相连，调节电位器 R_P，使输出波形最大且不失真，观察波形，按学生工作页要求测量动态参数。电路测试连接示意图如图 3-33 所示。

图 3-33　电路测试连接示意图

学生工作页

工作任务	助听器的装接与调试	学生/小组		工作时间	
电路图识读					

	1. 主要元器件功能分析 （1）驻极体话筒 MIC 的作用是＿＿＿＿＿＿＿＿＿＿＿＿ （2）三极管 VT$_1$、VT$_2$ 构成的电路实现的是＿＿＿＿＿＿＿放大，VT$_3$ 构成的电路实现的是＿＿＿＿＿＿放大 （3）电位器 R_P 的作用是＿＿＿＿＿＿＿＿＿＿＿＿＿＿＿ 2. 电路工作原理梳理 （1）该电路结构由＿＿＿＿＿级放大电路构成，其中第一、第二级为共＿＿＿＿＿极放大电路；第三级为共＿＿＿极放大电路，使用的目的是＿＿＿＿＿＿ （2）该电路采用的极间耦合形式有＿＿＿＿＿＿＿＿＿＿＿＿＿＿ （3）该电路中 R_2 引入＿＿＿＿＿负反馈，R_7 引入＿＿＿＿＿负反馈，引入的目的是＿＿＿＿＿＿ （4）外界声音由元器件＿＿＿＿＿拾取，它将声音信号转化成＿＿＿＿＿＿信号，作为多级放大电路的＿＿＿输入信号，经多级放大电路放大后，由耳机将＿＿＿＿＿＿信号还原成声音信号
电路图识读	

观察印制电路板	

	序号	元器件代号	元器件名称	型号规格	数量	测量结果	备注
元器件识别与检测	1	R_1					
	2	R_2					
	3	R_3、R_4					
	4	R_5、R_6、R_7					
	5	R_P					
	6	C_1					
	7	C_2、C_3					
	8	VT$_1$、VT$_2$、VT$_3$					

电路装接	具体步骤： （1）元器件成形　要求元器件成形符合工艺要求 （2）元器件插装　要求按先低后高、先轻后重、先易后难、先一般元器件后特殊元器件的顺序插装，并符合插装工艺要求 （3）元器件焊接　要求按"五步法"进行焊接，焊点大小适中、光滑，且焊点独立、不粘连 （4）电路连线　要求连线平直、不架空，并按绘制的接线图连线

续表

电路检测 与调试	（1）元器件安装检查 用目测法检查元器件安装的正确性，有无错装、漏装(有、无) （2）元器件成形检查 检查元器件成形是否符合规范(是、否) （3）焊接质量检查 焊接良好，有无漏焊、虚焊、粘连（有、无) （4）电路板电源输入端短路检测 用万用表电阻挡测量电路板电源输入端的正向电阻值为_____，反向电阻值为_____ （5）工作台电源检测 用万用表测量工作台电源电压值是_____ （6）电路板电源检测 用万用表测量电路板电源输入端的电压值是_____

电路技术
参数测量
与分析

1. 电路数据测量

（1）静态测量

测量内容	V_{BQ}	V_{CQ}	V_{EQ}	U_{CEQ}
VT_1				
VT_2				
VT_3				

（2）动态测量：利用双踪示波器测量输入电压和输出电压，绘制波形并做好数据记录

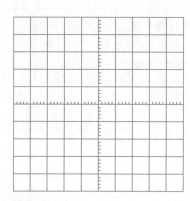

CH1：VOLTS/DIV _____

CH2：VOLTS/DIV _____

SEC/DIV _____

输入电压	输出电压
1 kHz $U_{iP-P}=50$ mV 正弦波	

2. 电路数据分析

（1）静态参数分析 根据测量数据，电路中 3 只三极管处于_____工作状态，满足该工作状态的条件是_____

（2）动态参数分析 根据测量数据，电路的电压放大倍数 $A_u=$ _____（$A_u=U_o/U_i$），输出电压与输入电压的相位为_____

 任务小结

任务评价表

工作任务	助听器的装接 与调试	学生/小组		工作 时间	
评价内容	评价指标		自评	互评	师评
1. 电路图识读(20 分)	识读电路图，按要求分析元器件功能和电路 原理(每错一处扣 1.5 分)				

续表

评价内容	评价指标	自评	互评	师评
2. 元器件识别与检测（10分）	正确识别和使用万用表检测元器件（识别检测错误,每个扣2分）			
3. 元器件成形与插装（10分）	按工艺要求将元器件安装至万能板（安装错误,每个扣2分;安装未符合工艺要求,每个扣2分）			
4. 焊接工艺（20分）	焊点适中,无漏、虚、假、连焊,光滑、圆润、干净、无毛刺,引脚高度基本一致（未达到工艺要求,每处扣2分）			
5. 电路检测与调试（20分）	按图装接正确,电路功能完整,记录检测数据准确（返修一次扣10分,其余每错一处扣2分）			
6. 电路技术参数测量与分析（10分）	按要求进行参数测量与分析,并将结果记录在指定区域内（每错一处扣1分）			
7. 职业素养（10分）	安全意识强、用电操作规范（违规扣2~5分）;不损坏器材、仪表（违规扣2~5分）;现场管理有序,工位整洁（违规扣2~5分）			
实训收获				
实训体会				

开始时间		结束时间		实际时长	

任务拓展

1. 认识反馈电路

将输出信号的部分或全部反方向送回到输入端的过程称为反馈,能实现反馈的电路称为反馈电路或反馈网络。反馈电路原理框图如图3-34所示。基本放大电路是信号的正向传输,反馈电路是信号的反向传输。A表示基本放大电路,即无反馈放大电路或开环放大电路;F表示反馈电路。在基本放大电路A上接入反馈电路,称为反馈放大电路或闭环放大电路。

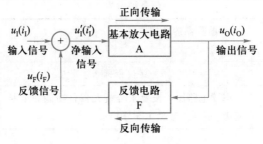

图 3-34 反馈电路原理框图

u_1（或 i_1）表示输入信号，u_1'（或 i_1'）表示净输入信号，u_F（或 i_F）表示反馈信号，u_0（或 i_0）表示输出信号，符号"⊕"表示信号的比较环节。当反馈信号 u_F（或 i_F）送回到输入端与输入信号 u_1（或 i_1）进行比较时，如果比较结果使净输入信号减小，称为负反馈；如果比较结果使净输入信号增大，称为正反馈；正、负反馈的特点见表 3-13。如果信号是直流则称为直流反馈，是交流则称为交流反馈。

表 3-13　正、负反馈的特点

反馈性质	反馈信号与输入信号相位关系	应用场合
正反馈	反馈信号与输入信号的相位关系是同相，则净输入信号增大	适用于产生振荡的电路中
负反馈	反馈信号与输入信号的相位关系是反相，则净输入信号减小	适用于改善放大电路性能的场合

2. 认识负反馈电路的种类及特点

负反馈信号与原输入信号叠加在一起，会使实际输入到放大电路的信号减弱，使放大后输出信号的幅度比无反馈信号时输出的要低，即负反馈会使电路的放大倍数下降，但对放大电路的性能会有所改善。例如：可以提高放大倍数的稳定性、减小非线性失真、展宽通频带、改变输入输出电阻。常见的负反馈电路有 4 种基本类型，见表 3-14。

表 3-14　4 种负反馈电路及特点

负反馈类型的判别

负反馈名称	电路结构	判别方法	功能
串联负反馈	信号源 u_1 → u_1' → 放大电路A → u_0；u_F → 反馈电路F	反馈端与输入端没有公共交点	增大输入阻抗
并联负反馈	信号源 i_1 → i_1' → 放大电路A → i_0；i_F → 反馈电路F	反馈端与输入端有公共交点	减小输入阻抗
电压负反馈	信号源 x_1 → ⊕ x_1' → 放大电路A → u_0 → R_L；x_F → 反馈电路F	负载短路后，反馈信号不存在	稳定输出电压，减小输出阻抗
电流负反馈	信号源 x_1 → ⊕ x_1' → 放大电路A → R_L u_0，R_f；x_F → 反馈电路F	负载短路后，反馈信号仍存在	稳定输出电流，增大输出阻抗

📋 项目总结

1. 固定式偏置基本放大电路分析

固定式偏置基本放大电路分析见表 3-15。

表 3-15　固定式偏置基本放大电路分析

固定式偏置基本放大电路	直流通路	交流通路
静态参数		动态参数
$I_{BQ} = \dfrac{V_{CC} - U_{BEQ}}{R_b}$		$r_i = r_{be} /\!/ R_b \approx r_{be}$
$I_{CQ} = \beta I_{BQ}$		$r_o = r_{be} /\!/ R_c \approx R_c$
$U_{CEQ} = V_{CC} - I_{CQ} R_c$		$A_u = \dfrac{u_o}{u_1} = -\beta \dfrac{R_L'}{r_{be}}$

2. 分压式偏置基本放大电路分析

分压式偏置基本放大电路分析见表 3-16。

表 3-16　分压式偏置基本放大电路分析

分压式偏置基本放大电路	直流通路	交流通路
静态参数		动态参数
$V_{BQ} = V_{CC} \dfrac{R_{b2}}{R_{b1} + R_{b2}}$ $\qquad$ $I_{CQ} \approx I_{EQ} = \dfrac{V_{BQ} - U_{BEQ}}{R_e}$		$A_u = -\beta \dfrac{R_L'}{r_{be}}$ $\;\;(R_L' = R_c /\!/ R_L)$
$I_{BQ} = \dfrac{I_{CQ}}{\beta}$		$r_i = r_{be} /\!/ R_{b1} /\!/ R_{b2} \approx r_{be}$
$U_{CEQ} = V_{CC} - I_{CQ}\,(R_c + R_e)$		$r_o = R_c$

3. 分压式偏置基本放大电路静态工作点的稳定过程

静态工作点的稳定过程如下：以温度 T 升高变化为例。温度升高引起三极管 β、I_{CEQ} 增大及 U_{CEQ} 减小，引起集电极电流 I_{CQ} 增大，则发射极电阻 R_e 上的电位 V_{EQ} 增大。基极电位 V_{BQ} 由 R_{b1} 和 R_{b2} 串联分压提供，大小基本稳定，因此 $U_{BEQ}(=V_{BQ}-V_{EQ})$ 减小，于是集电极电流 I_{CQ} 减小，即

$$温度\ T\uparrow \rightarrow \beta\uparrow \rightarrow I_{CQ}\uparrow \rightarrow I_{EQ}\uparrow \rightarrow V_{EQ}(=I_{EQ}R_e\uparrow \rightarrow U_{BEQ}(=V_{BQ}-V_{EQ})\downarrow \rightarrow I_{BQ}\downarrow \rightarrow I_{CQ}\downarrow$$

4. 放大电路失真的产生与调整

如果放大电路静态工作点设置不合适，三极管会进入饱和区或截止区，造成非线性失真。放大电路失真的原因及调整方法见表 3-17。

表 3-17 放大电路失真的原因及调整方法

类型	饱和失真	截止失真	双向失真
原因	Q 点过高	Q 点过低	输入信号过大
调整方法	适当增大基极电阻，从而减小基极电流，可消除失真	适当减小基极电阻，从而增大基极电流，可消除失真	减少信号幅度可消除失真

5. 多级放大电路常见的耦合方式

直接耦合、阻容耦合、变压器耦合和光电耦合。

6. 多级放大电路的参数分析

（1）各级静态工作点的计算方法与单级放大电路完全一样。

（2）多级放大电路的电压放大倍数等于各级放大倍数之积，即

$$A_u = A_{u1} \cdot A_{u2} \cdot \cdots \cdot A_{un}$$

多级放大电路总增益为各级增益的代数和，即

$$G_u = G_{u1} + G_{u2} + \cdots + G_{un}$$

（3）输入电阻 r_i 多级放大电路的输入电阻就是其第一级的输入电阻，即 $r_i = r_{i1}$。

（4）输出电阻 r_o 多级放大电路的输出电阻就是其最后一级的输出电阻，即 $r_o = r_{on}$。

💡 思考与实践

1. 小信号放大电路可能会出现哪些失真，如何消除这些失真？

2. 图 3-35 所示的放大电路中，硅三极管的 $\beta = 40$，$R_b = 400\ \text{k}\Omega$，$R_c = 2\ \text{k}\Omega$，$R_L = 2\ \text{k}\Omega$，试求：

（1）估算电路的静态工作点。

（2）估算电压放大倍数、输入电阻、输出电阻。

3. 图 3-36 所示电路中，$R_{b1} = 20\ \text{k}\Omega$，$R_{b2} = 10\ \text{k}\Omega$，$R_c = 1\ \text{k}\Omega$，$R_e = 1.5\ \text{k}\Omega$，$V_{CC} = 12\ \text{V}$，三极管的放大系数为 30，$R_L = 1\ \text{k}\Omega$。

（1）计算静态工作点及电压放大倍数。

（2）为了得到合适的静态工作点，实验中一般是调节 R_{b1}，为什么？调节 R_{b2} 可以吗？

（3）若换上 PNP 型管子，电路应做哪些方面的改进？

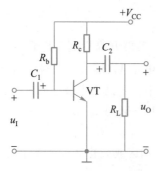

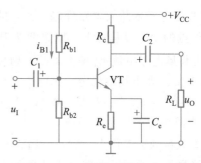

图 3-35　固定式偏置基本放大电路　　　　图 3-36　分压式偏置基本放大电路

 学习材料　　　　　　智能语音技术

　　在科幻大片中可以看到如下场景：主角只要动动嘴，所有设备就可以立即按照指令行动。这无疑是语音交互技术发展的最终形态。而作为大众生活中最为常用的移动终端，智能手机的语音交互研发也已成为各手机厂商的"必争之地"。

　　如图 3-37 所示，语音识别系统本质上是一种模式识别系统，构建过程整体上包括两大部分：训练和识别。训练通常是离线完成的，对预先收集好的海量语音、语言数据库进行信号处理和知识挖掘，获取语音识别系统所需要的"声学模型"和"语言模型"；而识别过程通常是在线完成的，对用户实时的语音进行自动识别。

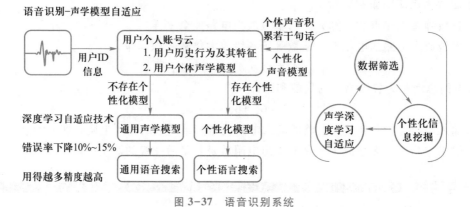

图 3-37　语音识别系统

　　2011 年，被视为核心功能的语音识别助手 Siri 在 iPhone 4S 上亮相，受到市场广泛关注，并为很多用户所喜爱。现在，Siri 已不是手机语音助手市场里的"独苗"。作为如今智能手机的标配，语音助手已占据各手机厂商的旗舰机型，如小米的小爱同学、三星的 Bixby、华为的小 E 等。图 3-38 所示是自动驾驶系统界面，用户只需说"驾驶助手"即可唤醒语音。

图 3-38　自动驾驶系统界面

　　人机交互是当前 AI 技术的核心技术，也是其应用的重要领域。语音作为最自然便捷的交流方式，长期以来一直是人机交互最重要的研究领域之一。随着以深度学习、强化学习为代表的新一代 AI 技术发展，越来越多的语音交互产品和服务，正走入生产生活的方方面面，以更智能的方式服务于千家万户。近年来，以智能语音交互技术为核心的智能助理、智能家居（如图 3-39 所示）、智能办公等诸多 AI 应用，已形成了一个巨大且成熟的市场。

图 3-39　AI 智能家居

项目 4

大棚温控器电路的装接与调试

——集成运算放大电路

📍 项目目标

1. 了解集成运算放大电路的结构和抑制零点漂移的方法。
2. 会利用理想集成运算放大器的特点，计算集成运算放大电路的输出输入关系。
3. 会安装与调试常见集成运算放大电路和实际应用电路。

🏠 项目情境

温度控制在人们的生活中比较常见，例如家里的电热水器、空调等电器都有温度控制的功能；在农业生产中也应用广泛，例如蔬菜大棚种植，为了提高蔬菜的质量与产量，大棚内的温度需要控制在合理的范围，有利于植物生长。如何控制温度呢？本项目将带领大家制作一款温度控制器，下面让我们动手来做一做吧！

📄 项目概述

本项目通过学习集成运算放大器的结构与特点，分析集成运算放大器构成的 4 种基本电路，并通过基本电路的装接加深对集成运算放大器的理解。最后通过安装与调试大棚温控器的任务，提高实际分析与应用能力。

任务 1

反相输入比例运算电路的装接与调试

◆ 任务目标

1. 熟悉集成运算放大器的结构和基本特点。
2. 能根据理想运算放大器特点，分析反相输入比例运算电路的功能。
3. 会安装、检测和调试反相输入比例运算电路。

✏️ 任务描述

本任务是利用集成运算放大器实现反相比例运算功能。

🐾 任务准备

1. 集成运算放大器简介

集成运算放大器实质是一个高增益的多级直接耦合放大器，运算放大器广泛应用于模拟信号的运算、放大和滤波。集成运算放大器利用集成工艺将运算放大器的所有元器件集成制作在一块硅片上，然后分装在管壳内。集成运算放大器简称集成运放或运放。集成运放的内部电路通常由输入级、中间级、输出级和辅助电路四部分组成，其结构框图如图 4-1 所示，其图形符号如图 4-2 所示。集成运算放大器的特点见表 4-1。

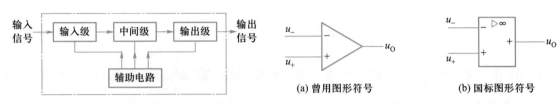

图 4-1　集成运算放大器结构框图　　　　图 4-2　集成运算放大器图形符号

集成运算放大器的图形符号省略了电源端、调零端等。其中"+""-"端口分别表示同相输入端、反相输入端。同相输入端"+"输入时，输出电压的相位与输入电压的相位相同，反相输入端"-"输入时，输出电压的相位与输入电压的相位相反。

表 4-1　集成运算放大器特点

结构名称	特点
输入级	集成运算放大器输入级由差分放大电路构成，以减小零点漂移，改善其他方面的性能，它的两个输入端分别构成整个电路的同相输入端和反相输入端
中间级	中间级主要进行电压放大，要求有高的电压放大倍数，采用共发射极放大电路
输出级	为了减小输出电阻，提高放大电路的带负载能力，输出级通常采用互补对称的功率放大器，并带有过载保护
辅助电路	为使各级放大电路得到稳定的直流偏置，集成运算放大器设置了外接调零电路和消除自激振荡的相位补偿电路

集成运放的
理想特性

2. 理想集成运算放大器

理想集成运算放大器（简称理想运放）就是将集成运放特性理想化，理想运放的性能指标为：
① 差模开环电压放大倍数 $A_{ud} = \infty$。
② 差模输入电阻 $r_{id} = \infty$。
③ 输出电阻 $r_o = 0$。
④ 共模抑制比 $K_{CMR} = \infty$。

当理想运放工作在线性区时，具有两个重要特性：
① 理想运放两输入端电位相等，即 $u_+ = u_-$。这种特性称为"虚短"特性。
② 理想运放输入电流等于零，即 $i_+ = i_- = 0$。这种特性称为"虚断"特性。

3. 反相输入比例运算电路

从图 4-3 中可见，在反相输入比例运算电路中，输入电压 u_I 经电阻 R_1 从集成运放的反相输入端加入，同相输入端经电阻 R_2 接地，在输出端和反相输入端之间接有负反馈电阻 R_f。电阻 R_1

为外接电阻，将输入电压信号转换成电流信号；电阻 R_f 为反馈电阻，将输出电压反馈到反相输入端，构成电压并联负反馈；R_2 为平衡电阻，必须满足 $R_2 = R_1 \mathbin{/\mkern-5mu/} R_f$。

根据理想运放"虚断"和"虚短"特性，有

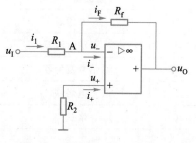

$$u_- = u_+ = 0$$

$$i_1 = i_F$$

$$i_1 = \frac{u_1}{R_1}, \quad i_F = \frac{0 - u_O}{R_f} = -\frac{u_O}{R_f}$$

$$\frac{u_1}{R_1} = -\frac{u_O}{R_f}$$

$$A_{uf} = -\frac{R_f}{R_1}$$

$$u_O = -\frac{R_f}{R_1} u_1$$

图 4-3 反相输入比例运算电路

输出电压与输入电压成比例关系，且相位相反。此外，由于反相输入端和同相输入端的对地电压都接近于零，此时，反相输入端存在"虚地"现象，这就是反相输入电路的特点。

4. 集成运放 LM324 的基本知识

LM324 引脚排列及内部结构如图 4-4 所示。

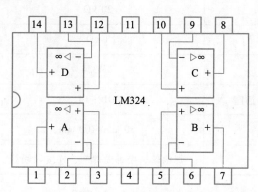

图 4-4 LM324 引脚排列及内部结构

各引脚功能说明如下：

1 脚——A 运放输出端	8 脚——C 运放输出端
2 脚——A 运放反相输入端	9 脚——C 运放反相输入端
3 脚——A 运放同相输入端	10 脚——C 运放同相输入端
4 脚——V_{CC} 正电源端	11 脚——V_{EE} 负电源端
5 脚——B 运放同相输入端	12 脚——D 运放同相输入端
6 脚——B 运放反相输入端	13 脚——D 运放反相输入端
7 脚——B 运放输出端	14 脚——D 运放输出端

☀️ **任务实施**

1. 准备工具和器材

（1）工具

本次任务实施所需要的常用工具与设备见表 4-2。

表 4-2　常用工具与设备

编号	工具名称	规格	数量
1	直流稳压电源	自定	1 个
2	万用表	自定	1 只
3	双踪示波器	自定	1 台
4	信号发生器	自定	1 台
5	电烙铁	15～25 W	1 把
6	烙铁架	自定	1 只
7	电子实训通用工具	尖嘴钳、斜口钳、镊子、螺丝刀（一字和十字）、小剪刀等	1 套

（2）器材

本次任务实施所需要的器材见表 4-3。

表 4-3　器　　材

编号	名称	规格	数量
1	固定电阻 R_f	20 kΩ	1 个
2	固定电阻 R_1、R_2	1 kΩ	2 个
3	集成芯片	LM324	1 块
4	DIP14 集成电路插座	DIP-14	1 只
5	万能板	50 mm×100 mm	1 块
6	焊接材料	焊锡丝、松香助焊剂、连接导线等	1 套

2. 环境要求、安装工艺要求与安全要求

环境要求见项目 1 任务 1，安装工艺要求见项目 1 任务 3，安全要求见项目 2 任务 2。

3. 完成安装测试的步骤与方法

（1）电路的安装

在万能板上进行安装，如图 4-5 所示。

1. 清点元器件、成形元器件引脚

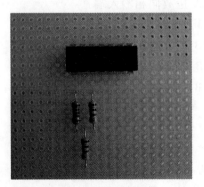

2. 布局元器件位置

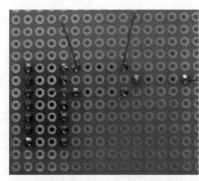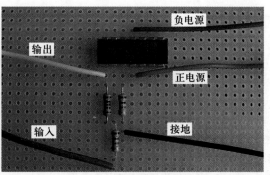

3. 焊接元器件、剪去多余引脚　　　　4. 接上信号与电源线

图 4-5　电路安装示意图

（2）供电电压的测试

① 检查制作好的电路，无误后开始测试。

② 将调节好的 +6 V 直流电源接入电路，按学生工作页要求测量电压。

（3）动态测试

电路测试连接示意图如图 4-6 所示。

① 调节函数信号发生器得到规定信号，并将函数信号发生器信号接入输入端。

② 将电路输出端与示波器相连，观察波形，并绘制波形图。

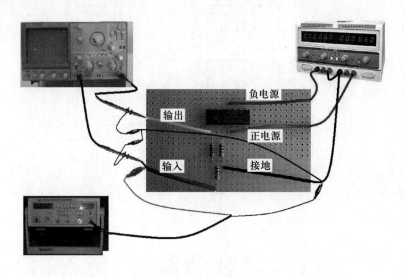

图 4-6　电路测试连接示意图

学生工作页

工作任务	反相比例运算电路 装接与调试	学生/小组		工作 时间	
电路图 识读					

续表

电路图 识读	1. 主要元器件功能分析 （1）LM324 集成块内含_____个运算放大电路，封装形式为_____ （2）LM324 集成块电源引脚为____、____脚。其中____脚接电源的正极，____脚接电源的负极，采用_____电源的供电方式 （3）理想运算放大电路的输入电阻 r_i 为_____，输出电阻 r_o 为_____，开环放大倍数 A_u 为_____，共模抑制比 K_{CMR} _____ （4）理想运算放大电路有_____、_____ 两个重要的特性 2. 电路工作原理梳理 （1）该电路结构为_____放大电路，在相位上具有_____功能 （2）该电路输入电阻为_____，反馈电阻为____，平衡电阻为_____，平衡电阻与输入电阻、反馈电阻的关系为_____ （3）根据给定参数，估算电路的电压放大倍数 A_u = _____
电路接线 图绘制	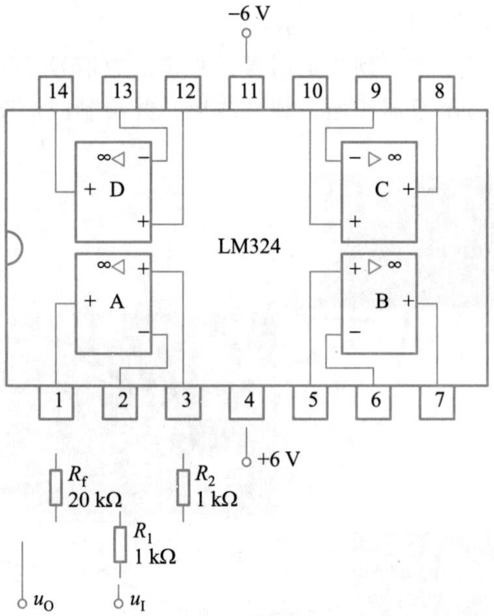 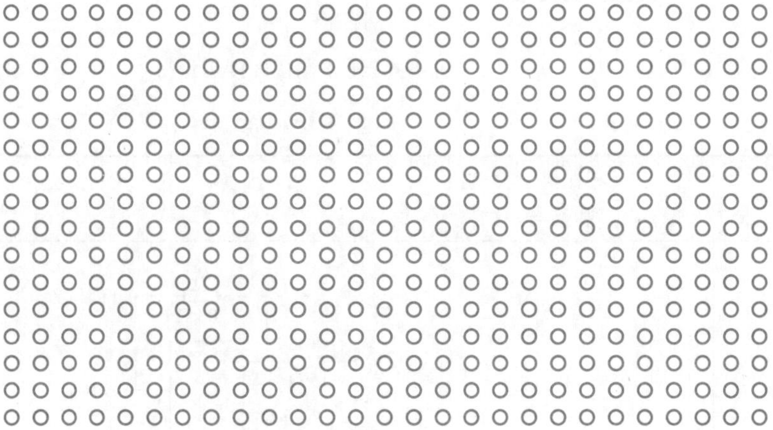 −6 V LM324 引脚图（14、13、12、11、10、9、8；D、C、A、B；1、2、3、4、5、6、7）+6 V R_f 20 kΩ　　R_2 1 kΩ R_1 1 kΩ u_O　　u_I （面包板图）

	序号	元器件代号	元器件名称	型号规格	数量	测量结果	备注
元器件识别与检测	1	R_1					
	2	R_2					
	3	R_f					
	4	LM324					
	5	DIP-14					
电路装接	具体步骤： （1）元器件成形　要求元器件成形符合工艺要求 （2）元器件插装　要求按先低后高、先轻后重、先易后难、先一般元器件后特殊元器件的顺序插装，并符合插装工艺要求 （3）元器件焊接　要求按"五步法"进行焊接，焊点大小适中、光滑，且焊点独立、不粘连 （4）电路连线　要求连线平直、不架空，并按绘制的接线图连线
电路检测与调试	（1）元器件安装检查　用目测法检查元器件安装的正确性，有无错装、漏装(有、无) （2）元器件成形检查　检查元器件成形是否符合规范(是、否) （3）焊接质量检查　焊接良好，有无漏焊、虚焊、粘连（有、无） （4）电路板电源输入端短路检测　用万用表电阻挡测量电路板电源输入端的正向电阻值为_____，反向电阻值为_____ （5）工作台电源检测　用万用表直流电压挡测量工作台电源电压值是_____ （6）电路板电源检测　用万用表直流电压挡测量电路板电源输入端的电压值是_____

测量内容	4 脚电位	11 脚电位	2 脚电位	3 脚电位
测量值				

电路技术参数测量与分析

1. 电路数据测量

（1）静态测量

（2）动态测量　利用双踪示波器测量输入电压和输出电压，绘制波形并做好数据记录

CH1：VOLTS/DIV _____
CH2：VOLTS/DIV _____
SEC/DIV _____

输入电压	输出电压
1 kHz　$U_{iP-P} = 50$ mV 正弦波	

2. 电路数据分析

（1）静态参数分析　根据测量数据，2 脚与 3 脚的电位是_____，存在_____现象

（2）动态参数分析　根据测量数据，电路的电压放大倍数 $A_u = $ _____　（$A_u = U_o / U_i$），输出电压与输入电压的相位为_____

 任务小结

任务评价表

工作任务	反相比例运算电路 装接与调试	学生/小组		工作 时间	
评价内容	评价指标	自评	互评	师评	
1. 电路图识读(10分)	识读电路图，按要求分析元器件功能和电路原理(每错一处扣0.5分)				
2. 电路接线图绘制(10分)	根据电路图正确绘制接线图(每错一处扣2分)				
3. 元器件识别与检测(10分)	正确识别和使用万用表检测元器件(识别检测错误，每个扣2分)				
4. 元器件成形与插装(10分)	按工艺要求将元器件插装至万能板(插装错误，每个扣2分;插装未符合工艺要求,每个扣2分)				
5. 焊接工艺(20分)	焊点适中，无漏、虚、假、连焊，光滑、圆润、干净、无毛刺，引脚高度基本一致(未达到工艺要求，每处扣2分)				
6. 电路检测与调试(20分)	按图装接正确，电路功能完整，记录检测数据准确(返修一次扣10分，其余每错一处扣2分)				
7. 电路技术参数测量与分析(10分)	按要求进行参数测量与分析，并将结果记录在指定区域内(每错一处扣1分)				
8. 职业素养(10分)	安全意识强、用电操作规范(违规扣2~5分);不损坏器材、仪表(违规扣2~5分);现场管理有序，工位整洁(违规扣2~5分)				
实训 收获					
实训 体会					
开始 时间		结束 时间		实际 时长	

✂ 任务拓展

差分放大电路

　　基本差分放大电路如图4-7所示。它实际上是由两个对称的单管共发射极放大电路组成的。其中 VT_1 和 VT_2 是两只特性相同的三极管，R_{b1} 和 R_{b2} 是基极偏置电阻，而 R_{c1} 和 R_{c2} 是集电极负载电阻。通常情况下 $R_{b1} = R_{b2}$，$R_{c1} = R_{c2}$，电路为对称形式。差分放大电路的特点见表4-4。

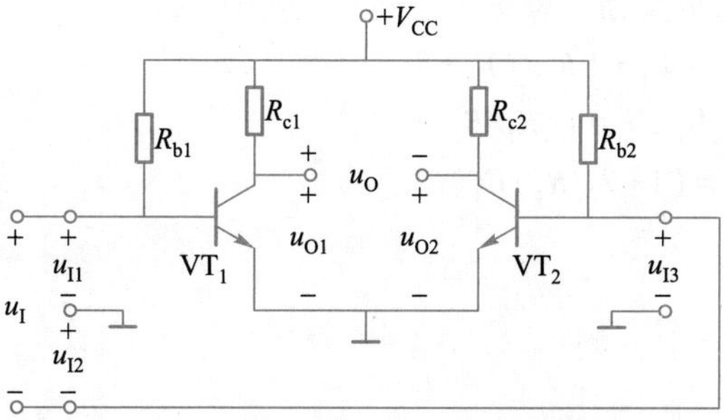

图 4-7　基本差分放大电路

表 4-4　差分放大电路特点

特点	说明	公式
共模抑制作用	如果输入的信号使三极管 VT_1、VT_2 集电极电流发生同样的变化，而且它们各自的变化量大小相等，则称为共模输入。差分放大电路对共模信号基本不进行放大。零点漂移是由电源电压波动或温度变化引起的，在输入信号为零时，有输出信号的现象。零点漂移对电路的影响相当于共模输入，不影响输出信号，即零点漂移被抑制	共模信号的电压放大倍数为零，即 $A_{uc} = 0$
差模放大作用	如果把输入信号接到差分放大电路的两个输入端，由于电路完全对称，使每个放大电路分得的输入信号电压大小相等（均为 $u_i/2$），极性相反。这种幅度相等极性相反的信号称为差模信号，这种输入方式称为差模输入方式。差分放大电路对差模信号具有放大作用	差分放大电路的差模电压放大倍数与构成它的单管放大电路的电压放大倍数相同，即 $A_{ud} = A_u$
共模抑制比	性能好的差分放大电路应有很强的共模抑制能力和很强的差模放大能力。如果对共模信号的电压放大倍数 A_{uc} 越小，对差模信号的电压放大倍数 A_{ud} 越大，则电路的性能越好	共模抑制比是差模电压放大倍数与共模电压放大倍数的比值，用 K_{CMR} 表示，即 $K_{CMR} = A_{ud}/A_{uc}$

任务 2
同相输入比例运算电路的装接与调试

◆ 任务目标

1. 能根据理想运放的特性，分析同相输入比例运算电路的特点。
2. 会装接、检测和调试同相输入比例运算电路。

✐ 任务描述

本任务是利用集成运算放大器实现同相比例运算功能。

❀ 任务准备

在图 4-8 中，输入信号 u_1 经过外接电阻 R_2 接到集成运放的同相输入端，反馈电阻 R_f 接到其

反相输入端，构成电压串联负反馈。根据理想运放的特性

$$u_I = u_+ = u_- = u_0 \cdot [R_1/(R_1+R_f)]$$
$$A_{uf} = U_o/U_i = 1+R_f/R_1$$
$$U_o = (1+R_f/R_1)U_i$$

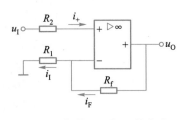

图 4-8　同相输入比例运算电路

任务实施

1. 准备工具和器材

（1）工具

本次任务实施所需要的常用工具与设备见表 4-5。

表 4-5　常用工具与设备

编号	工具名称	规格	数量
1	直流稳压电源	自定	1个
2	万用表	自定	1只
3	双踪示波器	自定	1台
4	信号发生器	自定	1台
5	电烙铁	15~25 W	1把
6	烙铁架	自定	1只
7	电子实训通用工具	尖嘴钳、斜口钳、镊子、螺丝刀（一字和十字）、小剪刀等	1套

（2）器材

本次任务实施所需要的器材见表 4-6。

表 4-6　器　材

编号	名称	规格	数量
1	固定电阻 R_f	20 kΩ	1个
2	固定电阻 R_1、R_2	1 kΩ	2个
3	集成芯片	LM324	1块
4	DIP14 集成电路插座	DIP-14	1只
5	万能板	50 mm×100 mm	1块
6	焊接材料	焊锡丝、松香助焊剂、连接导线等	1套

2. 环境要求、安装工艺要求与安全要求

（1）环境要求

环境要求见项目1任务1。

（2）安装工艺要求

安装工艺要求见项目1任务3。

（3）安装过程的安全要求

安全要求见项目2任务2。

3. 完成安装测试的步骤与方法

（1）电路的安装

在万能板上进行安装，如图 4-9 所示。

1.清点元器件、成形元器件引脚

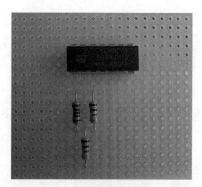

2.布局元器件位置

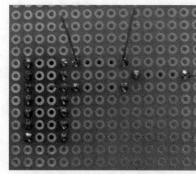

3.焊接元器件、剪去多余引脚

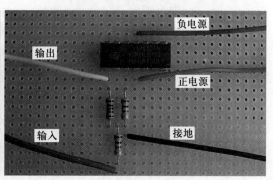

4.接上信号与电源线

图 4-9　电路安装示意图

（2）供电电压的测试

① 检查制作好的电路，确定无误后开始测试。

② 将调节好的±6 V直流电源接入电路，按学生工作页要求测量电压。

（3）动态测试

电路测试连接示意图如图 4-10 所示。

① 调节函数信号发生器得到规定信号，并将函数信号发生器输出信号接入电路输入端。

② 将电路输出端与示波器相连，观察波形，并绘制波形图。

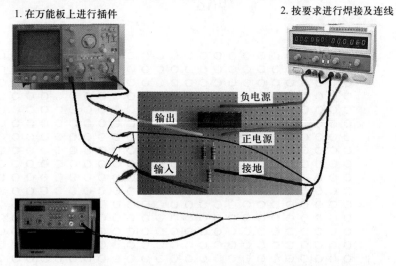

3.连上直流稳压电源、低频信号发生器、双踪示波器进行测试

图 4-10　电路测试连接示意图

学生工作页

工作任务	同相比例运算电路安装与测试	学生/小组		工作时间	
电路图识读					
电路接线图绘制					

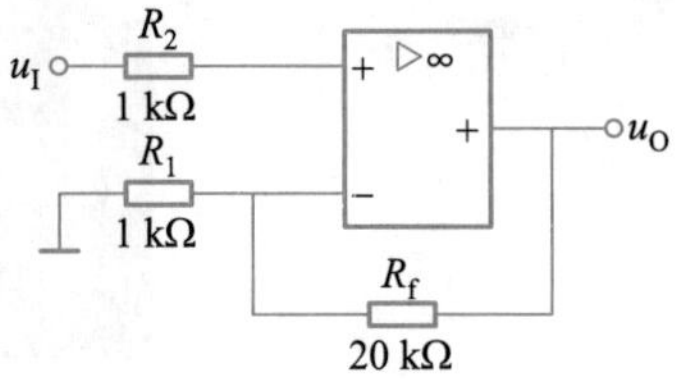

电路图识读

电路工作原理梳理：

（1）该电路结构为_____放大电路，在相位上具有_____功能

（2）该电路反馈电阻为____，平衡电阻为_____，平衡电阻的取值为_____

（3）根据给定参数，估算电路的电压放大倍数 A_u = _____

电路接线图绘制

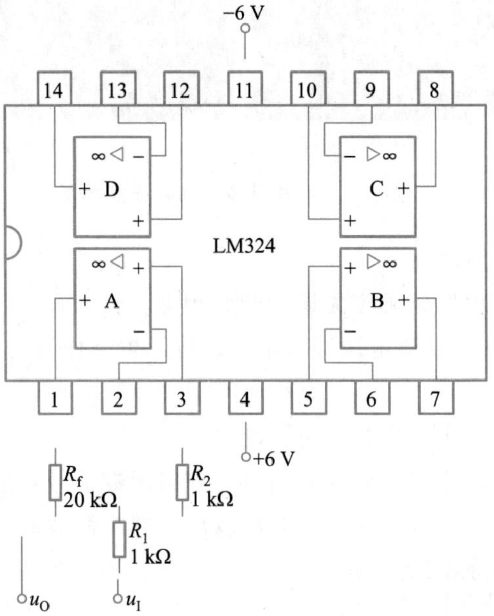

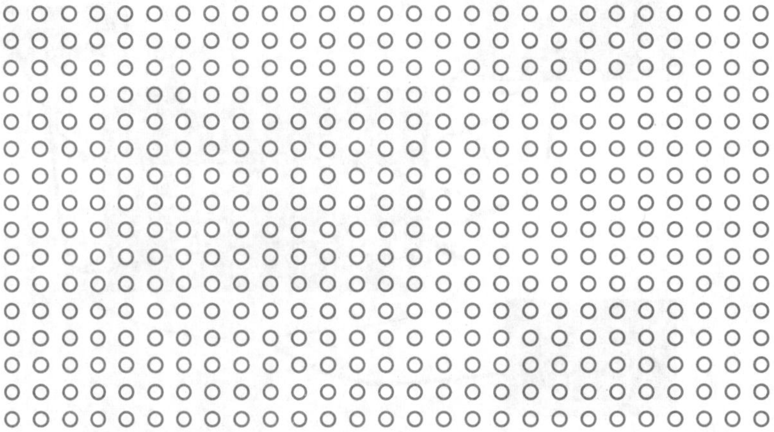

	序号	元器件代号	元器件名称	型号规格	数量	测量结果	备注
元器件识别与检测	1	R_1					
	2	R_2					
	3	R_f					
	4	LM324					
	5	DIP-14					
电路装接	具体步骤： （1）元器件成形　要求元器件成形符合工艺要求 （2）元器件插装　要求按先低后高、先轻后重、先易后难、先一般元器件后特殊元器件的顺序插装，并符合插装工艺要求 （3）元器件焊接　要求按"五步法"进行焊接，焊点大小适中、光滑，且焊点独立、不粘连 （4）电路连线　要求连线平直、不架空，并按绘制的接线图连线						
电路检测与调试	（1）元器件安装检查　用目测法检查元器件安装的正确性，有无错装、漏装(有、无) （2）元器件成形检查　检查元器件成形是否符合规范(是、否) （3）焊接质量检查　焊接良好，有无漏焊、虚焊、粘连（有、无） （4）电路板电源输入端短路检测　用万用表电阻挡测量电路板电源输入端的正向电阻值为_____，反向电阻值为_____ （5）工作台电源检测　用万用表直流电压挡测量工作台电源电压值是_____ （6）电路板电源检测　用万用表直流电压挡测量电路板电源输入端的电压值是_____						
电路技术参数测量与分析	1. 电路数据测量 （1）静态测量						

测量内容	4 脚电位	11 脚电位	2 脚电位	3 脚电位
测量值				

（2）动态测量　利用双踪示波器测量输入电压和输出电压，绘制波形并做好数据记录

CH1：VOLTS/DIV _____

CH2：VOLTS/DIV _____

SEC/DIV _____

输入电压	输出电压
1 kHz　$U_{iP-P}=50$ mV 正弦波	

2. 电路数据分析

（1）静态参数分析　根据测量数据，2 脚与 3 脚的电位是_____，体现_____特性

（2）动态参数分析　根据测量数据，电路的电压放大倍数 $A_u =$ _____（$A_u = U_o/U_i$），输出电压与输入电压的相位为_____

 **任务小结**

任务评价表

工作任务	同相比例运算电路装接与调试	学生/小组		工作时间	
评价内容	评价指标	自评	互评	师评
1. 电路图识读(10分)	识读电路图,按要求分析元器件功能和电路原理(每错一处扣0.5分)			
2. 电路接线图绘制(10分)	根据电路图正确绘制接线图(每错一处扣2分)			
3. 元器件识别与检测(10分)	正确识别和使用万用表检测元器件(识别检测错误,每个扣2分)			
4. 元器件成形与插装(10分)	按工艺要求将元器件安装至万能板(安装错误,每个扣2分;安装未符合工艺要求,每个扣2分)			
5. 焊接工艺(20分)	焊点适中,无漏、虚、假、连焊,光滑、圆润、干净、无毛刺,引脚高度基本一致(未达到工艺要求,每处扣2分)			
6. 电路检测与调试(20分)	按图装接正确,电路功能完整,记录检测数据准确(返修一次扣10分,其余每错一处扣2分)			
7. 电路技术参数测量与分析(10分)	按要求进行参数测量与分析,并将结果记录在指定区域内(每错一处扣1分)			
8. 职业素养(10分)	安全意识强、用电操作规范(违规扣2~5分);不损坏器材、仪表(违规扣2~5分);现场管理有序,工位整洁(违规扣2~5分)			
实训收获				
实训体会				
开始时间		结束时间		实际时长	

任务拓展

当选择 $R_2=0$,$R_f=0$,$R_1\to\infty$ 时,$u_O=u_I$,即输出电压与输入电压大小相等、相位相同,该电路称为电压跟随器,如图 4-11 所示,用示波器比较输入电压和输出电压的波形。

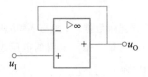

图 4-11　电压跟随器电路

任务 3
加法运算电路的装接与调试

◆ 任务目标

1. 能根据理想运放的特性，分析加法运算电路的特点。
2. 会安装、检测加法运算电路。

✎ 任务描述

本任务是集成放大电路实现加法运算功能必备的知识与技能。

⚙ 任务准备

加法运算电路如图 4-12 所示。

由于 $i-=0$，使得 $i_1+i_2=i_F$，则

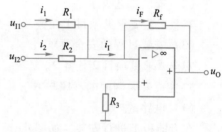

$$\frac{u_{I1}-u_-}{R_1}+\frac{u_{I2}-u_-}{R_2}=\frac{u_--u_O}{R_f}$$

由于 $i_+=0$，所以得到 $u_{I+}=u_{I-}=0$。得到

$$u_O=-\frac{R_f}{R_1}u_{I1}-\frac{R_f}{R_2}u_{I2}$$

图 4-12 加法运算电路

如果对应元件参数一致，即 $R_1=R_2$，则

$$u_O=-\frac{R_f}{R_1}(u_{I1}+u_{I2})$$

如果 $R_1=R_2=R_f$，则

$$u_O=-(u_{I1}+u_{I2})$$

运算电路的输出电压等于各输入电压反相之和，称为加法运算电路(加法器)。

⚙ 任务实施

1. 准备工具和器材

（1）工具

本次任务实施所需要的常用工具与设备见表 4-7。

表 4-7 常用工具与设备

编号	工具名称	规格	数量
1	直流稳压电源	自定	2 台
2	万用表	自定	1 只
3	电烙铁	15~25 W	1 把
4	烙铁架	自定	1 只
5	电子实训通用工具	尖嘴钳、斜口钳、镊子、螺丝刀（一字和十字）、小剪刀等	1 套

（2）器材

本次任务实施所需要的器材见表 4-8。

表 4-8　器　材

编号	名称	规格	数量
1	固定电阻 R_1、R_2、R_3	20 kΩ	3 个
2	固定电阻 R_f	200 kΩ	1 个
3	集成芯片	LM324	1 块
4	DIP14 集成电路插座	DIP-14	1 只
5	万能板	50 mm×100 mm	
6	焊接材料	焊锡丝、松香助焊剂、连接导线等	1 套

2. 环境要求、安装工艺要求与安全要求

（1）环境要求

环境要求见项目 1 任务 1。

（2）安装工艺要求

安装工艺要求见项目 1 任务 3。

（3）安装过程的安全要求

安全要求见项目 2 任务 2。

3. 完成安装测试的步骤与方法

（1）电路的安装

在万能板上进行安装，如图 4-13 所示。

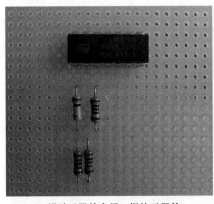
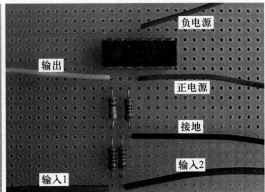

1. 设计元器件布局、焊接元器件　　　　2. 接上信号线和电源线

图 4-13　电路安装示意图

（2）供电电压的测试

① 检查制作好的电路，无误后开始测试。

② 将调节好的 +6 V 直流电源接入电路，按学生工作页要求测量电路电压。

（3）动态测试

电路测试连接示意图如图 4-14 所示。

① 调节两路直流电压，使其输出电压值达到规定值，将两路电源输出端接入电路输入端。

② 用万用表测量电路输出电压，并记入相应表格中。

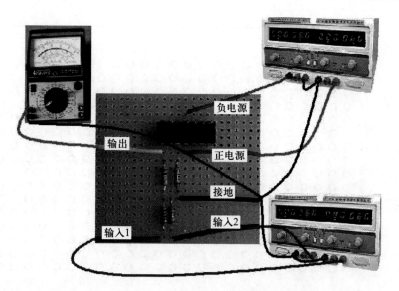

图 4-14　电路测试连接示意图

学生工作页

工作任务	加法运算电路 安装与测试	学生/小组		工作 时间	
电路图 识读	电路工作原理梳理： （1）该电路结构由两个_____放大电路叠加而成，在相位上具有_____功能 （2）该电路反馈电阻为____，平衡电阻为_____，平衡电阻的取值为_____ （3）根据给定参数，估算电路的电压放大倍数 A_u = _____				
电路接线 图绘制					

电路图识读部分图示（电路原理图）：

U_{I1}○—[R_1 20 kΩ]—　　—[R_f 200 kΩ]—
U_{I2}○—[R_2 20 kΩ]—
运算放大器 ▷∞ —○ U_O
R_3 20 kΩ

电路接线图绘制部分图示：

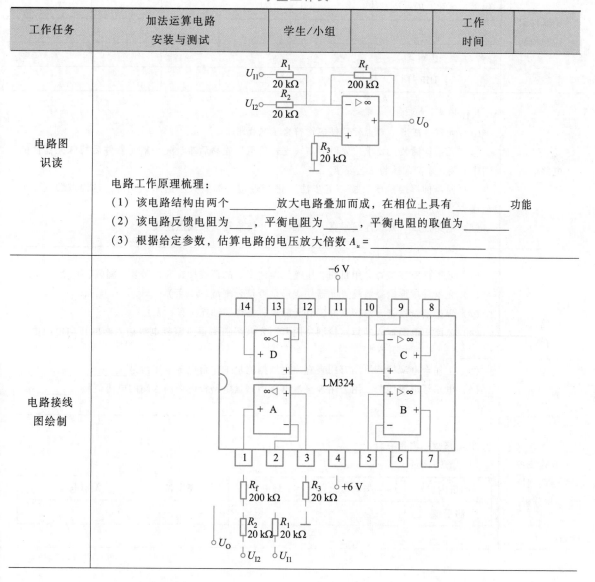

电路接线图绘制	

	序号	元器件代号	元器件名称	型号规格	数量	测量结果	备注
元器件识别与检测	1	R_1　R_2　R_3					
	2	R_f					
	3	LM324					
	4	DIP-14					

电路装接	具体步骤： （1）元器件成形　要求元器件成形符合工艺要求 （2）元器件插装　要求按先低后高、先轻后重、先易后难、先一般元器件后特殊元器件的顺序插装，并符合插装工艺要求 （3）元器件焊接　要求按"五步法"进行焊接，焊点大小适中、光滑，且焊点独立、不粘连 （4）电路连线　要求连线平直、不架空，并按绘制的接线图连线
电路检测与调试	（1）元器件安装检查　用目测法检查元器件安装的正确性，有无错装、漏装(有、无) （2）元器件成形检查　检查元器件成形是否符合规范(是、否) （3）焊接质量检查　焊接良好，有无漏焊、虚焊、粘连 (有、无) （4）电路板电源输入端短路检测　用万用表电阻挡测量电路板电源输入端的正向电阻值为_____，反向电阻值为_____ （5）工作台电源检测　用万用表直流电压挡测量工作台电源电压值是_____ （6）电路板电源检测　用万用表直流电压挡测量电路板电源输入端的电压值是_____

电路技术参数测量与分析	1. 电路数据测量 （1）静态测量

测量内容	4 脚电位	11 脚电位	2 脚电位	3 脚电位
测量值				

续表

| 电路技术
参数测量
与分析 | （2）动态测量　测量输入输出电压 | | | |

（2）动态测量　测量输入输出电压

	输入电压		输出值（计算值）	输出值（测量值）	误差
第一组		$U_{I1} = 0.3$ V			
		$U_{I2} = 0.7$ V			
第二组		$U_{I1} = 0.5$ V			
		$U_{I2} = 0.5$ V			
第三组		$U_{I1} = 0.7$ V			
		$U_{I2} = 0.3$ V			

2. 电路数据分析

（1）静态参数分析　根据测量数据，2 脚与 3 脚的电位是____，体现____特性

（2）动态参数分析　根据测量数据，电路的总输入电压为两路输入电压的____的代数之____，电路的电压放大倍数 $A_u =$ _____（$A_u = U_O/U_I$），输出电压与总输入电压的相位为_____

任务小结

任务评价表

工作任务	加法运算电路 安装与测试	学生/小组		工作 时间	
评价内容	评价指标		自评	互评	师评
1. 电路图识读（10 分）	识读电路图，按要求分析元器件功能和电路原理（每错一处扣 0.5 分）				
2. 电路接线图绘制（10 分）	根据电路图正确绘制接线图（每错一处扣 2 分）				
3. 元器件识别与检测（10 分）	正确识别和使用万用表检测元器件（识别检测错误，每个扣 2 分）				
4. 元器件成形与插装（10 分）	按工艺要求将元器件安装至万能板（安装错误，每个扣 2 分；安装未符合工艺要求，每个扣 2 分）				
5. 焊接工艺（20 分）	焊点适中，无漏、虚、假、连焊，光滑、圆润、干净、无毛刺，引脚高度基本一致（未达到工艺要求，每处扣 2 分）				
6. 电路检测与调试（20 分）	按图装接正确，电路功能完整，记录检测数据准确（返修一次扣 10 分，其余每错一处扣 2 分）				
7. 电路技术参数测量与分析（10 分）	按要求进行参数测量与分析，并将结果记录在指定区域内（每错一处扣 0.5 分）				

评价内容	评价指标	自评	互评	师评
8. 职业素养（10 分）	安全意识强、用电操作规范（违规扣 2～5 分）；不损坏器材、仪表（违规扣 2～5 分）；现场管理有序，工位整洁（违规扣 2～5 分）			
实训收获				
实训体会				
开始时间		结束时间		实际时长	

任务 4

减法运算电路的装接与调试

◆ 任务目标

1. 能根据理想运放的特点，分析减法运算电路的特点。
2. 会装接、检测和调试减法运算电路。

任务描述

本任务是利用集成运算放大器实现减法运算功能。

任务准备

减法运算电路如图 4-15（a）所示。

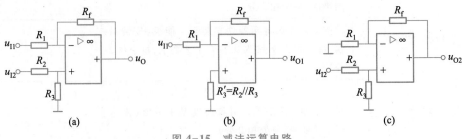

图 4-15　减法运算电路

根据叠加定理，首先令 $u_{I2}=0$，当 u_{I1} 单独作用时，电路成为反相比例运算电路，如图 6.15（b）所示，其输出电压为 $u_{O1}=\left(-R_f/R_1\right)u_{I1}$。再令 $u_{I1}=0$，u_{I2} 单独作用，电路成为同相比例运算电路，如图 4-15（c）所示，同相端电压为

$$u_+ = \frac{R_3}{R_2+R_3}u_{I2}$$

$$u_{O2} = \left(1 + \frac{R_f}{R_1}\right)\left(\frac{R_3}{R_2 + R_3}\right)u_{I2}$$

$$u_O = u_{O1} + u_{O2} = -\frac{R_f}{R_1}u_{I1} + \left(1 + \frac{R_f}{R_1}\right)\left(\frac{R_3}{R_2 + R_3}\right)u_{I2}$$

$$= \left(1 + \frac{R_f}{R_1}\right)\left(\frac{R_3}{R_2 + R_3}\right)u_{I2} - \frac{R_f}{R_1}u_{I1}$$

当 $R_1 = R_2 = R_3 = R_f = R$ 时，$u_O = u_{I2} - u_{I1}$，这样就实现了两个信号的减法运算。

任务实施

1. 准备工具和器材

（1）工具

本次任务实施所需要的常用工具与设备见表 4-9。

表 4-9　常用工具与设备

编号	工具名称	规格	数量
1	直流稳压电源	自定	2 台
2	万用表	自定	1 只
3	电烙铁	15～25 W	1 把
4	烙铁架	自定	1 只
5	电子实训通用工具	尖嘴钳、斜口钳、镊子、螺丝刀（一字和十字）、小剪刀等	1 套

（2）器材

本次任务实施所需要的器材见表 4-10。

表 4-10　器　材

编号	名称	规格	数量
1	固定电阻 R_1、R_2、R_3、R_f	10 kΩ	4 只
2	集成芯片	LM324	1 块
3	DIP14 集成电路插座	DIP-14	1 只
4	万能板	50 mm×100 mm	1 块
5	焊接材料	焊锡丝、松香助焊剂、连接导线等	1 套

2. 环境要求、安装工艺要求与安全要求

环境要求见项目 1 任务 1，安装工艺要求见项目 1 任务 3，安全要求见项目 2 任务 2。

3. 完成安装测试的步骤与方法

（1）电路的安装

在万能板上进行安装，如图 4-16 所示。

（2）供电电压的测试

① 检查制作好的电路，确认无误后开始测试。

② 将调节好的+6 V 直流电源接入电路，按学生工作页测量电路电压。

（3）动态测试

电路测试连接示意图如图 4-17 所示。

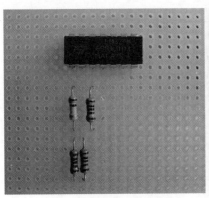 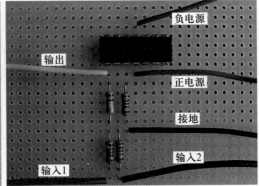

| 1. 设计元器件布局、焊接元器件 | 2. 接上信号线和电源线 |

图 4-16　电路安装示意图

① 调节两路直流电压，使其输出电压值达到规定值，将两路电源输出端接入电路输入端。

② 用万用表测量电路输出电压，并记入相应表格中。

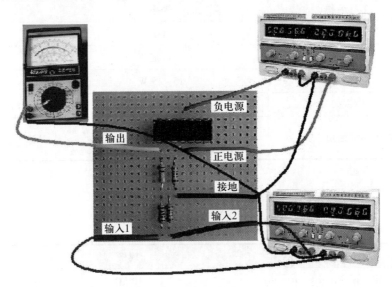

图 4-17　电路测试连接示意图

学生工作页

工作任务	减法运算电路 安装与测试	学生/小组		工作 时间	
电路图 识读					

续表

电路图识读	电路工作原理梳理： （1）该电路结构由_____、_____两个放大电路叠加而成。 （2）该电路反馈电阻为____，反馈类型为_____。 （3）根据给定参数，写出输出与输入电压的表达是，估算电路的电压放大倍数 A_u = _____

电路接线 图绘制	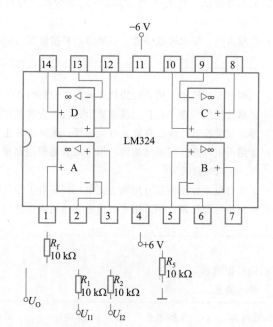

	序号	元器件代号	元器件名称	型号规格	数量	测量结果	备注
元器件识 别与检测	1	R_1、R_2、R_3					
	2	R_f					
	3	LM324					
	4	DIP - 14					

电路装接	具体步骤： （1）元器件成形　要求元器件成形符合工艺要求 （2）元器件插装　要求按先低后高、先轻后重、先易后难、先一般元器件后特殊元器件的顺序插装，并符合插装工艺要求 （3）元器件焊接　要求按"五步法"进行焊接，焊点大小适中、光滑，且焊点独立、不粘连 （4）电路连线　要求连线平直、不架空，并按绘制的接线图连线
电路检测 与调试	（1）元器件安装检查　用目测法检查元器件安装的正确性，有无错装、漏装(有、无) （2）元器件成形检查　检查元器件成形是否符合规范(是、否) （3）焊接质量检查　焊接良好，有无漏焊、虚焊、粘连（有、无） （4）电路板电源输入端短路检测　用万用表电阻挡测量电路板电源输入端的正向电阻值为_____，反向电阻值为_____ （5）工作台电源检测　用万用表直流电压挡测量工作台电源电压值是_____ （6）电路板电源检测　用万用表直流电压挡测量电路板电源输入端的电压值是_____
电路技术 参数测量 与分析	1. 电路数据测量 （1）静态测量 	测量内容	4 脚电位	11 脚电位	2 脚电位	3 脚电位
---	---	---	---	---
测量值				| （2）动态测量　测量输入输出电压 | 输入电压		输出值(计算值)	输出值(测量值)	误差
---	---	---	---	---
第一组	$U_{I1}=0.3$ V			
	$U_{I2}=0.7$ V			
第二组	$U_{I1}=0.4$ V			
	$U_{I2}=0.6$ V			
第三组	$U_{I1}=-0.3$ V			
	$U_{I2}=0.7$ V				 2. 电路数据分析 （1）静态参数分析　根据测量数据，2 脚与 3 脚的电位是_____ （2）动态参数分析　根据测量数据，电路的总输入电压为两输入电压的代数之_____，电路的电压放大倍数 A_u = _____（$A_u=U_0/U_I$），输出电压与总输入电压的相位为_____。

任务小结

任务评价表

工作任务	减法运算电路 装接与调试	学生/小组		工作 时间	
评价内容	评价指标	自评	互评	师评	
1. 电路图识读(10分)	识读电路图，按要求分析元器件功能和电路原理(每错一处扣0.5分)				
2. 电路接线图绘制(10分)	根据电路图正确绘制接线图(每错一处扣2分)				
3. 元器件识别与检测 (10分)	正确识别和使用万用表检测元器件(识别检测错误，每个扣2分)				
4. 元器件成形与插装 (10分)	按工艺要求将元器件安装至万能板(安装错误，每个扣2分；安装未符合工艺要求，每个扣2分)				
5. 焊接工艺(20分)	焊点适中，无漏、虚、假、连焊，光滑、圆润、干净、无毛刺，引脚高度基本一致(未达到工艺要求，每处扣2分)				
6. 电路检测与调试(20分)	按图装接正确，电路功能完整，记录检测数据准确(返修一次扣10分，其余每错一处扣2分)				
7. 电路技术参数测量与分析(10分)	按要求进行参数测量与分析，并将结果记录在指定区域内(每错一处扣1分)				
8. 职业素养(10分)	安全意识强、用电操作规范(违规扣2~5分)；不损坏器材、仪表(违规扣2~5分)；现场管理有序，工位整洁(违规扣2~5分)				
实训 收获					
实训 体会					
开始 时间		结束 时间		实际 时长	

任务拓展

根据集成运算放大器的特点，设计并制作放大电路使其具备如下输入输出关系：

（1）$u_o = 5u_{I1} - 3u_{I2}$。

（2）$u_o = 2u_{I1} - 4u_{I2}$。

任务 5

大棚温控器的装接与调试

◆ 任务目标

1. 会安装、检测和调试大棚温控器电路。
2. 能应用运算电路的特点、功能，分析相关电子电路的工作原理。

✎ 任务描述

本任务是利用集成运算放大器实现温度控制的功能。

❀ 任务准备

大棚温控器电路图如图 4-18 所示。

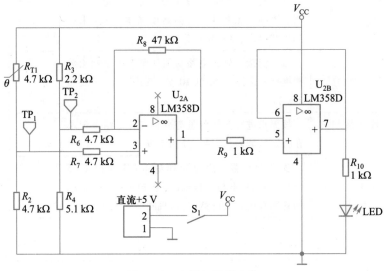

图 4-18　大棚温控器电路

1. 电路结构分析

本电路结构分 3 个部分，分别是：①由 R_{T1}、R_2、R_3、R_4，通过串联分压的形式，实现获得取样电压与基准电压的功能，作为运放 LM358D（U_{2A}）的 2 路输入信号。②由运放 LM358D（U_{2A}）构成减法型放大电路，对取样电压与基准电压的差值进行放大并输出。③由运放 LM358D（U_{2B}）构成输出级，电路结构为电压跟随器形式，以提高带负载能力。

2. 电路工作过程

当环境温度升高时，热敏电阻 R_{T1} 阻值变小，TP_1 电位升高，即 LM358D 的 3 脚电位升高，R_3、R_4 构成基准电压电路，TP_2 电位不随温度变化而变化，当 $V_{TP1} > V_{TP2}$ 时，LM358D（U_{2A}）的 1 脚输出为高电平，经 R_9 输入 LM358D（U_{2B}）的 5 脚，LM358D（U_{2B}）为电压跟随器，所以它的 7 脚输出为高电平，输出指示灯 LED 点亮，实现了温度升高的提示。

当环境温度下降时，热敏电阻 R_{T1} 阻值变大，TP_1 电位降低，LM358D（U_{2A}）的 1 脚输出为低电平，LM358D（U_{2B}）的 7 脚输出为低电平，输出指示灯 LED 熄灭。

任务实施

1. 准备工具和器材

（1）工具

本次任务实施所需要的常用工具与设备见表 4-11。

表 4-11 常用工具与设备

编号	工具名称	规格	数量
1	直流稳压电源	自定	1 台
2	万用表	自定	1 只
3	电烙铁	15~25 W	1 把
4	烙铁架	自定	1 只
5	电子实训通用工具	尖嘴钳、斜口钳、镊子、螺丝刀（一字和十字）小剪刀等	1 套

（2）器材

本次任务实施所需要的器材见表 4-12。

表 4-12 器 材

编号	名称	规格	数量
1	热敏电阻 R_{T1}	4.7 kΩ	1 个
2	固定电阻 R_3	2.2 kΩ	1 个
3	固定电阻 R_4	5.1 kΩ	1 个
4	固定电阻 R_2、R_6、R_7	4.7 kΩ	3 个
5	固定电阻 R_8	47 kΩ	1 个
6	固定电阻 R_9、R_{10}	1 kΩ	2 个
7	发光二极管	ϕ3 mm 红色	1 个
8	集成运放	LM358	1 块
9	DIP8 集成电路插座	DIP-8	1 只
10	自锁按钮	8 mm×8 mm	1 只
11	排针	电源接口	2 个
12	印制电路板	大棚温控器电路	1 块

2. 环境要求、安装工艺要求与安全要求

（1）环境要求

环境要求见项目 1 任务 1。

（2）安装工艺要求

安装工艺要求见项目 1 任务 3。

（3）安装过程的安全要求

安全要求见项目 2 任务 2。

3. 完成安装测试的步骤与方法

（1）电路的安装

在印制电路板上进行安装，如图 4-19 所示。

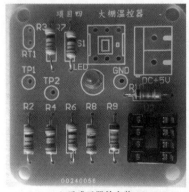
1. 卧式元器件安装

2. 立式元器件安装

3. 芯片、热敏电阻安装

4. 测试点排针安装

图 4-19 大棚温控器电路安装示意图

（2）供电电压的测试

① 检查制作好的电路，无误后开始测试。

② 将调节好的+5 V 直流电源接入电路，按学生工作页要求测量电压。

（3）动态测试

电路测试连接示意图如图 4-20 所示。

① 当 LED 不亮时，按学生工作页要求测量各点电压，并将测量结果记录在表格中。

② 当 LED 点亮时，按学生工作页要求测量各点电压，并将测量结果记录在表格中。

图 4-20 电路测试连接示意图

学生工作页

工作任务	大棚温控器电路 安装与调试	学生/小组		工作 时间	

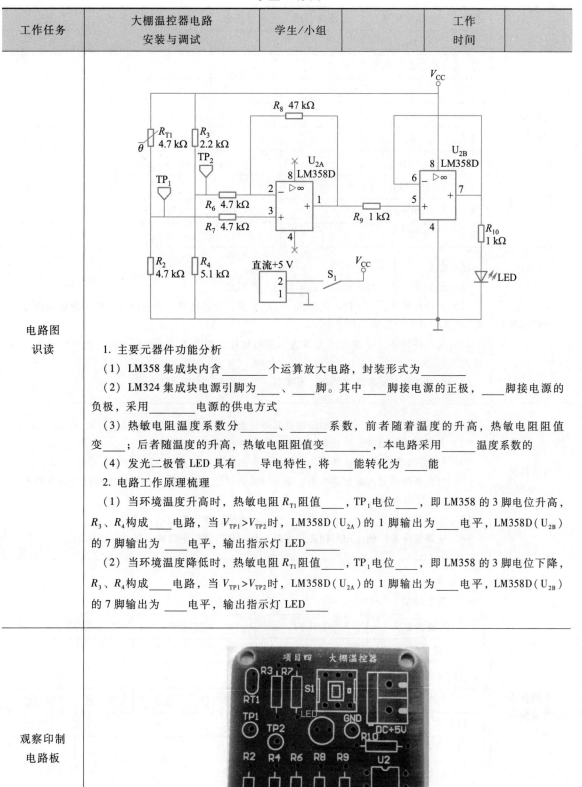

**电路图
识读**

1. 主要元器件功能分析

(1) LM358 集成块内含_____个运算放大电路，封装形式为_____

(2) LM324 集成块电源引脚为____、____脚。其中____脚接电源的正极，____脚接电源的负极，采用_____电源的供电方式

(3) 热敏电阻温度系数分_____、_____系数，前者随着温度的升高，热敏电阻阻值变____；后者随温度的升高，热敏电阻阻值变_____，本电路采用_____温度系数的

(4) 发光二极管 LED 具有____导电特性，将____能转化为____能

2. 电路工作原理梳理

(1) 当环境温度升高时，热敏电阻 R_{T1} 阻值____，TP_1 电位____，即 LM358 的 3 脚电位升高，R_3、R_4 构成____电路，当 $V_{TP1}>V_{TP2}$ 时，LM358D(U_{2A})的 1 脚输出为____电平，LM358D(U_{2B})的 7 脚输出为____电平，输出指示灯 LED_____

(2) 当环境温度降低时，热敏电阻 R_{T1} 阻值____，TP_1 电位____，即 LM358 的 3 脚电位下降，R_3、R_4 构成____电路，当 $V_{TP1}>V_{TP2}$ 时，LM358D(U_{2A})的 1 脚输出为____电平，LM358D(U_{2B})的 7 脚输出为____电平，输出指示灯 LED_____

**观察印制
电路板**

	序号	元器件代号	元器件名称	型号规格	数量	测量结果	备注
元器件识别与检测	1	R_{T1}					
	2	R_2、R_6、R_7					
	3	R_4					
	4	R_8					
	5	R_9					
	6	LED					
	7	LM358					
	8	DIP-8					
	9	S_1					

电路装接	具体步骤 （1）元器件成形　要求元器件成形符合工艺要求 （2）元器件插装　要求按先低后高、先轻后重、先易后难、先一般元器件后特殊元器件的顺序插装，并符合插装工艺要求 （3）元器件焊接　要求按"五步法"进行焊接，焊点大小适中、光滑，且焊点独立、不粘连 （4）电路连线　要求连线平直、不架空，并按绘制的接线图连线

电路检测与调试	（1）元器件安装检查　用目测法检查元器件安装的正确性，有无错装、漏装（有、无） （2）元器件成形检查　检查元器件成形是否符合规范（是、否） （3）焊接质量检查　焊接良好，有无漏焊、虚焊、粘连（有、无） （4）电路板电源输入端短路检测　用万用表电阻挡测量电路板电源输入端的正向电阻值为_____，反向电阻值为_____ （5）工作台电源检测　用万用表直流电压挡测量工作台电源电压值是_____ （6）电路板电源检测　用万用表直流电压挡测量电路板电源输入端的电压值是_____

电路技术参数测量与分析

1. 电路数据测量

（1）静态测量

测量内容	直流电压	8 脚电位	4 脚电位
测量值			

（2）动态测量

工作状态	2 脚电位	3 脚电位	1 脚电位	5 脚电位	6 脚电位	7 脚电位
LED 不亮（常温）						
LED 点亮（高温）						

2. 电路数据分析

（1）当 LM358 的 3 脚电位_____2 脚电位时，1 脚输出高电位；当 LM358 的 3 脚电位_____2 脚电位时，1 脚输出低电位

（2）LM358 的 5 脚、6 脚、7 脚的电平始终跟_____脚变化一样，原因是电路结构为_____所致

任务小结

任务评价表

工作任务	大棚温控器电路装接与调试	学生/小组		工作时间	
评价内容	评价指标	自评	互评	师评	
1. 电路图识读（10 分）	识读电路图，按要求分析元器件功能和电路原理（每错一处扣 1 分）				
2. 元器件识别与检测（10 分）	正确识别和使用万用表检测元器件（识别检测错误，每个扣 2 分）				
3. 元器件成形与插装（10 分）	按工艺要求将元器件插装至印制电路板（插装错误，每个扣 1 分；插装未符合工艺要求，每个扣 1 分）				
4. 焊接工艺（20 分）	焊点适中，无漏、虚、假、连焊，光滑、圆润、干净、无毛刺，引脚高度基本一致（未达到工艺要求，每处扣 2 分）				
5. 电路检测与调试（20 分）	按图装接正确，电路功能完整，记录检测数据准确（返修一次扣 10 分，其余每错一处扣 2 分）				
6. 电路技术参数测量与分析（10 分）	按要求进行参数测量与分析，并将结果记录在指定区域内（每错一处扣 0.5 分）				
7. 职业素养（10 分）	安全意识强、用电操作规范（违规扣 2～5 分）；不损坏器材、仪表（违规扣 2～5 分）；现场管理有序，工位整洁（违规扣 2～5 分）				
实训收获					
实训体会					
开始时间		结束时间		实际时长	

任务拓展

理想集成运算放大器的两个工作区域

集成运算放大器可工作在线性区或非线性区，如图 4-21 所示。

（1）集成运算放大器线性工作区的特点

集成运算放大器的线性工作区是指输出电压与输入电压成正比时的输入电压范围。由于集成运算放大器具有很高的开环电压增益，因此，电路结构上必须存在从输出端到输入端的负反馈支

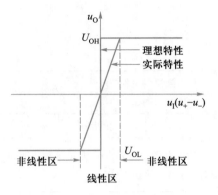

图 4-21　集成运放的工作区

路，使净输入信号幅度足够小，集成运算放大器的输出处于最大输出电压的范围内，才能保证运算放大器工作在线性区。比例运算放大器就工作在集成运放的线性工作区，根据送入输入信号的位置，有反相比例运算放大器、同相比例运算放大器和差分比例放大器。

（2）集成运算放大器非线性工作区的特点

集成运算放大器的非线性工作区是指其输出电压 u_O 与输入电压 u_I 不成比例时的输入电压范围。在非线性工作区，集成运算放大器的输入信号超过了线性放大的范围，输出电压不再随输入电压线性变化，而是达到饱和，如图 4-21 所示。它的输出电压有两种状态，见表 4-13。

表 4-13　非线性区工作时集成运算放大器的输入/输出关系

输入	输出
$u_+ > u_-$	$u_O = U_{OH}$（U_{OH} 为正向饱和压降，即正向最大输出电压，近似为正电源电压）
$u_+ < u_-$	$u_O = U_{OL}$（U_{OL} 为负向饱和压降，即负向最大输出电压，近似为负电源电压）

根据上述说明，请尝试对大棚温控器电路进行改造，使得 LM358D（U_{2A}）工作在非线性工作区也能实现温控的功能。

项目总结

1. 理想运算放大器的性能指标

① 差模开环电压放大倍数 $A_{ud} = \infty$。

② 差模输入电阻 $r_{id} = \infty$。

③ 输出电阻 $r_o = 0$。

④ 共模抑制比 $K_{CMR} = \infty$。

⑤ 通频带 $BW = \infty$。

2. 理想条件得出两个主要的结论

① 同相输入端电位等于反相输入端电位，即 $u_+ = u_-$，此结论称为"虚短"。

② 两个输入端电流为零 $i_+ = i_- = 0$，此结论称为"虚断"。

3. 运算电路

集成运算放大器组成的运算电路的特点见表 4-14。

表 4-14 集成运算放大器组成的运算电路的特点

电路名称	电路图	运算特点
反相比例运算电路	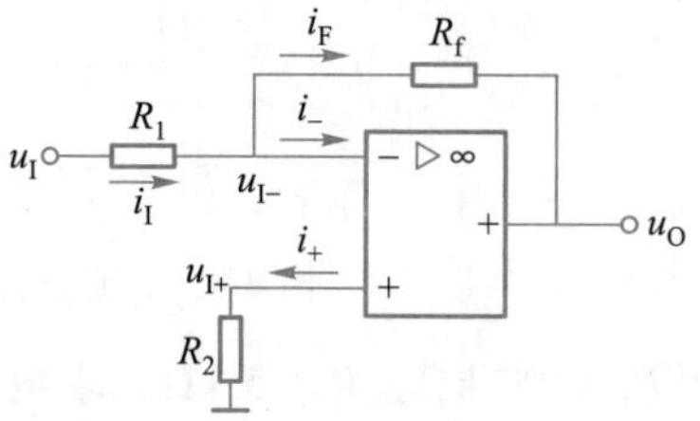	$u_+ = u_- = 0$。把 $u_- = 0$ 称为"虚地" $u_O = -\dfrac{R_f}{R_1}u_I$ $A_u = \dfrac{u_O}{u_I} = -\dfrac{R_f}{R_1}$ 如果选取 $R_f = R_1$，则有 $u_O = -u_1$，这时的反相比例运算电路称为反相器
同相比例运算电路	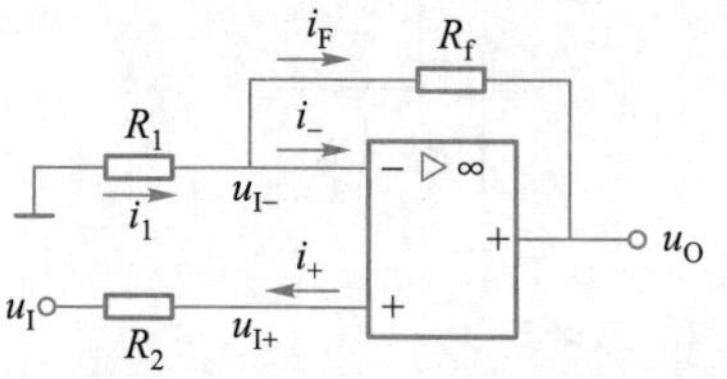	$u_+ = u_- = u_1$ $u_O = \left(1 + \dfrac{R_f}{R_1}\right)u_1$ $A_u = \dfrac{u_O}{u_I} = 1 + \dfrac{R_f}{R_1}$ 如果选取 $R_f = 0$（短路）、$R_1 = \infty$（断路），则有 $u_O = u_1$，这时的同相比例运算电路称为电压跟随器
差分比例运算电路	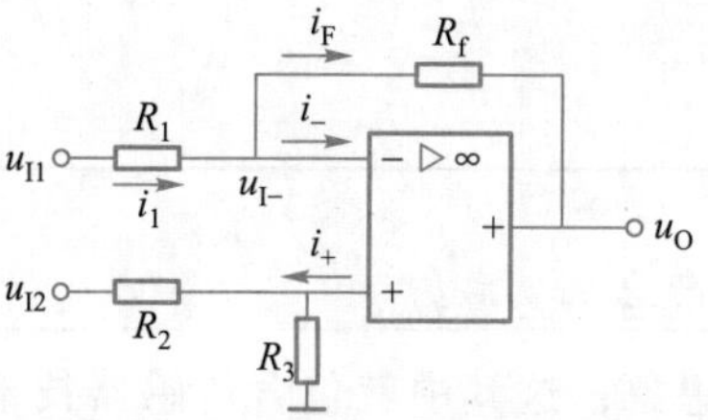	$u_O = \dfrac{R_1 + R_f}{R_2} \cdot \dfrac{R_3}{R_2 + R_3}u_{I2} - \dfrac{R_f}{R_1}u_{I1}$ 如果 $R_1 = R_2$，$R_3 = R_f$，则 $u_O = \dfrac{R_f}{R_1}(u_{I2} - u_{I1})$ 如果 $R_1 = R_2 = R_3 = R_f$，则 $u_O = u_{I2} - u_{I1}$，运算电路的输出电压等于输入电压之差，称为减法器
加法运算电路	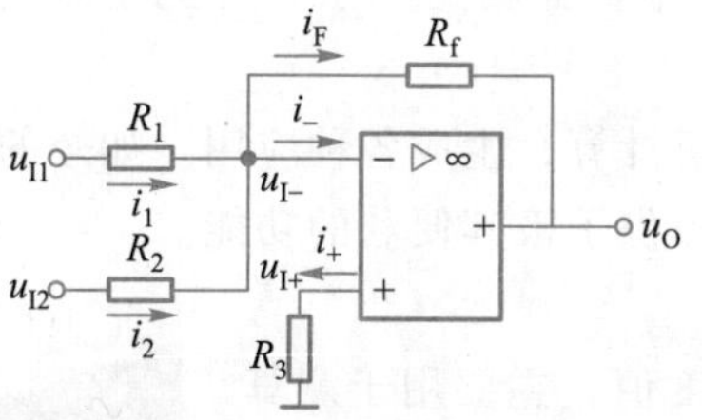	$u_O = -\dfrac{R_f}{R_1}u_{I1} - \dfrac{R_f}{R_2}u_{I2}$ 如果 $R_1 = R_2$，则 $u_O = -\dfrac{R_f}{R_1}(u_{I1} + u_{I2})$ 如果 $R_1 = R_2 = R_f$，则 $u_O = -(u_{I1} + u_{I2})$ 运算电路的输出电压等于输入电压之和，称为加法器

思考与实践

1. 电路如图 4-22 所示，若 $U_{I1} = 2$ V，$U_{I2} = 1$ V，求输出电压 U_O。

2. 电路如图 4-23 所示，$R = 10$ kΩ，$U_{I1} = 0.2$ V，$U_{I2} = -0.4$ V，试求输出电压 U_O。

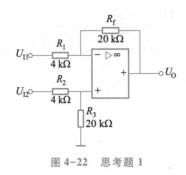

图 4-22　思考题 1

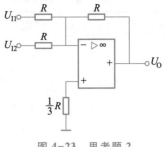

图 4-23　思考题 2

3. 在图 4-24 所示的电路中，$R_1 = 10\ \text{k}\Omega$，$R_f = 100\ \text{k}\Omega$，$R_2 = 5\ \text{k}\Omega$，求电压放大倍数。

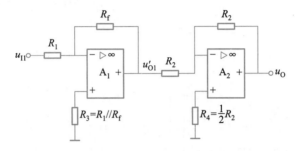

图 4-24　思考题 3

4. 画出输出电压 u_O 与输入电压 u_I 符合下列关系的运放电路图，$R_f = 200\ \text{k}\Omega$，并在图上标出其他电阻的参数。

（1）$u_O = 4u_I$。

（2）$u_O = -5u_I$。

（3）$u_O = u_{I1} - 2u_{I2} + 5u_{I3}$。

　学习材料　　　　　　　手机中的各种传感器

　　智能手机技术的发展速度快得令人难以想象，这其中就包含传感器技术。手机中的传感器可以改变人们的生活方式。

　　手机中的传感器是指手机里能反映距离值、光线值、温度值、亮度值和压力值等的元器件。和所有的电子元器件一样，这些传感器体积都越变越小，性能越来越强，同时成本也越来越低。

　　传感器采集各种数据，经由手机软件分析计算，生成各种应用。如今的手机，已经在社交、金融支付、运动监测、娱乐、学习等各方面提供了极其便利的功能。

　　1. 加速度传感器

　　加速度传感器能感应三维方向上的加速度值，主要用于测算瞬时加速或减速的动作。例如，测量手机的运动速度和方向，当用户拿着手机运动时，因为人在走路或者奔跑时重心会发生偏移，这样可以检测出加速度在某个方向上来回改变，通过检测来回改变的次数，可以计算出步数。加速度传感器功耗小但精度低，现在手机普遍再结合振动传感器和协处理器芯片的计算来检测，这样的计步精度更高。手机加速度传感器如图 4-25 所示。

加速度传感器

图 4-25　手机加速度传感器

2. 重力传感器

重力传感器的工作原理是利用压电效应将压力信号转变为电信号。它内部有一块重物与压电片整合在一起，通过测量两个正交方向产生的电压大小，来计算出水平的方向。运用在手机中时，可用来切换横屏与竖屏方向。在一些游戏中也可以通过重力传感器来实现更丰富的交互控制，如平衡球、赛车游戏等，如图4-26所示。

图4-26　手机重力传感器

3. 光线传感器

光线传感器类似于手机的眼睛。人类的眼睛能在不同光线的环境下，调整进入眼睛的光线。而光线传感器则可以让手机感测环境光线的强度，用来调节手机屏幕的亮度。而因为屏幕通常是手机最耗电的部分，因此运用光线传感器来协助调整屏幕亮度，能进一步达到降低耗电和延长电池寿命的作用。光线传感器也可搭配其他传感器一同来侦测手机是否被放置在口袋中，以防止误触。

4. 距离传感器

距离传感器由一个红外LED和红外辐射光线探测器构成。距离传感器位于手机的听筒附近，手机靠近耳朵时，系统借助距离传感器知道用户在通电话，然后会关闭显示屏，防止用户因误操作影响通话。距离传感器的工作原理是：红外LED发出的不可见红外线由附近的物体反射后，被红外线探测器探测到。距离传感器一般配合着光线传感器来使用，如图4-27所示。

图4-27　手机的光线、距离传感器

图4-28　手机磁场传感器

5. 磁场传感器

磁场传感器利用磁阻来测量平面磁场，从而检测出磁场强度以及方向位置。一般用在常见的指南针或是地图导航中，帮助手机用户实现准确定位。

通过磁场传感器，可以获得手机在 x、y、z 三个方向上的磁场强度，当你旋转手机，直到只有一个方向上的值不为零时，你的手机就指向了正南方。很多手机上的指南针应用，都是利用了这个传感器的数据。同时，可以根据3个方向上磁场强度的不同，计算出手机在三维空间中的具体朝向。手机磁场传感器如图4-28所示。

6. 陀螺仪

陀螺仪能够测量沿一个轴或几个轴动作的角速度，是补充加速度传感器功能的理想仪器。如果结合加速度计和陀螺仪这两种传感器，系统设计人员可以跟踪并捕捉3D空间的完整动作，为终端用户提供更真实的用户体验、精确的导航及其他功能。手机中的"摇一摇"功能、体感技术，还有VR视角的调整与侦测，都运用了陀螺仪。

而陀螺仪传感器对于一些感应游戏来说是必需的元器件，正是有了这款传感器，手机游戏的交互才有了革命性的转变，用户结合身体多方位的操作对游戏进行反馈，而不仅仅只是简单的按键。陀螺仪传感器原理如图4-29所示。

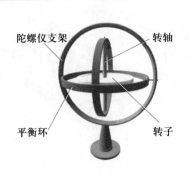

图 4-29　陀螺仪传感器　　　　　　　　图 4-30　北斗导航系统

7. GPS / 北斗导航

手机中的卫星导航模块通过卫星的瞬间位置来计算，以卫星发射坐标的时间戳与接收时的时间差来计算出手机与卫星之间的距离，可运用在定位、测速、测量距离与导航等用途。

自从我国自主研制的北斗导航系统开始提供定位服务后，越来越多的手机开始增加支持北斗定位功能。北斗导航系统定位和性能上比 GPS 更加准确。北斗导航系统如图 4-30 所示。

随着 5G 网络的普及，北斗导航系统被应用在更多场景，如与智能硬件配合实现远程定位监控、无人驾驶、设备丢失后定位查找等。

8. 指纹传感器

2018 年手机界迎来屏下指纹技术的大爆发，将指纹解锁放到全面屏中成为手机的趋势。相对于传统的指纹解锁，屏幕指纹更方便快捷，无论手机正面还是背面都能避免开孔，手机整体也能更加美观。目前手机市场屏下指纹识别的应用可分为传统屏下电容式指纹识别、屏下光学式指纹识别、屏下超声波指纹识别 3 种主流方式。

其中电容式指纹识别技术比较成熟，且价格低廉但移植技术待克服，问题主要在于电容式指纹较弱的穿透力。屏下光学式指纹是目前最常用的解决方案，其应用广泛，但只能应用于OLED 屏幕，并且功耗较高。超声波屏下指纹方案的特点是穿透性强，抗污能力高（湿手也能识别），辨识度高，但成本十分昂贵。其原理是透过传感器向手指表面发射超声波，利用指纹表面皮肤和空气密度的不同，构建 3D 图像，传感器再接收超声波回波信息后，比对已存储的指纹信息，实现指纹识别。手机指纹传感器如图 4-31 所示。

图 4-31　手机指纹传感器

除此之外，还有心率传感器、温度传感器、虹膜识别传感器等，它们分布在手机中，给人们的生活带来极大的便利。当今智能手机的技术水平快速更新，很大程度上来源于手机中的传感器技术的创新突破，相信在可预见的将来，手机对用户的感知会更加精准，未来其应用也远比现在想象的要更加丰富。

项目 5

小型音箱电路的装接与调试
——功率放大电路

项目目标

1. 明确低频功率放大电路的功能、基本要求与分类。
2. 熟悉 OCL、OTL 功率放大电路的结构，会分析其工作原理。
3. 认识典型功放集成电路 D2822 的引脚功能，会装接和调试低频功率放大电路。

项目情境

现在人们可以随时随地听到喜欢的歌曲，能播放音乐的电器很多，例如图 5-1 所示的足球音箱，它内置了功率放大电路，将音频输出的微弱信号放大到足够的功率去推动音箱，使音箱发出音量强劲、音质优美的音乐。功率放大电路简称功放，是音响系统中最基本的单元，它的任务是把源信号进行功率放大以驱动扬声器发出声音。

(a) 外观图

(b) 内部结构图

图 5-1 音箱

项目概述

本项目重点介绍设备中常用的几种功率放大电路，熟悉其电路结构，学会分析电路的工作原理，并根据要求装接和调试低频功率放大电路。

任务 1

OCL 功率放大电路的装接与调试

◆ 任务目标

1. 明确低频功率放大电路的功能、基本要求与分类。
2. 熟悉 OCL 功率放大电路的结构，会分析其工作原理。
3. 会装接和调试 OCL 功率放大电路。

✎ 任务描述

利用所给出的三极管等元器件，装接 OCL 功率放大电路，调试电路和测试其性能指标。

⚙ 任务准备

1. 功率放大电路的基本要求

在很多电子设备中，要求放大电路的输出级能够带动某种负载，例如驱动仪表，使指针偏转；驱动扬声器，使之发声；驱动自动控制系统中的执行机构等。功率放大电路就是一种以输出较大功率为目的的放大电路，它一般直接驱动负载，带载能力强，常作为多级放大电路的输出级。它与前面介绍的电压放大电路虽都是利用三极管的放大作用来工作，但完成的主要任务是不同的。电压放大电路的主要任务是把微弱的电信号进行电压不失真放大，主要指标是电压放大倍数。而功率放大电路则不同，它的主要任务是不失真地放大信号功率，通常在大信号状态下工作，有以下几点基本要求。

（1）足够大的输出功率

功率放大电路提供给负载的信号功率称为输出功率，为获得足够大的输出功率，要求功率放大电路有很大的电压和电流变化范围，但又不能超过三极管的极限参数 $U_{(BR)CEO}$、I_{CM}、P_{CM}。

$$P_o = I_o U_o \tag{5-1}$$

式中，I_o、U_o 均为有效值。

（2）较高的转换效率

功率放大电路的效率是指负载获得的功率 P_o 与电源提供的功率 P_E 的比值，用 η 表示，即

$$\eta = P_o / P_E \tag{5-2}$$

η 越大，说明转换效率越高，反之越低。

（3）较小的非线性失真

由于功率放大三极管（简称功放管）处于大信号工作状态，工作电压和电流的变化幅度较大，容易超出三极管特性曲线的线性范围，从而出现失真。要求功率放大电路的非线性失真尽量小。

（4）较好的散热装置

由于功放管的电流和电压都较大，功放管自身消耗功率也较大，消耗的能量以热能的形式向周围释放，因此功放管的温度较高，为了使功率放大电路能输出较大的功率，又能保证功放管的工作安全性，通常给功放管加装散热装置。有的带有较大的金属外壳以便散热，有的则必须外加散热片散热。

$$P_C = I_C U_{CE} \tag{5-3}$$

式中，P_C 为管耗，指功放管自身消耗的功率。

2. 功率放大电路的分类

功率放大电路种类很多，按其静态工作点设置的不同，可分为甲类、乙类、甲乙类 3 种常见功率放大电路。

（1）甲类功率放大电路

如图 5-2 所示，甲类功率放大电路的静态工作点 Q 设定在放大区的中间，三极管在输入信号的整个周期内均导通（导通角 $\theta = 360°$）。由于放大电路工作在特性曲线的线性范围内，所以非线性失真较小。其电路简单，调试方便。但是三极管有较大的静态电流 I_{CQ}，这时三极管的静态管耗 P_C 大，电路能量转换效率较低，一般小于 50%。

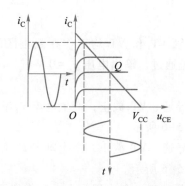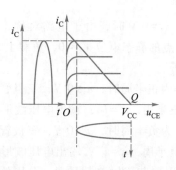

低频功率放大器的分类

图 5-2 甲类功率放大电路   图 5-3 乙类功率放大电路

（2）乙类功率放大电路

如图 5-3 所示，乙类功率放大电路的静态工作点 Q 设置在截止区，这时三极管静态电流 $I_{CQ} = 0$，三极管的静态管耗 $P_C = 0$，电路能量转换效率高，理论上可以达到 78.5%。但是电路只对半个周期的信号放大（导通角 $\theta = 180°$），因此非线性失真大。

（3）甲乙类功率放大电路

如图 5-4 所示，甲乙类功率放大电路的静态工作点设在放大区但接近截止区，三极管的导通时间稍大于半周期（导通角为 $180° < \theta < 360°$），即三极管处于微导通状态，这样可以克服乙类功率放大电路非线性失真大的缺点，其转换效率较高。

功率放大电路按耦合方式可分为阻容耦合、变压器耦合和直接耦合 3 种。

3. OCL 功率放大电路

乙类功率放大电路只能放大半个周期的信号，用两个对称的乙类功率放大电路分别放大正、负半周的信号，然后合成为完整

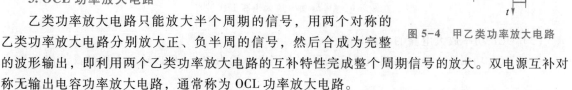

图 5-4 甲乙类功率放大电路

的波形输出，即利用两个乙类功率放大电路的互补特性完成整个周期信号的放大。双电源互补对称无输出电容功率放大电路，通常称为 OCL 功率放大电路。

（1）OCL 功率放大电路的电路结构

基本 OCL 功率放大电路如图 5-5 所示。图中 VT$_1$ 和 VT$_2$ 是一对特性对称的 NPN 和 PNP 型三极管，由 $+V_{CC}$、VT$_1$ 和 R_L 组成 NPN 型三极管射极输出电路，由 $-V_{CC}$、VT$_2$ 和 R_L 组成 PNP 型三极管射极输出电路。VT$_1$ 和 VT$_2$ 的基极相连作为信号输入端，两个三极管的发射极也连在一起作为信号输出端，直接与负载相连。该电路要求 VT$_1$ 和 VT$_2$ 的特性参数要基本相同，特别是电流放大系数 β 要一致，否则放大信号后正负半周幅度将出现差异。

OCL 功率放大器

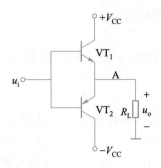

图 5-5　基本 OCL 功率放大电路

（2）OCL 功率放大电路的工作原理

① 静态分析

当输入信号 $u_i = 0$ V 时，由于电路对称，三极管 VT$_1$ 和 VT$_2$ 均工作在截止区，无偏置电压，无基极电流，A 点的静态电位 $V_A = 0$，负载上无电流通过，输出电压 $u_o = 0$ V。

② 动态分析

当输入信号为正半周时，$u_i > 0$ V，三极管 VT$_1$ 导通、VT$_2$ 截止，产生电流 i_{c1} 流经负载 R_L 形成输出电压 u_o 的正半周，$i_L = i_{c1}$；输出电压波形如图 5-6 所示。

当输入信号为负半周时，$u_i < 0$ V，三极管 VT$_2$ 导通、VT$_1$ 截止，产生电流 i_{c2} 流经负载 R_L 形成输出电压 u_o 的负半周，$i_L = i_{c2}$；输出电压波形如图 5-6 所示。

综上所述，VT$_1$ 与 VT$_2$ 交替导通，分别放大信号的正、负半周，由于工作特性对称，互补了对方的工作局限，从而向负载提供完整的输出信号。

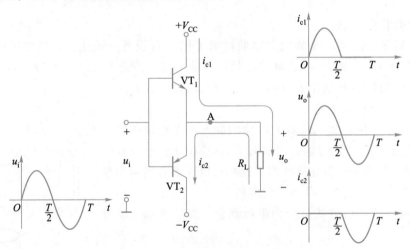

图 5-6　OCL 功率放大电路工作波形

（3）OCL 功率放大电路的参数计算

由于 OCL 功率放大电路每只三极管的供电电压大小均为 V_{CC}，所以输出电压的最大值为

$$U_{om} = V_{CC} \tag{5-4}$$

输出的最大电流为

$$I_{om} = \frac{U_{om}}{R_L} = \frac{V_{CC}}{R_L} \tag{5-5}$$

所以最大的输出功率为

$$P_{om} = U_o I_o = \frac{U_{om}}{\sqrt{2}} \cdot \frac{I_{om}}{\sqrt{2}} = \frac{V_{CC}^2}{2R_L} \tag{5-6}$$

根据理论计算，直流电源提供的功率为

$$P_E = V_{CC} I_E = \frac{2}{\pi} \frac{V_{CC}^2}{R_L} \qquad (5\text{-}7)$$

所以效率为

$$\eta = \frac{P_{om}}{P_E} = \frac{\pi}{4} \approx 78.5\% \qquad (5\text{-}8)$$

（4）OCL 功率放大电路的交越失真及其消除办法

如图 5-7 所示，功率放大电路工作时，输出信号在正、负半周交界处产生失真，这种失真称为交越失真。产生交越失真的原因是：在乙类互补对称功率放大电路中，由于没有直流偏置电压，静态工作点设置在零点，三极管工作在截止区。由于三极管存在死区电压，当输入信号小于死区电压时，三极管 VT_1、VT_2 截止，输出电压 u_o 为零，这样在输入信号正、负半周的交界处，出现了失真。为了克服交越失真，可以给三极管加适当的基极偏置电压，如图 5-8 所示。使三极管处于弱导通状态，即由乙类工作状态变为甲乙类工作状态。当有交流信号输入时，三极管进入线性放大区放大输入信号，从而避免因死区而产生的交越失真。图 5-8 中的 VT_3 为激励级，进行电压放大。

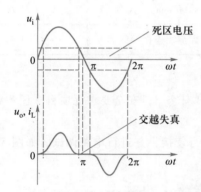

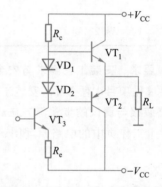

图 5-7　OCL 功率放大电路交越失真波形　　　　图 5-8　甲乙类 OCL 功率放大电路

 **任务实施**

1. 准备工具和器材

（1）工具

本次任务实施所需要的常用仪器与工具见表 5-1。

表 5-1　常用仪器与工具

编号	名称	规格	数量
1	直流稳压电源	直流 ±5 V	1 台
2	函数信号发生器	自定	1 台
3	示波器	自定	1 台
4	万用表	自定	1 只
5	电烙铁	15~25 W	1 把
6	烙铁架	自定	1 只
7	电子实训通用工具	尖嘴钳、斜口钳、镊子、螺丝刀（一字和十字）、小剪刀等	1 套

（2）器材

本次任务实施所需要的器材见表 5-2。

表 5-2　器　　材

编号	名称	规格	数量
1	电阻	3.3 kΩ	2 个
2	电阻	20 Ω	1 个
3	电容	4.7 μF	1 只
4	二极管	1N4148	2 只
5	三极管	8050	1 只
6	三极管	8550	1 只
7	排针	单排，2.54 mm	4 个
8	万能板	50 mm×100 mm	1 块
9	焊接材料	焊锡丝、松香助焊剂、连接导线等	1 套

2. 环境要求、安装工艺要求与安全要求

环境要求见项目 1 任务 1，安装工艺要求见项目 1 任务 3，安全要求见项目 2 任务 2。

3. 电路装接与调试的步骤与方法

根据学生工作页中的电路原理图，在万能板上进行装接，并进行电路调试，如图 5-9 所示。

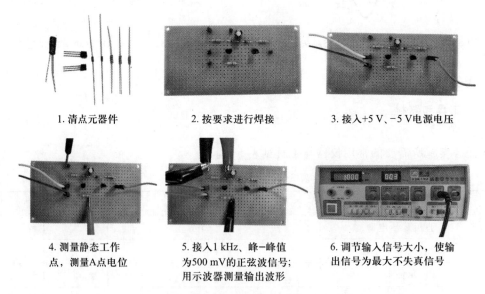

1. 清点元器件　　　2. 按要求进行焊接　　　3. 接入+5 V、−5 V电源电压

4. 测量静态工作点，测量A点电位　　　5. 接入1 kHz、峰−峰值为500 mV的正弦波信号；用示波器测量输出波形　　　6. 调节输入信号大小，使输出信号为最大不失真信号

图 5-9　OCL 功率放大电路的装接与调试

学生工作页

工作任务	OCL 功率放大电路的装接与调试	学生/小组		工作时间	

电路识读

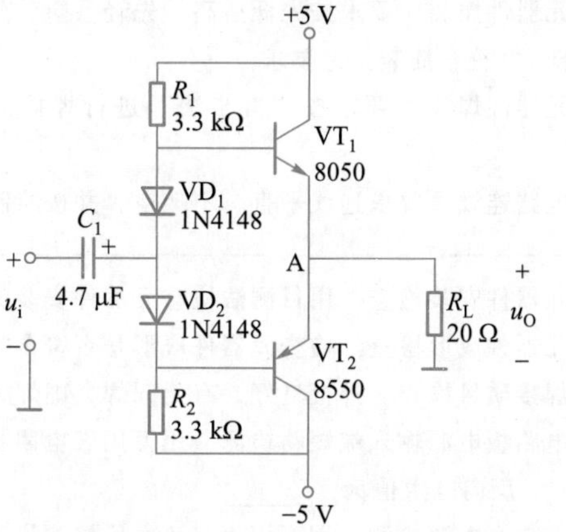

1. 主要元器件功能分析

（1）三极管 VT_1 和 VT_2 在本电路中的功能是：＿＿＿＿＿＿＿＿

（2）二极管 VD_1 和 VD_2 在本电路中的功能是：＿＿＿＿＿＿＿＿

2. 电路工作原理梳理

（1）接通电源后，静态时，输出端中点电位 $V_A=$＿＿＿＿，输出端采用＿＿＿＿耦合方式

（2）当 $u_i>0$，VT_1＿＿＿＿（填导通或截止），VT_2＿＿＿＿（填导通或截止）。R_L 上得到被放大的＿＿＿＿（填正或负）半周电流信号

（3）当 $u_i<0$，VT_1＿＿＿＿（填导通或截止），VT_2＿＿＿＿（填导通或截止）。R_L 上得到被放大的＿＿＿＿（填正或负）半周电流信号

电路接线图绘制

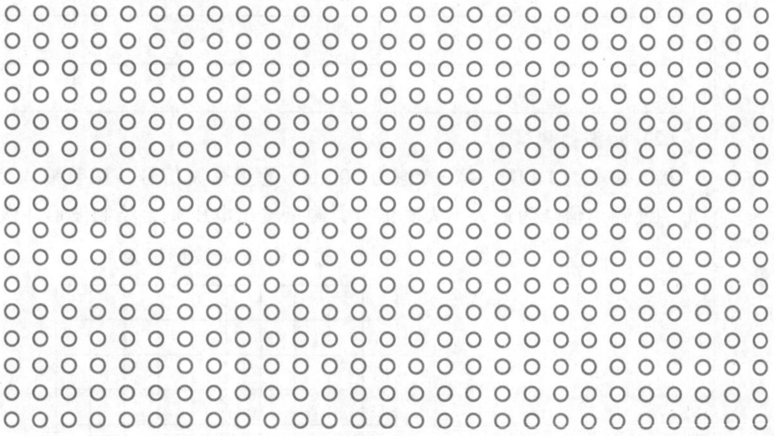

序号	元器件代号	元器件名称	型号规格	数量	测量结果	备注
1	$R_1 \sim R_2$					
2	R_L					
3	C_1					
4	$VD_1 \sim VD_2$					
5	VT_1					
6	VT_2					

元器件识别与检测

电路装接	具体步骤： （1）元器件成形　要求元器件成形符合工艺要求 （2）元器件插装　要求按先低后高、先轻后重、先易后难、先一般元器件后特殊元器件的顺序插装，并符合插装工艺要求 （3）元器件焊接　要求按"五步法"进行焊接，焊点大小适中、光滑，且焊点独立、不粘连 （4）电路连线　要求连线平直、不架空，并按绘制的接线图连线
电路检测与调试	（1）元器件安装检查　用目测法检查元器件安装的正确性，有无错装、漏装（有、无） （2）元器件成形检查　检查元器件成形是否符合规范（是、否） （3）焊接质量检查　焊接良好，有无漏焊、虚焊、粘连（有、无） （4）电路板电源输入端短路检测　用万用表电阻挡测量电路板电源输入端的正向电阻值为_____，反向电阻值为_____ （5）工作台电源检测　用万用表直流电压挡测量工作台电源电压值分别是_____、_____ （6）电路板电源检测　用万用表直流电压挡测量电路板电源输入端的电压值分别是_____、_____ （7）电路功能检测　通电后，此电路没有明显的电路功能指示
电路技术参数测量与分析	1. 电路数据测量 （1）万用表测量 接通直流电源后，测得该电路中点电位 V_A 为_____ 测量各三极管的静态工作点相关参数。

测量点	VT$_1$	VT$_2$
U_{BEQ}		
V_{CQ}		
V_{EQ}		

（2）示波器测量
接入频率为 1 kHz，峰-峰值为 500 mV 的正弦波信号，调节输入信号大小，观察示波器波形，使输出信号为最大不失真信号，测量输出电压 u_o，绘制波形并做好数据记录

输出电压 u_o 波形记录

旋钮开关位置：
V/DIV_____ t/DIV_____ AC⊥DC_____
读数记录：
电压峰-峰值_____　周期_____ |

电路技术 参数测量 与分析	2. 电路数据分析 根据电路测试结果，电路最大输出功率 $P_{om} = \dfrac{U_o^2}{R_L} = $ _____ OCL 功率放大电路的特点是输出端中点电位 V_A 为 _____

 **任务小结**

任务评价表

工作任务	OCL 功率放大电路 的装接与调试	学生/小组		工作 时间	
评价内容	评价指标	自评	互评	师评	
1. 电路识读(10 分)	识读电路图，按要求分析元器件功能和电路原理(每错一处扣 1 分)				
2. 电路接线图绘制(10 分)	根据电路图正确绘制接线图(每错一处扣 2 分)				
3. 元器件识别与检测(10 分)	正确识别和使用万用表检测元器件(识别检测错误，每个扣 2 分)				
4. 元器件成形与插装(10 分)	按工艺要求将元器件插装至万能板(安装错误，每个扣 2 分;安装未符合工艺要求，每个扣 2 分)				
5. 焊接工艺(20 分)	焊点适中，无漏、虚、假、连焊，光滑、圆润、干净、无毛刺，引脚高度基本一致(未达到工艺要求，每处扣 2 分)				
6. 电路检测与调试(20 分)	按图装接正确，电路功能完整，记录检测数据准确(返修一次扣 10 分，其余每错一处扣 2 分)				
7. 电路技术参数测量与分析(10 分)	按要求进行参数测量与分析，并将结果记录在指定区域内(每错一处扣 1 分)				
8. 职业素养(10 分)	安全意识强、用电操作规范(违规扣 2~5 分);不损坏器材、仪表(违规扣 2~5 分);现场管理有序，工位整洁(违规扣 2~5 分)				
实训 收获					
实训 体会					
开始 时间		结束 时间		实际 时长	

任务拓展

OCL 功率放大电路的工程应用

选用 OCL 功率放大电路功放管的主要依据是功率放大电路最大输出功率 P_{om} 和电源电压 V_{CC}，为确保安全工作，其极限参数应符合以下要求：

$$P_{CM} \geqslant 0.2P_{om} \tag{5-9}$$

$$U_{(BR)CEO} \geqslant 2V_{CC} \tag{5-10}$$

$$I_{CM} \geqslant \frac{V_{CC}}{R_L} \tag{5-11}$$

互补管 VT_1 与 VT_2 必须选用特性基本相同的配对管。首先，要求同是硅材料或同是锗材料的 NPN 型管与 PNP 型管。其次，电流放大系数 β 大小应基本相同，否则可能使放大的波形出现正、负半周幅度不一致。最后，配对管的极限参数差异不能太大。通常选序号相同的管子作为配对管，例如 8050 与 8550 配对。

功率放大电路的功放管由于工作在大电流状态，且温度较高，属易损元器件，在电子设备维修中应检查功放管是否损坏。判断功放管的质量通常用万用表进行检测，其方法与检测普通三极管相同，但功放管的正、反向结电阻都比较小。

任务 2
OTL 功率放大电路的装接与调试

任务目标

1. 熟悉 OTL 功率放大电路的结构，会分析其工作原理。
2. 会装接和调试 OTL 功率放大电路。

任务描述

利用所给的三极管等元器件，装接 OTL 功率放大电路，调试电路和测试其性能指标。

任务准备

单电源互补对称无输出变压器的功率放大电路，简称 OTL 电路。电路的输出采用共集电极接法，具有输出电阻小的特点，能较好地与负载进行阻抗匹配，不需要采用变压器进行阻抗变换，同时具有足够的功率放大能力。

1. OTL 功率放大电路的电路结构

基本 OTL 功率放大电路如图 5-10 所示。与 OCL 功率放大电路的不同之处：电路由双电源供电改为单电源供电；输出端经大电容 C 与负载 R_L 耦合，由直接耦合改为电容耦合。

2. OTL 功率放大电路的工作原理

（1）静态分析

当输入信号 $u_i = 0$ V 时，由于三极管 VT_1 和 VT_2 的参数一致，所以图 5-10 所示电路中的 A、B 两点的电位相等，均为 $\dfrac{V_{CC}}{2}$，此时三极管 VT_1 和 VT_2 的发射结电压 $U_{BE} = V_B - V_A = 0$，即工作在截

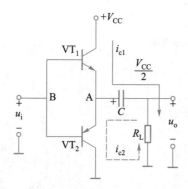

图 5-10　基本 OTL 功率放大电路

止状态，属于乙类放大电路。由于电容 C 容量很大，相当于一个电压为 $\dfrac{V_{CC}}{2}$ 的直流电源。此外，在输出端耦合电容 C 的隔直作用下，流过 R_L 的静态电流为零。

（2）动态分析

当输入信号为正半周时，$u_i>0\ V$，三极管 VT_1 导通、VT_2 截止，电源 V_{CC} 向负载供电，输出正半周电压波形，同时对 C 充电，如图 5-10 中的实线所示。

当输入信号为负半周时，$u_i<0\ V$，三极管 VT_2 导通、VT_1 截止，电容 C 上的电压向负载供电，输出负半周电压波形，此时电容 C 放电，如图 5-10 中的虚线所示。

上述过程周期性地进行，从而在负载上获得完整的正弦波信号。

3. OTL 功率放大电路的参数计算

由于 OTL 功率放大电路每个三极管的供电电压大小均为 $V_{CC}/2$，所以输出电压的最大值为

$$U_{om}=V_{CC}/2 \tag{5-12}$$

输出的最大电流为

$$I_{om}=\frac{U_{om}}{R_L}=\frac{V_{CC}}{2R_L} \tag{5-13}$$

所以最大的输出功率为

$$P_{om}=U_o I_o=\frac{U_{om}}{\sqrt{2}}\cdot\frac{I_{om}}{\sqrt{2}}=\frac{V_{CC}^2}{8R_L} \tag{5-14}$$

根据理论计算，直流电源提供的功率为

$$P_E=V_{CC}I_E=\frac{1}{2\pi}\frac{V_{CC}^2}{R_L} \tag{5-15}$$

所以效率为

$$\eta=\frac{P_{om}}{P_E}=\frac{\pi}{4}\approx78.5\% \tag{5-16}$$

4. OTL 功率放大电路的交越失真及其消除办法

OTL 功率放大电路属于乙类功率放大电路，与 OCL 功率放大电路基本电路一样，没有直流偏置电压，静态工作点设置在零点，三极管工作在截止区。这样在输出信号正、负半周的交界处，出现交越失真现象，如图 5-11 所示。

为了克服交越失真，可以给三极管加适当的基极偏置电压，使三极管处于弱导通的状态，即由乙类工作状态变为甲乙类工作状态。当有交流信号输入时，三极管进入线性放大区放大输入信号，将不会出现交越失真。实用型 OTL 功率放大电路由激励放大级和功率放大级组成，如图 5-12 所示。

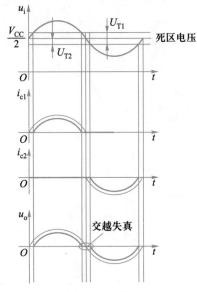

图 5-11 OTL 电路交越失真波形

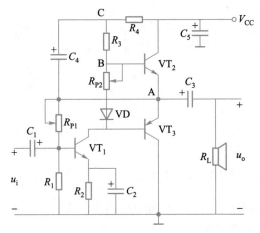

图 5-12 实用型 OTL 功率放大电路

（1）激励放大级

激励放大级也称推动级或前置级，由三极管 VT_1 及其外围元件组成，它采用了静态工作点稳定的分压式偏置电路。R_{P1} 为上偏置电阻，并连接在中点电位 A 上，具有电压并联负反馈的作用，以稳定静态工作点和提高输出电压的稳定性。R_1 为下偏置电阻，它与上偏置电阻组成分压电路，提供前置放大级的基极电压。

（2）功率放大输出级

功率放大输出级的互补管 VT_2 和 VT_3 与激励级采用直接耦合方式。两管的基极之间加接了元件 R_{P2} 和 VD 的串联电路，提供功率放大对管 VT_2 和 VT_3 的静态电流，使电路工作于甲乙类状态，克服了乙类放大电路的交越失真问题。调节电位器 R_{P2} 可以使静态电流大小合适。

为了改善输出电压波形，电路增加了 R_4 和 C_4 组成的自举升压电路。当输出电压为正半周时（对应输入电压的负半周），互补管中的 VT_2 导通，A 点电位接近于电源电压 V_{CC}，由于电阻 R_3 上的电压降，使 VT_2 的基极电位低于发射极电位，限制了输出电压的幅度，使输出电压产生顶部失真。

接入自举升压电路 R_4 和 C_4 后，由于 C_4 的电容量较大，静态时两端电压近似为 $\dfrac{V_{CC}}{2}$，那么当 A 点电位接近电源电压 V_{CC} 时，C 点电位上升为 $\dfrac{3V_{CC}}{2}$，使 VT_2 的基极电位升高，保证了 VT_2 输出电压的幅度，解决了输出电压正半周产生的顶部失真问题。

任务实施

1. 准备工具和器材

（1）工具

本次任务实施所需要的常用仪器与工具见表 5-3。

表 5-3 常用仪器与工具

编号	名称	规格	数量
1	直流稳压电源	直流+5 V	1 台
2	函数信号发生器	自定	1 台

编号	名称	规格	数量
3	示波器	自定	1 台
4	万用表	自定	1 只
5	电烙铁	15~25 W	1 把
6	烙铁架	自定	1 只
7	电子实训通用工具	尖嘴钳、斜口钳、镊子、螺丝刀（一字和十字）、小剪刀等	1 套

（2）器材

本次任务实施所需要的器材见表 5-4。

表 5-4 器　材

编号	名称	规格	数量
1	电阻	100 Ω	1 个
2	电阻	510 Ω	1 个
3	电阻	680 Ω	1 个
4	电阻	6.8 kΩ	1 个
5	电阻	3.3 kΩ	1 个
6	电容	10 μF	1 只
7	电容	100 μF	2 只
8	电容	1 000 μF	1 只
9	二极管	1N4007	2 只
10	三极管	8050	1 只
11	三极管	8550	1 只
12	三极管	9013	1 只
13	排针	单排，2.54 mm	6 个
14	扬声器	8 Ω，0.5 W	1 只
15	万能板	50 mm×100 mm	1 块
16	焊接材料	焊锡丝、松香助焊剂、连接导线等	1 套

2. 环境要求、安装工艺要求与安全要求

环境要求见项目 1 任务 1，安装工艺要求见项目 1 任务 3，安全要求见项目 2 任务 2。

3. 电路装接与调试的步骤与方法

根据学生工作页中的电路原理图，在万能板上进行装接，并进行电路调试，如图 5-13 所示。

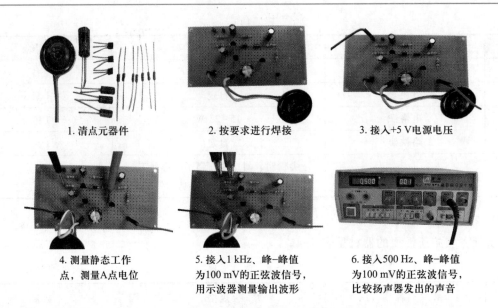

1. 清点元器件　　　　2. 按要求进行焊接　　　　3. 接入+5 V电源电压

4. 测量静态工作　　　5. 接入1 kHz、峰-峰值　　6. 接入500 Hz，峰-峰值
   点，测量A点电位　　　为100 mV的正弦波信号，　　为100 mV的正弦波信号，
   　　　　　　　　　　用示波器测量输出波形　　　比较扬声器发出的声音

图 5-13　OTL 功率放大电路的装接与调试

学生工作页

工作任务	OTL 功率放大电路的 装接与调试	学生/小组		工作时间	

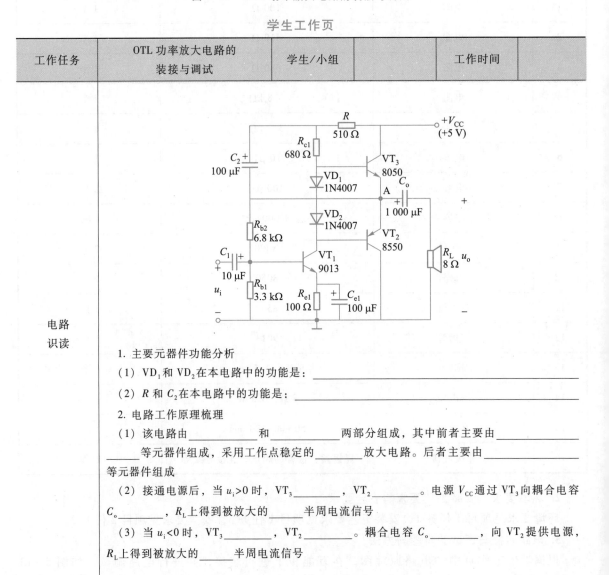

电路
识读

1. 主要元器件功能分析

(1) VD_1 和 VD_2 在本电路中的功能是：_____

(2) R 和 C_2 在本电路中的功能是：_____

2. 电路工作原理梳理

(1) 该电路由 _____ 和 _____ 两部分组成，其中前者主要由 _____
_____ 等元器件组成，采用工作点稳定的 _____ 放大电路。后者主要由 _____
等元器件组成

(2) 接通电源后，当 $u_i > 0$ 时，VT_3 _____，VT_2 _____。电源 V_{CC} 通过 VT_3 向耦合电容
C_o _____，R_L 上得到被放大的 _____ 半周电流信号

(3) 当 $u_i < 0$ 时，VT_3 _____，VT_2 _____。耦合电容 C_o _____，向 VT_2 提供电源，
R_L 上得到被放大的 _____ 半周电流信号

电路接线 图绘制						

	序号	元器件代号	元器件名称	型号规格	数量	测量结果	备注
元器件识 别与检测	1	R					
	2	R_{e1}					
	3	R_{e1}					
	4	R_{b1}					
	5	R_{b2}					
	6	C_1					
	7	C_2					
	8	C_{e1}					
	9	C_O					
	10	$VD_1 \sim VD_2$					
	11	VT_1					
	12	VT_2					
	13	VT_3					
	14	扬声器					

电路装接	**具体步骤:** （1）元器件成形　要求元器件成形符合工艺要求。 （2）元器件插装　要求按先低后高、先轻后重、先易后难、先一般元器件后特殊元器件的顺序插装，并符合插装工艺要求 （3）元器件焊接　要求按"五步法"进行焊接，焊点大小适中、光滑，且焊点独立、不粘连 （4）电路连线　要求连线平直、不架空，并按绘制的接线图连线

续表

<table>
<tr>
<td>电路检测与调试</td>
<td>
（1）元器件安装检查　用目测法检查元器件安装的正确性，有无错装、漏装(有、无)
（2）元器件成形检查　检查元器件成形是否符合规范(是、否)
（3）焊接质量检查　焊接良好，有无漏焊、虚焊、粘连（有、无）
（4）电路板电源输入端短路检测　用万用表电阻挡测量电路板电源输入端的正向电阻值为________，反向电阻值为________
（5）工作台电源检测　用万用表直流电压挡测量工作台电源电压值是________
（6）电路板电源检测　用万用表直流电压挡测量电路板电源输入端的电压值是________
（7）电路功能检测　电路板通电并接入输入信号后的功能________（扬声器发声情况）
</td>
</tr>
<tr>
<td>电路技术参数测量与分析</td>
<td>
1. 电路数据测量
（1）万用表测量
接通直流电源后，测得该电路中点电位 V_A 为____________
测量各三极管的静态工作点相关参数。
<table>
<tr><th></th><th>VT_1</th><th>VT_2</th><th>VT_3</th></tr>
<tr><td>U_{BEQ}</td><td></td><td></td><td></td></tr>
<tr><td>V_{CQ}</td><td></td><td></td><td></td></tr>
<tr><td>V_{EQ}</td><td></td><td></td><td></td></tr>
</table>
（2）示波器测量
接入 1 kHz、峰-峰值为 100 mV 的正弦波信号，测量输出电压 u_o，绘制波形并做好数据记录
输出电压 u_o 波形记录
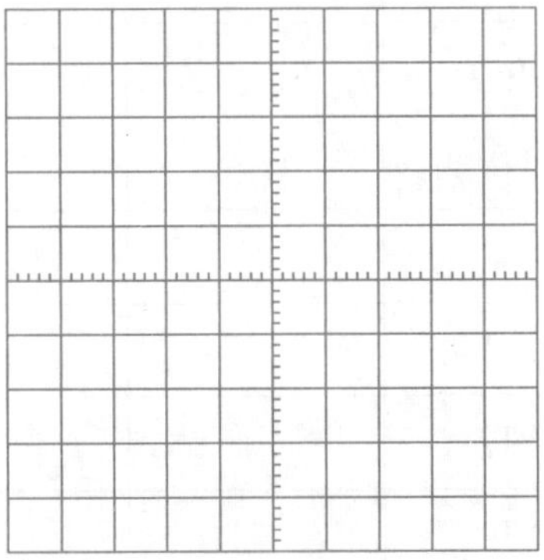
旋钮开关位置：
V/DIV________ t/DIV________ AC⊥DC________
读数记录：
电压峰-峰值________周期________
2. 电路数据分析
根据电路测试结果，电路输出功率 $P_{om}=\frac{U_o^2}{R_L}=$________
OTL 功率放大电路的特点是输出端中点电位 V_A 为________
</td>
</tr>
</table>

任务小结

任务评价表

工作任务	OTL 功率放大电路的装接与调试	学生/小组		工作时间	
评价内容	评价指标	自评	互评	师评
1. 电路识读(10 分)	识读电路图，按要求分析元器件功能和电路原理(每错一处扣 1 分)			
2. 电路接线图绘制(10 分)	根据电路图正确绘制接线图(每错一处扣 2 分)			
3. 元器件识别与检测(10 分)	正确识别和使用万用表检测元器件(识别检测错误，每个扣 2 分)			
4. 元器件成形与插装(10 分)	按工艺要求将元器件插装至万能板(安装错误，每个扣 2 分；安装未符合工艺要求，每个扣 2 分)			
5. 焊接工艺(20 分)	焊点适中，无漏、虚、假、连焊，光滑、圆润、干净、无毛刺，引脚高度基本一致(未达到工艺要求，每处扣 2 分)			
6. 电路检测与调试(20 分)	按图装接正确，电路功能完整，记录检测数据准确(返修一次扣 10 分，其余每错一处扣 2 分)			
7. 电路技术参数测量与分析(10 分)	按要求进行参数测量与分析，并将结果记录在指定区域内(每错一处扣 1 分)			
8. 职业素养(10 分)	安全意识强、用电操作规范(违规扣 2~5 分)；不损坏器材、仪表(违规扣 2~5 分)；现场管理有序，工位整洁(违规扣 2~5 分)			
实训收获				
实训体会				
开始时间		结束时间		实际时长	

任务拓展

复　合　管

在功率放大电路中，需要 NPN 和 PNP 两个互补管特性基本一致。一般小功率异型管容易配对，但要选配大功率异型管就很困难，一般采用复合管来解决这个问题。

复合管是将两个三极管适当地连接在一起，以组成一个等效的新的三极管，又称达林顿三极管。4 种常见的复合管组成形式如图 5-14 所示，连接复合管必须满足以下两个原则：

① 第一个三极管的 c、e 引脚接第二个三极管的 c、b 引脚。

② 两只三极管的电流必须符合三极管类型所决定的三极管各极电流正常的流动方向。

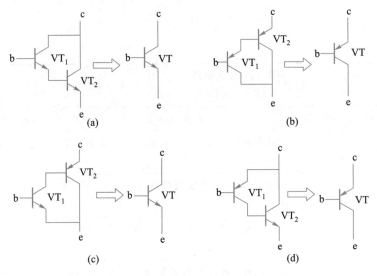

图 5-14 4 种常见复合管组成形式

复合管具有以下两个特点：

① 复合管的前一个三极管决定了复合管的管型（NPN、PNP），同时前一个三极管的基极也是复合管的基极，它的发射极与集电极确定复合管的发射极和集电极。

② 复合后等效三极管的电流放大系数近似等于两只三极管电流放大系数的乘积，即

$$\beta \approx \beta_1 \beta_2 \qquad (5\text{-}17)$$

任务 3

足球音箱电路的装接与调试

◆ 任务目标

1. 知道集成音频功率放大电路的结构，了解其工作原理。

2. 认识典型音频功率放大器 D2822 的引脚功能，会装接和调试低频功率放大电路。

📝 任务描述

利用所给的音频功率放大器 D2822 等元器件，装接足球音箱电路，调试电路和测试其性能指标。

✂ 任务准备

随着集成技术的发展，出现了集成功率放大器，采用集成工艺把功率放大器中的三极管和电阻器制作在一块硅片上，有的在一个元器件之内集成了从差分前置放大到 OTL 功放的整个放大电路，新近产品有的还把许多附属电路（如各种保护电路）也集成进去。这些统一称为集成功率放大器。由于集成功率放大器体积小、功耗低、使用方便、成本不高，因而被广泛应用。

1. 音频功率放大器 D2822

音频功率放大器 D2822 是一款音质较好的专用功放电路，其封装如图 5-15 所示。音频功率放大器 D2822 是一片双功放的集成电路，其内部功能框图如图 5-16 所示。

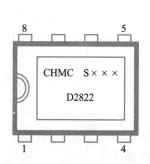

图 5-15　音频功率放大器 D2822 的封装

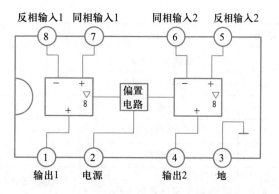

图 5-16　音频功率放大器 D2822 内部功能框图

2. D2822 构成的音频功率放大电路结构

D2822 构成的音频功率放大电路结构如图 5-17 所示，主要由左、右声道两路信号送入 D2822，再分别由两个负载扬声器输出。该功率放大电路还由工作指示、内部电源、外接电源等辅助电路组成。

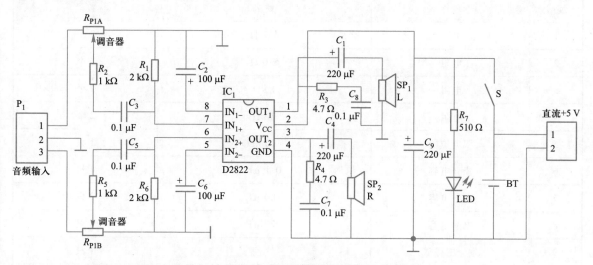

图 5-17　D2822 构成的音频功率放大电路结构

3. D2822 构成的音频功率放大电路工作原理

接上电源后，通过音频线将左、右两路音频信号输入 P_1 端，两路音频信号再分别经过 R_2、C_3、R_5、C_5 耦合到 D2822 的输入端（6 脚、7 脚），经过 IC_1（D2822）内部功率放大后由其 1 脚、3 脚输出，经过放大后的音频信号推动左、右两路扬声器工作。电路中的发光二极管 LED 起电源通电指示作用，自锁按钮 S 可以控制电源的开或关，直流电源插座用以外接电源，电位器 R_{P1} 用来控制音量的大小。

✂ **任务实施**

1. 准备工具和器材

（1）工具

本次任务实施所需要的常用仪器与工具见表 5-5。

表 5-5 常用仪器与工具

编号	名称	规格	数量
1	直流稳压电源	直流+5 V	1 台
2	音频信号源	自定	1 个
3	万用表	自定	1 只
4	电烙铁	15~25 W	1 把
5	烙铁架	自定	1 只
6	电子实训通用工具	尖嘴钳、斜口钳、镊子、螺丝刀（一字和十字）、小剪刀等	1 套

（2）器材

本次任务实施所需要的器材见表 5-6。

表 5-6 器　　材

编号	名称	规格	数量
1	电阻	4.7 Ω	2 个
2	电阻	510 Ω	1 个
3	电阻	1 kΩ	2 个
4	电阻	2 kΩ	2 个
5	双电位器	100 kΩ	1 只
6	瓷介电容	0.1 μF	4 只
7	电解电容	100 μF	2 只
8	电解电容	220 μF	3 只
9	发光二极管	红色	1 只
10	D2822 集成电路	双列直插式	1 片
11	DIP8 集成电路插座	DIP-8	1 只
12	自锁按钮	8 mm×8 mm	1 只
13	扬声器	8 Ω, 0.5 W	2 只
14	印制电路板	定制	1 块
15	焊接材料	焊锡丝、松香助焊剂、连接导线等	1 套

2. 环境要求、安装工艺要求与安全要求

环境要求见项目 1 任务 1，安装工艺要求见项目 1 任务 3，安全要求见项目 2 任务 2。

3. 电路装接与调试的步骤与方法

根据学生工作页中的电路原理图，在印制电路板上进行装接，并进行电路调试，如图 5-18 所示。

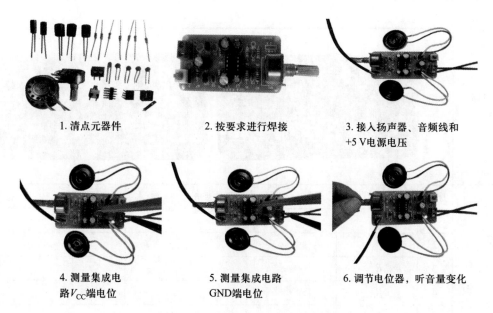

1. 清点元器件　　　　2. 按要求进行焊接　　　　3. 接入扬声器、音频线和 +5 V 电源电压

4. 测量集成电 路 V_{CC} 端电位　　　5. 测量集成电路 GND 端电位　　　6. 调节电位器，听音量变化

图 5–18　足球音箱电路的装接与调试

学生工作页

工作任务	足球音箱电路的 装接与调试	学生/小组		工作时间	

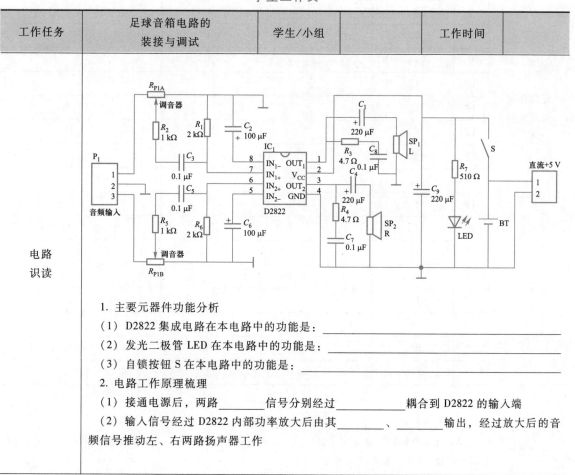

电路识读

1. 主要元器件功能分析

(1) D2822 集成电路在本电路中的功能是：_____

(2) 发光二极管 LED 在本电路中的功能是：_____

(3) 自锁按钮 S 在本电路中的功能是：_____

2. 电路工作原理梳理

(1) 接通电源后，两路_____信号分别经过_____耦合到 D2822 的输入端

(2) 输入信号经过 D2822 内部功率放大后由其_____、_____输出，经过放大后的音频信号推动左、右两路扬声器工作

续表

<table>
<tr><td>印制电路板核查</td><td colspan="7"></td></tr>
<tr><td rowspan="23">元器件识别与检测</td><td>序号</td><td>元器件代号</td><td>元器件名称</td><td>型号规格</td><td>数量</td><td>测量结果</td><td>备注</td></tr>
<tr><td>1</td><td>R_1</td><td></td><td></td><td></td><td></td><td></td></tr>
<tr><td>2</td><td>R_2</td><td></td><td></td><td></td><td></td><td></td></tr>
<tr><td>3</td><td>R_3</td><td></td><td></td><td></td><td></td><td></td></tr>
<tr><td>4</td><td>R_4</td><td></td><td></td><td></td><td></td><td></td></tr>
<tr><td>5</td><td>R_5</td><td></td><td></td><td></td><td></td><td></td></tr>
<tr><td>6</td><td>R_6</td><td></td><td></td><td></td><td></td><td></td></tr>
<tr><td>7</td><td>R_7</td><td></td><td></td><td></td><td></td><td></td></tr>
<tr><td>8</td><td>R_{P1}</td><td></td><td></td><td></td><td></td><td></td></tr>
<tr><td>9</td><td>C_1</td><td></td><td></td><td></td><td></td><td></td></tr>
<tr><td>10</td><td>C_2</td><td></td><td></td><td></td><td></td><td></td></tr>
<tr><td>11</td><td>C_3</td><td></td><td></td><td></td><td></td><td></td></tr>
<tr><td>12</td><td>C_4</td><td></td><td></td><td></td><td></td><td></td></tr>
<tr><td>13</td><td>C_5</td><td></td><td></td><td></td><td></td><td></td></tr>
<tr><td>14</td><td>C_6</td><td></td><td></td><td></td><td></td><td></td></tr>
<tr><td>15</td><td>C_7</td><td></td><td></td><td></td><td></td><td></td></tr>
<tr><td>16</td><td>C_8</td><td></td><td></td><td></td><td></td><td></td></tr>
<tr><td>17</td><td>C_9</td><td></td><td></td><td></td><td></td><td></td></tr>
<tr><td>18</td><td>LED</td><td></td><td></td><td></td><td></td><td></td></tr>
<tr><td>19</td><td>IC_1</td><td></td><td></td><td></td><td></td><td></td></tr>
<tr><td>20</td><td>S</td><td></td><td></td><td></td><td></td><td></td></tr>
<tr><td>21</td><td>SP_1</td><td></td><td></td><td></td><td></td><td></td></tr>
<tr><td>22</td><td>SP_2</td><td></td><td></td><td></td><td></td><td></td></tr>
<tr><td>电路装接</td><td colspan="7">具体步骤：
（1）元器件成形　要求元器件成形符合工艺要求
（2）元器件插装　要求按先低后高、先轻后重、先易后难、先一般元器件后特殊元器件的顺序插装，并符合插装工艺要求
（3）元器件焊接　要求按“五步法”进行焊接，焊点大小适中、光滑，且焊点独立、不粘连</td></tr>
</table>

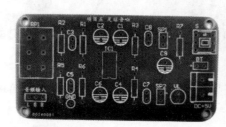

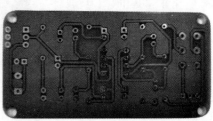

电路检测 与调试	（1）元器件安装检查　用目测法检查元器件安装的正确性，有无错装、漏装(有、无) （2）元器件成形检查　检查元器件成形是否符合规范(是、否) （3）焊接质量检查　焊接良好，有无漏焊、虚焊、粘连 (有、无) （4）电路板电源输入端短路检测　用万用表电阻挡测量电路板电源输入端的正向电阻值为_____，反向电阻值为_____ （5）工作台电源检测　用万用表直流电压挡测量工作台电源电压值是_____ （6）电路板电源检测　用万用表直流电压挡测量电路板电源输入端的电压值是_____ （7）电路功能检测　电路板通电并接入输入信号后的功能_____(扬声器发声情况)
电路技术 参数测量 与分析	电路数据测量： 接通直流电源，未接入音频信号时，测量 IC_1 的 1 脚电位为_____、3 脚电位为_____、2 脚电位为_____、4 脚电位为_____

任务小结

任务评价表

工作任务	足球音箱电路的 装接与调试	学生/小组		工作 时间	
评价内容	评价指标		自评	互评	师评
1. 电路识读(20分)	识读电路图，按要求分析元器件功能和电路原理(每错一处扣 2 分)				
2. 元器件识别与检测 (10分)	正确识别和使用万用表检测元器件(识别检测错误，每个扣 2 分)				
3. 元器件成形与插装 (10分)	按工艺要求将元器件安装至万能板(安装错误，每个扣 2 分;安装未符合工艺要求，每个扣 2 分)				
4. 焊接工艺(20分)	焊点适中，无漏、虚、假、连焊，光滑、圆润、干净、无毛刺，引脚高度基本一致(未达到工艺要求，每处扣 2 分)				
5. 电路检测与调试(20分)	按图装接正确，电路功能完整，记录检测数据准确(返修一次扣 10 分,其余每错一处扣 2 分)				
6. 电路技术参数测量与分析(10分)	按要求进行参数测量与分析，并将结果记录在指定区域内(每错一处扣 2 分)				
7. 职业素养(10分)	安全意识强、用电操作规范(违规扣 2~5 分); 不损坏器材、仪表(违规扣 2~5 分);现场管理有序，工位整洁(违规扣 2~5 分)				
实训 收获					
实训 体会					
开始 时间		结束 时间		实际 时长	

任务拓展

认识音频放大电路

长期以来，高品质音频放大电路的工作类别只限于甲类和甲乙类。其原因在于过去只有电子管这样的器件，乙类电子管放大电路产生的失真使它们甚至在公共广播用时都难以被人们所接受。所有自称高保真的放大电路均工作于推挽式的甲类。

随着半导体器件的出现和发展，放大电路的设计得到了更多的自由。就放大电路的类别而言，已不限于甲类和甲乙类，而是出现了更多类别。就目前来说，甲类、甲乙类和乙类这三类放大电路仍覆盖着半导体放大电路的大多数。

现在的功率放大电路，如果是甲乙类，其转换效率一般在 50% 以下，如果是纯甲类放大电路，效率则更低。为了散热，需要巨大的散热片、热管和风扇。为了保证气流畅通，机器里面要留出充分的空间。这些无疑又增加了设备的体积、质量和能耗。

近年来，数字音频放大电路开始崭露头角，它是指利用数字信号处理的能力及可靠性实现诸如均衡、音量和音调控制以及声音效果等音频处理功能的放大电路。数字放大电路除了提供极高质量的音频信号外，还具有功效高、体积小、质量轻、散热少等优点，因此越来越被人们重视。

当然，也有人把 D 类放大电路的 "D" 称为 "digital(数字)"。实际上，D 类放大电路又称为 "丁" 类放大电路，并不等同于数字放大电路。D 类(丁类)放大电路的特点是断续地转换器件的开通，其频率超过音频，可控制信号的占空比以使它的平均值能代表音频信号的瞬时电平，这种情况被称为脉宽调制(PWM)，其效率在理论上来说是很高的。D 类放大电路的效率在 80% 以上，甚至还可以达到 90%。由于 D 类放大电路具有极高的效率，它产生的热量仅为线性放大电路的一半，所以目前消费类产品厂商正向 D 类放大电路转移。

D 类数字音频功率放大电路具有尺寸小、效率高的优势，所以它有着非常光明的发展前景。利用 D 类数字音频功率放大电路可以设计出更小更薄、更有效率的电子产品，可延长便携式产品电池的使用时间，因此在业界得到普遍认可。手机、DVD、MP3 等多媒体产品的普及，更加速了 D 类数字音频功率放大电路在便携式电子产品中的使用。此外，利用其免用散热片的特点，D 类数字音频功率放大电路尤其适合使用于薄型视讯产品。

项目总结

电压放大电路的主要任务是把微弱的电信号进行电压不失真放大，它的主要指标是电压放大倍数。而功率放大电路的主要任务是不失真地放大信号功率，主要考虑的是如何输出最大的不失真功率。

1. 功率放大电路的基本要求

① 足够大的输出功率。

② 较高的转换效率。

③ 较小的非线性失真。

④ 较好的散热装置。

2. 功率放大电路的分类

① 根据功率放大电路中三极管静态工作点位置的不同可分为：甲类、乙类和甲乙类 3 种(见表 5-7)。

② 根据功率放大电路的耦合方式可分为：阻容耦合、变压器耦合和直接耦合 3 种。

表 5-7　功率放大电路的 3 种工作状态

名称	工作状态	说明
甲类状态		甲类放大电路的静态工作点 Q 设定在放大区的中间，三极管在输入信号的整个周期内均导通（导通角 $\theta = 360°$）。由于放大电路工作在特性曲线的线性范围内，所以非线性失真较小。其电路简单，调试方便。但是三极管有较大的静态电流 I_{CQ}，这时三极管的静态管耗 P_c 大，电路能量转换效率较低，一般小于 50%
乙类状态		乙类放大电路的静态工作点 Q 设置在截止区，这时三极管静态电流 $I_{CQ}=0$，三极管的静态管耗 $P_c=0$，电路能量转换效率高，理论上可以达到 78.5%。但是电路只对半个周期的信号放大（导通角 $\theta=180°$，因此非线性失真大）
甲乙类状态		甲乙类放大电路的静态工作点设在放大区但接近截止区，三极管的导通时间稍大于半周期，导通角为 $180°<\theta<360°$，即三极管处于微导通状态，这样可以克服乙类放大电路非线性失真大的缺点，其转换效率较高

3. OCL 和 OTL 电路结构的不同之处

OCL 功率放大电路由双电源供电，而 OTL 功率放大电路由单电源供电；OCL 功率放大电路输出端采用直接耦合，而 OTL 功率放大电路输出端经大电容 C 与负载 R_L 耦合，为电容耦合。

4. OCL 功率放大电路参数计算公式

$$I_{om}=\frac{U_{om}}{R_L}=\frac{V_{CC}}{R_L}$$

$$P_{om}=U_oI_o=\frac{U_{om}}{\sqrt{2}}\cdot\frac{I_{om}}{\sqrt{2}}=\frac{V_{CC}^2}{2R_L}$$

$$\eta=\frac{P_{om}}{P_E}=\frac{\pi}{4}\approx78.5\%$$

5. OTL 功率放大电路参数计算公式

$$I_{om}=\frac{U_{om}}{R_L}=\frac{V_{CC}}{2R_L}$$

$$P_{om}=U_oI_o=\frac{U_{om}}{\sqrt{2}}\cdot\frac{I_{om}}{\sqrt{2}}=\frac{V_{CC}^2}{8R_L}$$

$$\eta = \frac{P_{om}}{P_E} = \frac{\pi}{4} \approx 78.5\%$$

6. 产生交越失真的原因

在乙类互补对称功率放大电路中，由于没有直流偏置电压，静态工作点设置在零点，三极管工作在截止区。由于三极管存在死区电压，当输入信号小于死区电压时，三极管 VT_1、VT_2 截止，输出电压 u_0 为零，这样在输出信号正、负半周的交界处，出现了失真。

措施：为了克服交越失真，可以给三极管加适当的基极偏置电压，使三极管处于弱导通的状态，即由乙类工作状态变为甲乙类工作状态。

思考与实践

1. 图 5-19 所示电路是用集成功放组件组成的低频功率放大电路，已知各电路的直流电源电压均为 6 V，并已测得各电路的输出功率值，试判断各电路是 OCL 功率放大电路还是 OTL 功率放大电路。

（1）已测得最大不失真功率 P_{om} 为 2.25 W，功率放大电路名称为_____。

（2）已测得最大不失真功率 P_{om} 为 0.562 5 W，功率放大电路名称为_____。

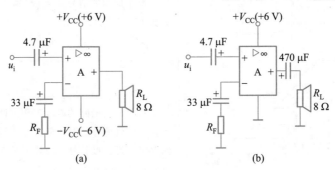

图 5-19　低频功率放大电路

2. 图 5-20 所示电路是一个 OTL 功率放大电路，简述其工作原理，写出最大输出功率表达式。

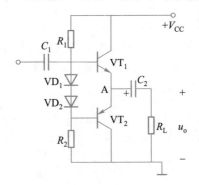

图 5-20　OTL 功率放大电路

3. OTL 功率放大电路与 OCL 功率放大电路有什么区别？它们各自都有什么优缺点？

　　学习材料　　　　　　　　扩 音 系 统

　　声音很神奇。我们听到的所有不同声音都是由周围空气中的微小压力差引起的。令人惊奇的是，空气在相对较长的距离内传递了这些压力变化，并且如此准确。下面介绍生活中最常用的扩音系统：话筒和智能音箱。

1. 话筒

话筒即麦克风，学名为传声器，如图 5-21 所示，它是将声音信号转换为电信号的能量转换器件。20 世纪，话筒由最初通过电阻转换声电发展为电感、电容式转换，大量新的话筒技术逐渐发展起来，这其中包括铝带、动圈等话筒，以及当前广泛使用的电容话筒和驻极体话筒。

（1）话筒的种类

话筒按其结构不同，一般分为动圈式、晶体式、碳粒式、铝带式和电容式等数种，其中最常用的是动圈式话筒和电容式话筒，前者耐用、便宜；后者不耐用、价格高，但性能优良。

图 5-21　话筒

动圈式话筒是通过振膜感应声波造成的空气压力变化，带动置于磁场中的线圈切割磁感线产生与声压强度变化相应的微弱电流信号。通常动圈式话筒噪声低，无须馈送电源，使用简便，性能稳定可靠。

电容式话筒的核心是一个电容传感器。电容的两极被窄空气隙隔开，空气隙就形成电容的介质。在电容的两极间加上电压时，声音振动引起电容变化，电路中电流也产生变化，将这信号放大输出，就可得到质量相当好的音频信号。

驻极体电容式话筒采用了驻极体材料制作话筒振膜电极，不需要外加极化电压即可工作，简化了结构，因此这种话筒非常小巧廉价，同时还具有电容式话筒的特点，被广泛应用在各种音频设备和拾音环境中。

电容式话筒的灵敏度高，频率响应好，音质好。

（2）话筒的主要技术特性

① 灵敏度

话筒的灵敏度是指，在 1 kHz 的频率下，0.1 Pa 规定声压从话筒正面 0° 主轴上输入时，话筒的输出端开路输出电压，单位为 10 mV/Pa。灵敏度与输出阻抗有关。有时以分贝表示，并规定 10 V/Pa 为 0 dB，因话筒输出电压一般为毫伏级，所以其灵敏度的分贝值始终为负值。

② 频响特性

话筒具有在 0° 主轴上灵敏度随频率而变化的特性。要求有合适的频响范围，且该范围内的特性曲线要尽量平滑，以改善音质和抑制声反馈。声压相同而频率不同的声音施加在话筒上时的灵敏度就不一样，频响特性通常用通频带范围内的灵敏度差值来表示。通频带范围愈宽，差值愈少，表示话筒的频响特性愈好，也就是话筒的频率失真小。

③ 指向性

话筒对于不同方向来的声音灵敏度会有所不同，这称为话筒的方向性。方向性与频率有关，频率越高则指向性越强。为了保证音质，要求传声器在频响范围内应有比较一致的方向性。方向性用传声器正面 0° 方向和背面 180° 方向上的灵敏度的差值来表示，差值大于 15 dB 者称为强方向性话筒。产品说明书上常常给出主要频率的方向极坐标响应曲线图案，一般的类型有：单方向性"心形"；双方向性"8字形"；无方向性"圆形"以及单指向性"超心形"。话筒灵敏度的方向性是选择话筒的一项重要因素。有的话筒是单方向性的，有的则是全方向性的，也有一些介于两者之间，其方向性是心形的。

全方向性话筒从各个方向拾取声音的性能一致。当说话者要来回走动时采用此类话筒较为合适，但在环境噪声大的条件下不宜采用。

心形指向话筒的灵敏度在水平方向呈心脏形，正面灵敏度最大，侧面稍小，背面最小。这种话筒在多种扩音系统中都有优秀的表现。

单指向性话筒又称为超心形指向性话筒，它的指向性比心形话筒更尖锐，正面灵敏度极高，其他方向灵敏度急剧衰减，特别适用于高噪声的环境。

④ 输出阻抗

从话筒的引线两端看进去的话筒本身的阻抗称为输出阻抗。

目前常见的话筒有高阻抗与低阻抗之分。高阻抗型的阻值为 $1\,000\sim20\,000\;\Omega$，它可直接和放大电路相接；而低阻抗型的阻值为 $50\sim1\,000\;\Omega$，要经过变压器匹配后，才能和放大电路相接。高阻抗型的输出电压略高，但引线电容所起的旁路作用较大，使高频下降，同时也易受外界的电磁场干扰，所以话筒引线不宜太长，一般以 $10\sim20\;m$ 为宜。低阻抗输出无此缺陷，所以噪声水平较低，传声器引线可相应加长，有的扩音设备所带的低阻抗传声器引线可达 $100\;m$。如果距离更长，就应加前级放大电路。

2. 智能音箱

智能音箱拥有更加人性化的操控和功能，而不仅仅是一个扬声器那么简单，例如网络音箱，它可以与家庭无线网络连接，将在线音乐点播、手机操控、多房间控制等功能相结合，带给用户全新的娱乐体验。

近年来物联网设备逐渐走入千家万户，改善了人们的生活。而智能音箱未来将会成为其他物联网设备的入口，它相当于人的耳朵和手，其重要性可见一斑。例如抱着东西回家不方便开灯，喊一声，智能音箱就能帮你打开客厅的灯；睡觉的时候太冷不想下床去关灯，再喊一声，智能音箱又能帮你关灯。操控其他智能设备只是它功能中的冰山一角，更多例如信息查询服务、闹钟唤醒甚至哄娃利器才是它日常工作中的主角。

（1）走出家庭

智能音箱与数字语音助手已经开始成为企业生态系统的"心脏"，它从每一个触摸点（智能家庭、联网汽车、智能办公室、智能城市等）入手，将环境连接起来。语音识别系统可以完成多种任务，除了简单的抄写、做口述笔记，还能学习、制作文档、写邮件、引用复杂的术语。

（2）智能音箱关键技术与未来发展

相比传统音箱，智能音箱具备语音交互，可提供内容服务、互联网服务，以及场景化智能家居控制。智能音箱可以分为两种，一种以语音交互技术为重点，成为智能家居的控制中心，另一种是以内容分享为主的内容智能音箱，将音箱作为音乐、有声读物等流媒体内容的载体。

项目 6

可调稳压电源电路的装接与调试

——直流稳压电源电路

 项目目标

1. 会分析、装接与调试稳压二极管并联型稳压电源电路。
2. 会分析、安装与调试三极管串联型稳压电源电路。
3. 能安装、测试集成稳压电源电路。
4. 会分析开关型稳压电源电路的结构框图。

项目情境

当今社会，人们极大地享受着电子设备带来的便利，但是任何电子设备都有一个共同的电路——电源电路。图 6-1 所示是几种常见的稳压电源电路。下面学习如何制作一个输出电压可以随意调节，能满足小型电子设备使用的稳压电源。

(a) 电磁炉主电路板

(b) 功放电路实验板电源部分

(c) 充电器内部的集成稳压器

图 6-1　单相稳压电源电路

如图 6-2 所示，交流电经过变压、整流、滤波后转换成了平滑的直流电，但由于电网电压的波动或负载的变动，使输出电压也随之变动，不够稳定。为适应精密设备或自动控制的需要，在整流、滤波后再加入稳压电路，使电路在电网电压发生波动或负载发生变化时，输出电压不受影响，即稳压。

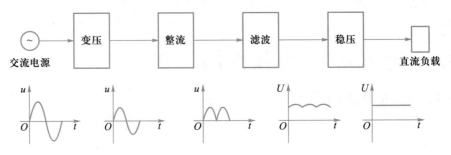

图 6-2　单相稳压电源电路结构框图

项目概述

由于电子技术的特性，电子设备对电源电路的要求就是能够提供持续稳定、满足负载要求的电能，而且通常情况下都要求提供稳定的直流电能。提供这种稳定的直流电能的电源就是直流稳压电源。直流稳压电源在电源技术中占有十分重要的地位。另外，很多电子爱好者初学阶段首先遇到的就是要解决电源问题，否则电路无法工作、电子制作无法进行，学习就无从谈起。

任务 1
稳压二极管并联型稳压电源电路的装接与调试

◆ 任务目标

1. 会分析稳压二极管并联型稳压电源电路的工作过程。
2. 能按工艺流程装接与调试稳压二极管并联型稳压电源电路。

任务描述

稳压二极管并联型稳压电源电路是结构简单、组成元器件少，但又能满足一定稳压要求的电路，非常适合初学者学习与制作。

任务准备

1. 稳压二极管并联型稳压电源电路的组成

稳压二极管的伏安特性曲线如图 6-3 所示。稳压二极管工作在反向击穿区时，流过稳压二极管的电流在相当大的范围内变化，其两端的电压基本不变。利用稳压二极管的这一特性可实现电源的稳压功能。

图 6-4 所示的是稳压二极管并联型稳压电源电路，其中稳压二极管 VZ 反向并联在负载 R_L 两端，所以这是一个并联型稳压电路。电阻 R 起限流和分压作用。稳压电路的输入电压 U_1 来自整流滤波电路的输出电压。

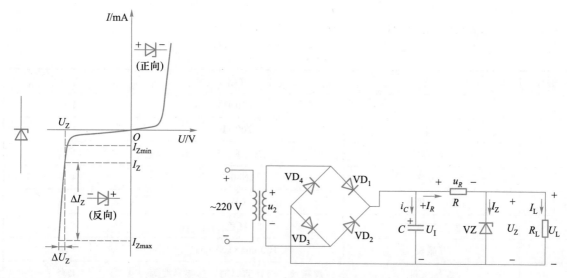

图 6-3 稳压二极管的伏安特性曲线   图 6-4 稳压二极管并联型稳压电源电路

2. 稳压电路的工作过程

当输入电压 U_I 升高或负载 R_L 阻值变大时，造成输出电压 U_L 随之增大，则稳压二极管的反向电压 U_Z 也会上升，从而引起稳压二极管电流 I_Z 的急剧增大，流过 R 的电流 I_R 也增大，导致 R 上的电压降 U_R 上升，从而抵消了输出电压 U_L 的波动，使输出电压 U_L 保持稳定，其稳压过程如下：

$$U_I\uparrow \Longrightarrow U_L\uparrow \Longrightarrow I_Z\uparrow \Longrightarrow I_R\uparrow$$
$$U_L\downarrow \Longleftarrow U_R\uparrow$$

反之，当输入电压 U_I 降低或负载 R_L 阻值变小时，同理可分析出输出电压 U_L 也能基本保持稳定。

该稳压电路结构简单，元器件少。但输出电压由稳压二极管的稳压值决定，不能调节输出电压，并受稳压二极管的稳定电流限制，因此输出电流的变化范围较小，只适用于电压固定的小功率负载且负载电流变化范围不大的场合。

任务实施

1. 准备工具和器材

（1）工具

本次任务实施所需要的常用仪器及工具见表 6-1。

表 6-1 常用仪器及工具

编号	名称	规格	数量
1	小型整流变压器	12 V	1 个
2	万用表	自定	1 只
3	双踪示波器	XC4320 型	1 台
4	电烙铁	15~25 W	1 把
5	烙铁架	自定	1 只
6	电子实训通用工具	尖嘴钳、斜口钳、镊子、螺丝刀（一字和十字）、小剪刀等	1 套

（2）器材

本次任务实施所需要的器材见表6-2。

表6-2 器　材

编号	名称	规格	数量
1	电阻	430 Ω	1只
2	电阻	200 Ω	1只
3	电容	220 μF/25 V	1只
4	二极管	1N4007	4只
5	稳压二极管	6 V	1只
6	发光二极管	红色	1只
7	万能板	100 mm×100 mm	1块
8	焊接材料	焊锡丝、松香助焊剂、连接导线等	1套

2. 环境要求、安装工艺要求与安全要求

环境要求见项目1任务1，安装工艺要求见项目1任务3，安全要求见项目2任务2。

3. 电路装接与调试的步骤与方法

根据学生工作页中的电路图，在万能板上进行安装，如图6-5所示。

1. 准备好所需要的元器件

2. 成形、插装、焊接好各个元器件，连接好线路，并接上电源变压器

3. 接入交流电源，用万用表合适的直流电压挡测量整流后的输出电压，注意正负极性

4. 用万用表合适的直流电压挡测量限流电阻上的电压

5. 用万用表合适的直流电压挡测量稳压二极管两端电压

6. 用万用表合适的直流电压挡测量输出电压值

图6-5 稳压管二极管并联型稳压电源电路的装接与调试

学生工作页

工作任务	稳压二极管并联型稳压 电源电路的装接与调试	学生/小组		工作时间	

电路识读

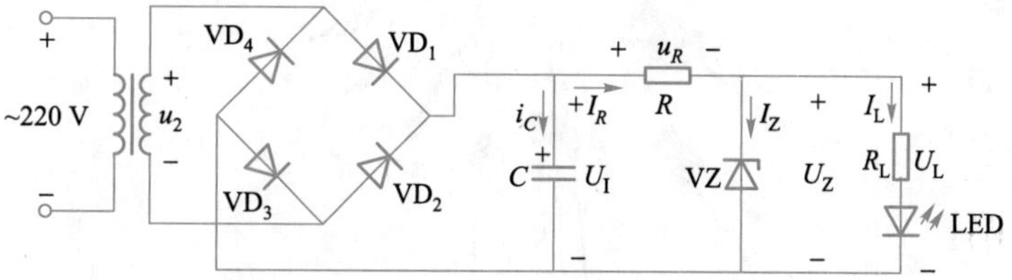

电路工作过程：

U_I(或 R_L)(↑) ⇨ U_L(↑) ⇨ I_Z(_____) ⇨ I_R(_____) ⇨ U_R(_____) ⇨ U_L 稳定

电路接线图绘制

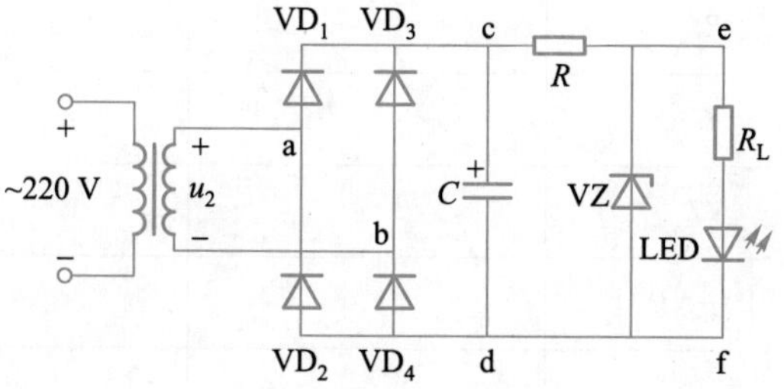

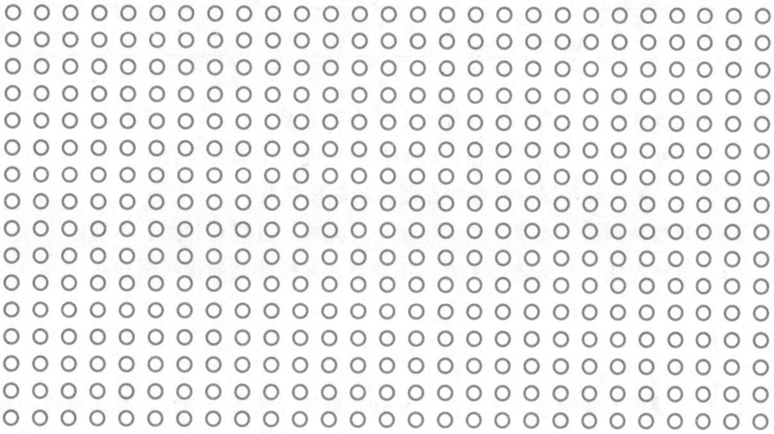

元器件识别与检测

1. 稳压二极管的识别与检测

元器件名称_____，符号_____，在电路中的作用_____

2. 示波器的使用及注意事项

3. 元器件清单

元器件识别与检测						
	序号	元器件代号	元器件名称	型号规格	测量结果	备注
	1	R				
	2	R_L				
	3	C				
	4	VZ				
	5	$VD_1 \sim VD_4$				
	6	LED				

电路装接	（1）元器件成形　要求元器件成形符合工艺要求 （2）元器件插装　要求元器件插装位置正确、牢固，符合工艺要求，并按先低后高、先轻后重、先易后难、先一般元器件后特殊元器件的顺序插装 （3）元器件焊接　要求焊点大小适中、光滑，且焊点独立、不粘连 （4）电路连线　要求连线平直、不架空，并按绘制的接线图连线
电路板检测与调试	（1）元器件安装检测　用目测法检查元器件安装的正确性，有无错装、漏装(有、无) （2）焊接质量检查　焊接良好，有无漏焊、虚焊、粘连（有、无） （3）电路输入电阻测量　用万用表电阻挡测量电路板电源输入端的正向电阻值_____，反向电阻值_____ （4）输入端电压检测　正确接入交流电源，用万用表合适的交流电压挡测量电路板电源输入端的电压值_____ （5）输出端电压检测　用万用表合适的直流电压挡测量电路输出端的电压值_____ （6）电路功能检测　电路通电后的功能（或现象）_____（发光二极管亮/灭） （7）电路数据测量　按项目要求用示波器测量电压 u_{ab}、u_{cd}、u_{ef} 的波形；并用万用表测量 $U_{ab} =$_____V、$U_{cd} =$_____V、$U_{ef} =$_____V

<table>
<tr><td rowspan="3">电路板检测与调试</td><td colspan="2" align="center">示波器波形分析记录表 1</td></tr>
<tr>
<td>1. 画 u_{ab} 波形</td>
<td>
2. 示波器量程
AC/DC：____探针衰减×1/×10：____
SEC/DIV：____ VOLTS/DIV：____
3. 数据分析
$U_{abmax} = $ _____ V
$T = $ _____ s
</td>
</tr>
<tr><td colspan="2"></td></tr>
</table>

示波器波形分析记录表 1

1. 画 u_{ab} 波形

2. 示波器量程
　AC/DC：____探针衰减×1/×10：____
　SEC/DIV：____ VOLTS/DIV：____
3. 数据分析
　$U_{abmax} = $ _____ V
　$T = $ _____ s

示波器波形分析记录表 2

1. 画 u_{cd} 波形

2. 示波器量程
　AC/DC：____探针衰减×1/×10：____
　SEC/DIV：____ VOLTS/DIV：____
3. 数据分析
　$U_{cdmax} = $ _____ V
　$T = $ _____ s

示波器波形分析记录表 3

1. 画 u_{ef} 波形

2. 示波器量程
　AC/DC：____探针衰减×1/×10：____
　SEC/DIV：____ VOLTS/DIV：____
3. 数据分析
　$U_{efmax} = $ _____ V
　$T = $ _____ s

（8）电路数据分析　输出电压、输入电压与电容两端的电压关系分别是：_____；输出电压与输入电压的波形关系是：_____

 任务小结

任务评价表

工作任务	稳压二极管并联型稳压电源电路的装接与调试	学生/小组		工作时间	
评价内容	评价指标	自评	互评	师评	
1. 电路识读（10 分）	识读电路图，按要求分析元器件功能和电路工作过程（每错一处扣 3 分）				
2. 接线图的绘制（10 分）	根据电路图正确绘制接线图（每错一处扣 2 分）				
3. 元器件识别与检测（20 分）	正确使用示波器；正确识别和使用万用表检测元器件（识别、检测错误，每错一处扣 1 分）				
4. 电路装接（20 分）	按工艺要求将元器件插装至万能板，焊点适中，无漏、虚、假、连焊，光滑、圆润、干净、无毛刺，引脚高度基本一致（未达到工艺要求，每处扣 2 分）				
5. 电路检测与调试（30 分）	按图装接正确，电路功能完整（返修一次扣 10 分）；按要求记录检测数据准确，进行参数测量与分析，并将结果记录在指定区域内（每错一处扣 1 分）				
6. 职业素养（10 分）	安全意识强、用电操作规范（违规扣 2~5 分）；不损坏器材、仪表（违规扣 2~5 分）；现场管理有序，工位整洁（违规扣 2~5 分）				
实训收获					
实训体会					
开始时间		结束时间		实际时长	

任务拓展

1. 在元器件布局、焊接时应注意什么？稳压二极管的接法如何？

2. 你能改变学生工作页中电路的输入电压或负载的大小，利用万用表及示波器测量电路输出即 cd 端、ef 端的电压及波形吗？

3. 在稳压二极管并联型稳压电路的装接与调试中，如果不小心将稳压二极管接反了，那么输出电压将会怎样变化？

*任务 2

三极管串联型稳压电源电路的装接与调试

◆ 任务目标

1. 熟悉三极管串联型稳压电源电路的电路形式。
2. 会分析三极管串联型稳压电源电路的工作原理。
3. 会安装与调试三极管串联型稳压电源电路。
4. 会分析、检测、排除三极管串联型稳压电源电路的常见故障。

✎ 任务描述

当负载的电流较大，而且要求稳压特性较好时，一般采用三极管串联型直流稳压电源电路。

✿ 知识准备

1. 电路组成

图 6-6 所示是三极管串联型稳压电源电路，它由取样电路、基准电路、比较放大电路及调整元件等环节组成。

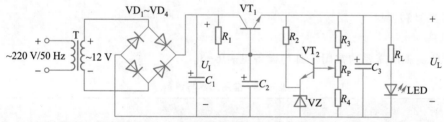

带有放大环节串联型三极管稳压电源工作原理

图 6-6　三极管串联型稳压电源电路

① 取样电路　电阻 R_3、R_4 和电位器 R_P 构成取样电路，用来从输出电压中按 $U_{B2} = \dfrac{R_{P下}+R_4}{R_3+R_P+R_4} U_{C3}$ 的比例取出电压送到 VT$_2$ 管的基极（$U_{C3} = U_0$）。由于 U_{B2} 能反映输出电压的变化，所以称之为取样电压。同时调节 R_P 可以调整输出电压的大小。

② 基准电路　由稳压二极管 VZ 与电阻 R_2 组成，以稳压二极管的稳定电压 U_Z 作为基准电压，加到 VT$_2$ 管的发射极，作为调整、比较的标准。R_2 为稳压二极管的限流电阻。

③ 比较放大电路　由三极管 VT$_2$ 和电阻 R_1 构成直流放大电路，其作用是将取样电压 U_{B2} 和基准电压 U_Z 进行比较，比较的误差电压 U_{BE2}（$U_{BE2} = U_{B2} - U_Z$）经 VT$_2$ 管放大后去控制调整管 VT$_1$。R_1 既是 VT$_2$ 的集电极负载电阻，又是 VT$_1$ 的基极偏置电阻。

④ 调整电路　由大功率三极管 VT$_1$ 组成，它与负载 R_L 串联，故称此电路为串联型稳压电源电路。调整管 VT$_1$ 相当于一个可变电阻，在比较放大电路输出信号的控制下自动调节其集射之间的电压降，以抵消输出电压的波动。

2. 稳压电路的工作过程

当输入电压 U_I 或负载 R_L 发生变化时，若引起输出电压 U_L 上升，导致取样电压 U_{B2} 增加，则 VT$_2$ 管的 U_{BE2} 增大（U_Z 不变），集电极电流 I_{C2} 增加，使集电极电位 $V_{C2} = V_{B1}$ 下降，故 VT$_1$ 管的 U_{BE1}

减小，I_{C1} 减小，U_{CE1} 增大使输出电压 U_L 减小，从而保持 U_L 基本不变。

$$U_I (或 R_L) \uparrow \Longrightarrow U_L \uparrow \Longrightarrow U_{BE2} \uparrow \Longrightarrow I_{C2} \uparrow \Longrightarrow V_{B1} \downarrow$$

$$U_L 稳定 \Longleftarrow U_{CE1} \uparrow \Longleftarrow I_{C1} \downarrow$$

反之，当输入电压 U_I 或负载 R_L 发生变化造成输出电压 U_L 下降时，其稳压过程与上面的分析相同，只是变化趋势相反。

3. 输出电压 U_L 的调节

调节 R_P 可以调节输出电压 U_L 的大小，使其在一定的范围内变化。

输出电压估算：根据电阻分压关系得到 U_L 与 U_{B2} 的关系式为

$$U_{B2} = \frac{R_{P下} + R_4}{R_3 + R_P + R_4} U_L$$

又因为 $U_{E2} = U_Z$（U_Z 为稳压二极管 VZ 的稳压值），故

$$U_{B2} = U_Z + U_{BE2}$$

综上两式得

$$U_L = \frac{R_3 + R_P + R_4}{R_{P下} + R_4} (U_Z + U_{BE2})$$

上述公式中的 R_P 下表示 R_P 中心滑臂下段的电阻值。

同时，从输出电压估算公式中还可以得到 U_L 的调节范围：当 R_P 下 $= 0$，即 R_P 中心滑臂滑到最下端时，$U_L = U_{Lmax}$（最大值）；当 $R_{P下} = R_P$，即 R_P 中心滑臂滑到最上端时，$U_L = U_{Lmin}$（最小值）。

任务实施

1. 准备工具和器材

（1）工具

本次任务实施所需要的常用工具与设备见表 6-3。

表 6-3 常用工具与设备

编号	名称	规格	数量
1	单相交流电源	12 V（或 9~16 V 可调）	1 个
2	万用表	自定	1 只
3	双踪示波器	XC4320 型	1 台
4	电烙铁	15~25 W	1 把
5	烙铁架	自定	1 只
6	电子实训通用工具	尖嘴钳、斜口钳、镊子、螺丝刀（一字和十字）、小剪刀等	1 套

（2）器材

本次任务实施所需要的器材见表 6-4。

表 6-4 器 材

编号	名称	规格	数量
1	电阻	510 Ω	1 只
2	电阻	560 Ω	1 只

编号	名称	规格	数量
3	电阻	390 Ω	2 只
4	电阻	1 kΩ	1 只
5	电位器	0~1 kΩ	1 只
6	电容	1 000 μF/25 V	1 只
7	电容	100 μF/25 V	1 只
8	电容	220 μF/25 V	1 只
9	二极管	1N4007	4 只
10	稳压二极管	6 V/0.5 W	1 只
11	发光二极管	红色	1 只
12	三极管	8050	1 只
13	三极管	9013	1 只
14	万能板	100 mm×100 mm	1 块
15	焊接材料	焊锡丝、松香助焊剂、连接导线等	1 套

2. 环境要求、安装工艺要求与安全要求

环境要求见项目 1 任务 1，安装工艺要求见项目 1 任务 3，安全要求见项目 2 任务 2。

3. 元器件成形与插装的步骤与方法

根据 6-6 所示的电路图，在万能板上进行安装，如图 6-7 所示。

1. 准备好所需要的元器件

2. 成形、插装、焊接好整流、滤波、基准、比较放大、取样电路的各元器件

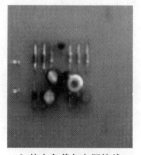

3. 接上负载与电源接线柱，按图连好连线

4. 接上交流电源并用万用表合适的交流电压挡测输入电压是否正常，调节电位器使LED亮度适中

5. 用万用表合适的直流电压挡测整流滤波后的输出电压

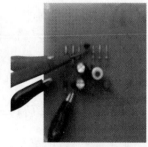

6. 用万用表合适的直流电压挡测调整管基极电压

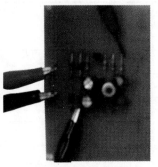

7. 用万用表合适的直流电压挡测基准电压

8. 用万用表合适的直流电压挡测比较放大管基极电压

9. 用万用表合适的直流电压挡测输出电压

图 6-7 三极管串联型稳压电源电路安装测试示意图

学生工作页

工作任务	三极管串联型稳压电源电路的装接与调试	学生/小组	工作时间
电路识读	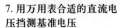 电路工作过程:		

电路工作过程:

$$U_I(或R_L)\uparrow \Longrightarrow U_L\uparrow \Longrightarrow U_{BE2}\uparrow \Longrightarrow I_{C2}\uparrow \Longrightarrow V_{B1}\downarrow$$

$$U_L稳定 \Longleftarrow U_{BE1}\uparrow \Longleftarrow I_{C1}\downarrow$$

$$U_I(或R_L)\downarrow \Longrightarrow U_L\downarrow \Longrightarrow (\_\_\_) \Longrightarrow (\_\_\_) \Longrightarrow (\_\_\_)$$

$$(\_\_\_) \Longleftarrow (\_\_\_) \Longleftarrow (\_\_\_)$$

电路接线 图绘制	

1. 三极管的识别与检测

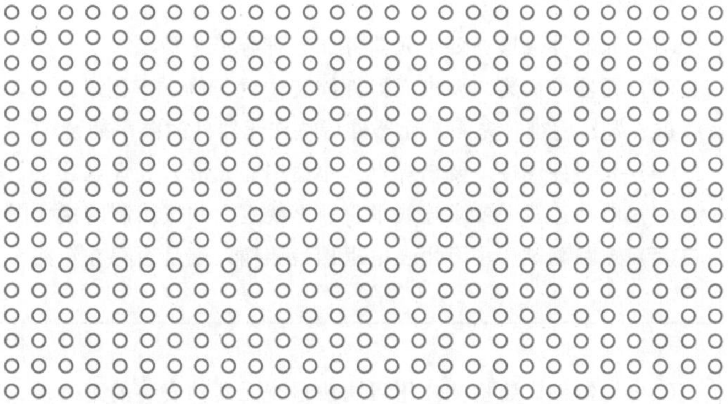

2. 电位器的识别与检测

3. 元器件清单

元器件识别与检测

序号	元器件代号	元器件名称	型号规格	测量结果	备注
1	R_1、R_2、R_3、R_4、R_L				
2	R_P				
3	C_1、C_2、C_3				
4	$VD_1 \sim VD_4$				
5	VT_1、VT_2				
6	VZ				
7	LED				

电路装接	（1）元器件成形　要求元器件成形符合工艺要求 （2）元器件插装　要求元器件插装位置正确、牢固，符合工艺要求，并按先低后高、先轻后重、先易后难、先一般元器件后特殊元器件的顺序插装 （3）元器件焊接　要求焊点大小适中、光滑，且焊点独立、不粘连 （4）电路连线　要求连线平直、不架空，并按绘制的接线图连线 （5）短路测试　用万用表电阻挡检测输入端是否存在短路
电路检测与调试	（1）元器件安装检测　用目测法检查元器件安装的正确性，有无错装、漏装(有、无) （2）焊接质量检查　焊接良好，有无漏焊、虚焊、粘连（有、无） （3）电路输入电阻检测　用万用表电阻挡测量电路板电源输入端的正向电阻值_____，反向电阻值_____ （4）输入端电压检测　正确接入电源，用万用表合适的交流电压挡测量电路输入端的电压值_____ （5）输出端电压检测　用万用表合适的直流电压挡测量电路输出端的电压值_____ （6）电路功能检测　电路通电后的功能（或现象）_____（发光二极管亮/灭） （7）电路数据测量　按项目测量要求对下表数据及波形进行相关测量

测试点	输入电压 U_2	电容两端电压 U_{C1}	VT$_1$ 基极电位 V_{B1}	VT$_2$ 基极电位 V_{B2}	VT$_2$ 发射极电位 V_{E2}	输出电压 U_{Lmax}	输出电压 U_{Lmin}
测量值（V）							

示波器波形分析记录表 1

1. 画 u_2 波形

（波形记录方格）

2. 示波器量程

AC/DC：_____探针衰减×1/×10：_____

SEC/DIV：_____VOLTS/DIV：_____

3. 数据分析

$U_{2max} = $ _____ V

$T = $ _____ s

续表

	示波器波形分析记录表 2	
电路检测 与调试	1. 画 u_L 波形 （空白网格）	2. 示波器量程 　AC/DC：____探针衰减×1/×10：____ 　SEC/DIV：____ VOLTS/DIV：____ 3. 数据分析 $U_{Lmax}=$ _____ V $T=$ _____ s

（8）电路数据分析　输入电压和输出电压数值与波形关系：_____；调整管 VT_1 集电极和发射极电压 U_{CE1} 的变化范围：_____，U_{CE1} 与 U_L 的关系式为：

_____，可见 $U_L=\dfrac{R_3+R_P+R_4}{R_{P下}+R_4}(U_Z+U_{BE2})$ 成立的条件是：_____

任务小结

任务评价表

工作任务	三极管串联型稳压电源 电路的装接与调试	学生/小组		工作 时间	
评价内容	评价指标	自评	互评	师评	
1. 电路识读（10分）	识读电路图，按要求分析元器件功能和电路工作过程（每错一处扣 2 分）				
2. 接线图的绘制（10分）	根据电路图正确绘制接线图（每错一处扣 1 分）				
3. 元器件识别与检测（20分）	正确识别和使用万用表检测元器件（识别、检测错误，每错一处扣 1 分）				
4. 电路装接（20分）	按工艺要求将元器件插装至万能板，焊点适中，无漏、虚、假、连焊，光滑、圆润、干净、无毛刺，引脚高度基本一致（未达到工艺要求，每处扣 2 分）				
5. 电路检测与调试（30分）	按图装接正确，电路功能完整（返修一次扣 10 分）；按要求记录检测数据准确，进行参数测量与分析，并将结果记录在指定区域内（每错一处扣 1 分）				
6. 职业素养（10分）	安全意识强、用电操作规范（违规扣 2~5 分）；不损坏器材、仪表（违规扣 2~5 分）；现场管理有序，工位整洁（违规扣 2~5 分）				

续表

评价内容	评价指标	自评	互评	师评
实训收获				
实训体会				

开始时间		结束时间		实际时长	

 任务拓展

根据学生工作页，绘制各测试点的波形。

任务 3 | 集成稳压电源电路的装接与调试

◆ 任务目标

1. 能识别三端集成稳压器件的引脚。
2. 能识读集成稳压电源电路的电路图，熟悉典型应用电路。
3. 会装接、调试集成稳压电源电路。
4. 会分析开关型稳压电源电路的结构框图。

✎ 任务描述

集成稳压器体积小，使用方便，广泛应用于各种电子设备的电源部分。

✖ 知识准备

1. 固定式三端集成稳压电源电路

常用的固定输出式（简称固定式）三端集成稳压器有 CW78XX 系列和 CW79XX 系列，78 系列输出正电压，79 系列输出负电压，型号的末两位数字表示输出电压值，如：CW7906 表示输出电压为 -6 V。固定式三端集成稳压器引脚排列和电路接线如图 6-8、图 6-9 所示。

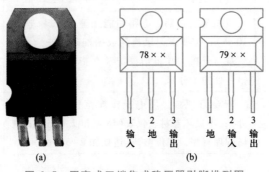

图 6-8　固定式三端集成稳压器引脚排列图

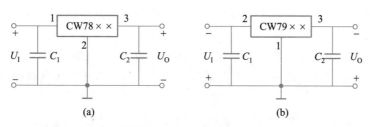

图 6-9　固定式三端集成稳压器电路接线图

2. 可调式三端集成稳压电源电路

可调输出式（简称可调式）三端集成稳压器不仅输出电压可调节，而且稳压性能要优于固定输出式三端集成稳压器。常见的可调式三端集成稳压器有正电压输出和负电压输出两个系列，如国产型号的 CW117/217/317、CW137/237/337 及进口型号的 LM317、LM337 等，字母后两位数字为 17，是正电压输出，若是 37，为负电压输出。可调式三端集成稳压器引脚排列和电路接线如图 6-10、图 6-11 所示。

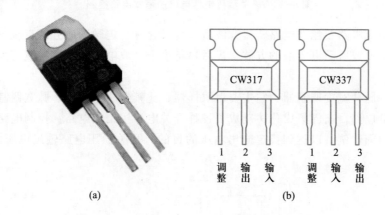

图 6-10　可调式三端集成稳压器引脚排列图

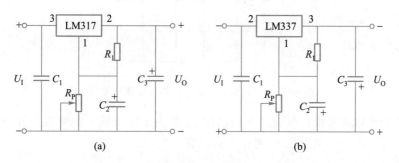

图 6-11　可调式三端集成稳压器电路接线图

图 6-11 中电位器 R_P 和电阻 R_1 组成取样电阻分压器，接稳压器的调整端，改变 R_P 可调节输出电压 U_O 的高低，$U_O \approx 1.25\left(1+\dfrac{R_P}{R_1}\right)$，可在 1.25~37 V 范围内连续可调。为保证稳压器在空载时能够稳定地工作，只要保证 $\dfrac{U_O}{R_1+R_P} \geqslant 1.5$ mA，即保证 $R_1 \leqslant 0.83$ kΩ，$R_P \leqslant 23.74$ kΩ 两式同时成立。输入端的并联电容 C_1 旁路整流电路输出的干扰信号；电容 C_2 可以消除 R_P 上的波动电压，使取样电压稳定；电容 C_3 起消振作用。

3. 开关稳压电源电路

由于开关稳压电源电路调整管工作在饱和、截止的开关状态，电路功耗小、温升低、体积小、质量轻、效率高，实践证明它比传统的串联型稳压电源电路有更多的优越性。目前很多电子产品中都采用开关型稳压电源电路。

开关稳压电源电路按控制方式分为调宽式和调频式两种，在实际的应用中，调宽式使用得较多。下面主要介绍调宽式开关稳压电源电路的基本原理。开关稳压电源电路的基本电路框图如图 6-12 所示。

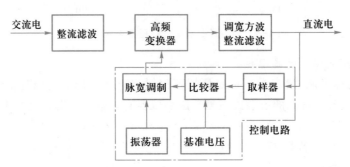

图 6-12 开关稳压电源电路的基本电路框图

交流电压经整流电路及滤波电路整流滤波后，变成含有一定脉动成分的直流电压，该电压进入高频变换器被转换成所需电压值的方波，最后再将这个方波电压经整流滤波变为所需的直流电压。

控制电路为一脉冲宽度调制器，它主要由取样器、比较器、振荡器、脉宽调制及基准电压等电路构成。这部分电路目前已集成化，制成了各种开关电源用集成电路。控制电路用来调整高频开关元件的开关时间比例，以达到稳定输出电压的目的。开关稳压电路输出电压波形图如图 6-13 所示。

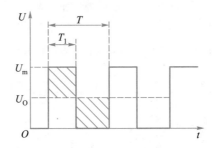

图 6-13 开关稳压电源电路输出电压波形图

对于单极性矩形脉冲来说，其直流平均电压 U_0 取决于矩形脉冲的宽度，脉冲越宽，其直流平均电压值就越高。直流平均电压 U_0 可由下式计算

$$U_0 = U_m \times T_1 / T$$

式中，U_m——矩形脉冲最大电压值。

T——矩形脉冲周期。

T_1——矩形脉冲宽度。

从上式可以看出，当 U_m 与 T 不变时，直流平均电压 U_0 将与脉冲宽度 T_1 成正比。因此，只要设法使脉冲宽度随稳压电源输出电压的增高而变窄，就可以达到稳定电压的目的。

任务实施

1. 准备工具和器材

（1）工具

本次任务实施所需要的常用工具与设备见表 6-5。

表 6-5　常用工具与设备

编号	名称	规格	数量
1	单相交流电源	15 V（或 9~16 V 可调）	1 个
2	万用表	自定	1 只
3	双踪示波器	XC4320 型	1 台
4	电烙铁	15~25 W	1 把
5	烙铁架	自定	1 只
6	电子实训通用工具	尖嘴钳、斜口钳、镊子、螺丝刀（一字和十字）、小剪刀等	1 套

（2）器材

本次任务实施所需要的器材见表 6-6。

表 6-6　器　材

编号	名称	规格	数量
1	电阻	120 Ω	1 只
2	电位器	0~2.2 kΩ	1 只
3	电阻	1 kΩ	1 只
4	电容	1 000 μF/25 V	1 只
5	电容	10 μF/25 V	1 只
6	电容	33 μF/25 V	1 只
7	二极管	1N4001	6 只
8	发光二极管	红色	1 只
9	可调三端稳压器	LM317	1 只
10	万能板	100 mm×100 mm	1 块
11	焊接材料	焊锡丝、松香助焊剂、连接导线等	1 套

2. 环境要求、安装工艺要求与安全要求

环境要求见项目 1 任务 1，安装工艺要求见项目 1 任务 3，安全要求见项目 2 任务 2。

3. 元器件成形与插装的步骤与方法

根据学生工作页电路图，在万能板上进行安装，如图 6-14 所示。

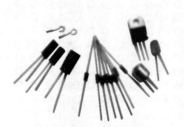

1. 准备好所需要的元器件

2. 成形、插装、焊接好各个元器件，连接好线路

3. 将 R_P 值调至最小，接入交流电源

4. 用万用表直流电压挡接于输出端，调节R_P使输出电压达12 V

5. 用万用表合适的直流电压挡测LM317的输入电压

6. 用万用表合适的直流电压挡测LM317公共端的电压值

图 6-14　可调式三端集成稳压电源电路的装接与调试示意图

学生工作页

工作任务	集成稳压电源电路的装接与调试	学生/小组		工作时间	

电路识读

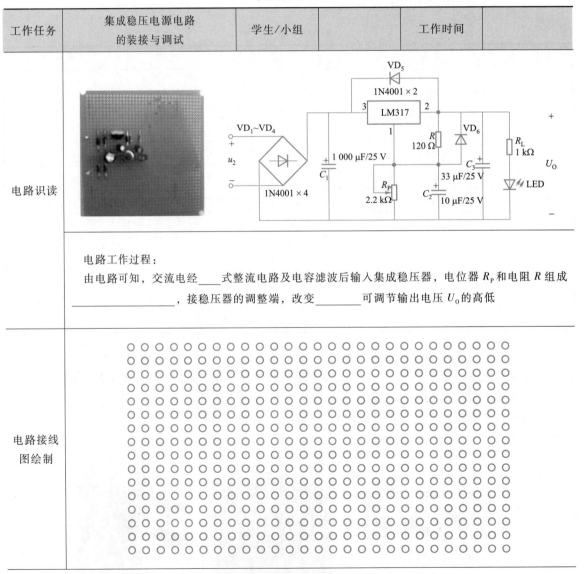

电路工作过程：

由电路可知，交流电经＿＿＿式整流电路及电容滤波后输入集成稳压器，电位器 R_P 和电阻 R 组成

＿＿＿＿＿＿＿＿＿＿，接稳压器的调整端，改变＿＿＿＿＿可调节输出电压 U_O 的高低

电路接线图绘制

续表

元器件识别与检测	1. 集成稳压器与电容的识别与检测  2. 比较固定式与可调式集成稳压器的异同 3. 元器件清单 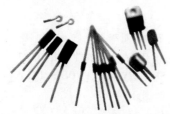

序号	元器件代号	元器件名称	型号规格	测量结果	备注
1	R、R_L				
2	R_P				
3	$VD_1 \sim VD_6$				
4	C_1、C_2、C_3				
5	LED				
6	LM317				

电路装接	（1）元器件成形　要求元器件成形符合工艺要求 （2）元器件插装　要求元器件插装位置正确、牢固，符合工艺要求，并按先低后高、先轻后重、先易后难、先一般元器件后特殊元器件的顺序插装 （3）元器件焊接　要求焊点大小适中、光滑，且焊点独立、不粘连 （4）电路连线　要求连线平直、不架空，并按绘制的接线图连线 （5）短路测试　用万用表电阻挡检测输入端是否存在短路
电路检测与调试	（1）元器件安装检测　用目测法检查元器件安装的正确性，有无错装、漏装(有、无) （2）焊接质量检查　焊接良好，有无漏焊、虚焊、粘连 (有、无) （3）电路输入电阻检测　用万用表电阻挡测量电路板电源输入端的正向电阻值_____，反向电阻值_____ （4）输入端电压检测　用万用表合适的交流电压挡测量电路输入端的电压值_____ （5）输出端电压检测　用万用表合适的直流电压挡测量电路输出端的电压值_____ （6）电路功能检测　电路通电后的功能(或现象)_____（发光二极管亮/灭） （7）电路数据测量　按项目测量要求对下表数据及波形进行相关测量

测试点	输入电压 U_2	电容两端电压 U_{C1}	输出电压最大时			输出电压最小时		
			U_{Omax}	U_{32}	U_{21}	U_{Omin}	U_{32}	U_{21}
测量值 /V								

示波器波形分析记录表 1

1. 画 u_2 波形

2. 示波器量程
　AC/DC：＿＿＿　探针衰减×1/×10：＿＿＿
　SEC/DIV：＿＿＿　VOLTS/DIV：＿＿＿
3. 数据分析
　$U_{2max}=$＿＿＿＿＿V
　$T=$＿＿＿＿＿s

电路检测与调试

示波器波形分析记录表 2

1. 画 U_O 波形

2. 示波器量程
　AC/DC：＿＿＿　探针衰减×1/×10：＿＿＿
　SEC/DIV：＿＿＿　VOLTS/DIV：＿＿＿
3. 数据分析
　$U_{Omax}=$＿＿＿＿＿V
　$T=$＿＿＿＿＿s

（8）电路数据分析　输出电压和输入电压波形关系，是否有稳压作用：＿＿＿＿＿＿＿

LM317 的 3 脚与 2 脚间 U_{32} 的变化范围：＿＿＿＿＿＿＿

LM317 的 2 脚与 1 脚间 U_{21} 的变化范围：＿＿＿＿＿＿＿

输出电压公式 $U_O \approx 1.25\left(1+\dfrac{R_P}{R}\right)$ 是否成立，并说明理由＿＿＿＿＿＿＿

VD_5、VD_6 的作用是＿＿＿＿＿＿＿

 任务小结

任务评价表

工作任务	集成稳压电源电路 的装接与调试	学生/小组		工作 时间	
评价内容	评价指标	自评	互评	师评	
1. 电路图识读(10分)	识读电路图,按要求分析元器件功能和电路工作过程(每错一处扣3分)				
2. 接线图的绘制(10分)	根据电路图正确绘制接线图(每错一处扣1分)				
3. 元器件识别与检测(20分)	正确识别和使用万用表检测元器件(识别、检测错误,每错一处扣1分)				
4. 电路装接(20分)	按工艺要求将元器件插装至万能板,焊点适中,无漏、虚、假、连焊,光滑、圆润、干净、无毛刺,引脚高度基本一致(未达到工艺要求,每处扣2分)				
5. 电路检测与调试(30分)	按图装接正确,电路功能完整(返修一次扣10分);按要求记录检测数据准确,进行参数测量与分析,并将结果记录在指定区域内(每错一处扣1分)				
6. 职业素养(10分)	安全意识强、用电操作规范(违规扣2~5分);不损坏器材、仪表(违规扣2~5分);现场管理有序,工位整洁(违规扣2~5分)				
实训 收获					
实训 体会					
开始 时间		结束 时间		实际 时长	

任务拓展

1. 简易充电器的 PCB 装接与调试

图 6-15 所示为简易充电器的电路图,电路工作过程如下:单相交流电经整流二极管 $VD_1 \sim VD_4$ 桥式整流,电容滤波后输入集成稳压器,电位器 R_P 和电阻 R 组成取样电阻分压器,接稳压器的调整端,改变 R_P 可调节输出电压 U_0 的大小。

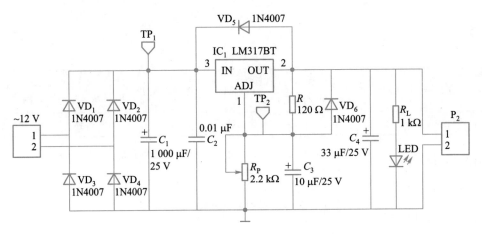

图 6-15　简易充电器电路图

（1）准备工具和器材

① 工具

本次任务实施所需要的常用工具与设备见表 6-7。

表 6-7　常用工具与设备

编号	名称	规格	数量
1	单相交流电源	15 V（或 9~16 V 可调）	1 个
2	万用表	自定	1 只
3	双踪示波器	XC4320 型	1 台
4	电烙铁	15~25 W	1 把
5	烙铁架	自定	1 只
6	电子实训通用工具	尖嘴钳、斜口钳、镊子、螺丝刀（一字和十字）、小剪刀等	1 套

② 器材

本次任务实施所需要的器材见表 6-8。

表 6-8　器　材

编号	名称	规格	数量
1	电阻 R	120 Ω	1 只
2	电阻 R_L	1 kΩ	1 只
3	电位器 R_P	0~2.2 kΩ	1 只
4	电解电容 C_1	1 000 μF/25 V	1 只
5	瓷介电容 C_2	0.01 μF	1 只
6	电解电容 C_3	10 μF/25 V	1 只
7	电解电容 C_4	33 μF/25 V	1 只
8	二极管 $VD_1 \sim VD_6$	1N4007	6 只
9	发光二极管 LED	φ3 mm 红色	1 只

续表

编号	名称	规格	数量
10	可调三端稳压器 IC_1	LM317	1 块
11	排针（交流 12 V）	外接输入电源	2 只
12	排针（P_2）	输出端	2 只
13	PCB	简易充电器 PCB	1 块
14	焊接材料	焊锡丝、松香助焊剂、连接导线等	1 套

（2）完成装接与调试的步骤与方法

根据图 6-15 所示简易充电器电路在印制电路板上进行装接，如图 6-16 所示。

1. 准备好所需要的元器件及PCB

2. 成形、插装、焊接好各个元器件

3. 剪去多余引脚，目测检查焊点并连接好线路

4. 检测与通电调试

图 6-16　简易充电器装接与调试示意图

简易充电器安装成功后，接上 12 V 交流电源供电，发光二极管发光。如果没有出现所需要的功能，应从以下几个方面测试、检修：

① 用万用表测量电源电压是否正常。

② 检测焊接线路是否正常连通，可用万用表检测每条线路是否导通。

③ 检测每个元器件是否安装正确，特别是发光二极管的正负极性是否正确。

④ 发光二极管的限流电阻是否用错。

⑤ 测试电容 C_1 正极（TP_1）、电容 C_4 正极的电压是否合适；调节 R_P，测电容 C_3 正极（TP_2）电压是否合适，以排除测试点前侧的故障。

2. 在元器件的布局、焊接时应注意什么？集成稳压器的接法如何？

3. 你能根据学生工作页线路利用万用表及示波器，测量集成稳压器 LM317 各引脚的对地电压及波形吗？

4. 你能根据学生工作页线路利用万用表合适的电压挡，用螺丝刀调节电位器 R_P 的电阻值，测量集成稳压器 LM317 的 1、2 引脚对地电压的变化范围吗？

5. 你能根据所学知识，点亮图 6-17 所示的"爱心"形发光二极管吗？

图 6-17 "爱心"形发光二极管电路图

6. 网购开关型稳压电源套件，并自制实用的稳压电源，以供后续学习、生活使用。

 项目总结

常见稳压电源电路比较见表 6-9。

表 6-9 常见的稳压电源电路比较表

类型	电路	应用场合
并联型稳压电源电路		输出电压固定的小功率负载且负载电流变化范围不大的场合
串联型稳压电源电路		输出电压可调、负载电流不大的场合
固定式三端集成稳压电源电路		输出电压固定的中小功率负载场合

续表

类型	电路	应用场合
可调式三端集成稳压电源电路	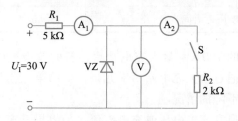	输出电压可调的场合

思考与实践

1. 小明刚完成稳压电路的安装，发现有一个型号为 2CW18 的稳压二极管，用万用表测得其两端的电压只有 0.7 V 左右，你能帮他查明原因并修复吗？

2. 图 6-18 所示电路中，稳压二极管的稳定电压 $U_Z = 6$ V，图中电压表流过的电流忽略不计，试求：

（1）当开关 S 闭合时，电压表 V 和电流表 A_1、A_2 的读数分别为多少？

（2）当开关 S 断开时，电压表 V 和电流表 A_1、A_2 的读数分别为多少？

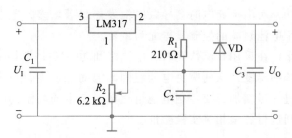

图 6-18　稳压二极管稳压电路

3. 图 6-19 所示电路为可调式三端集成稳压电路，当 $U_{21} = 1.2$ V 时，流过 R_1 的最小电流 I_{R1min} 为 5~10 mA，调整端 1 输出的电流 I_{adj} 远小于 I_{R1min}，$U_I - U_O = 2$ V。

（1）求 R_1 的值。

（2）当 $R_1 = 210$ Ω，$R_2 = 3$ kΩ 时，求输出电压 U_O。

图 6-19　可调式三端集成稳压电路

（3）调节 R_2 在 0~6.2 kΩ 范围内变化时，求输出电压的调节范围。

学习材料　　　　　**电动汽车快充技术**

近几年，随着国内限牌城市数量增多以及国家部分城市对纯电动汽车的补贴+免摇号政策，越来越多人开始选择纯电动汽车，为汽车充电成为用车生活的一个重要部分。下面介绍电动车充电技术。

1. 电动车的充电时间

目前我国市场的主流纯电动车产品，利用国内较为常见的 60 kW 直流快充桩，由低电量（为避免电池组过度放电而缩短寿命，一般电池系统在电量消耗至 20%~30% 的时候就会发出低电量警告）充至 80% 电量，大约需要 30 min。

当电池电量超过 80% 后，系统会限制充电电流，避免电池温度过高或电池单体过度充电而损坏。约 1.5 h 后，电池电量可充至 100%。

虽然国内已经有些地方开始配套 120 kW 或 150 kW 的直流快充桩，但是目前国内绝大部分纯电动车的最大充电功率都在 60 kW 以下，所以更大功率的直流充电桩并不能提升大部分现有纯电动车型的充电速度。

2. 新一代超级充电桩

第三代超级充电桩的最大输出功率达到 250 kW，采用了全新的液冷式充电电缆设计。

由表 6-10 可知，相比目前常见的 60 kW 直流快充系统，250 kW 快充系统为一台电耗为 15 kW·h/100 km 续航的纯电动车充入 100 km 续航所需的时间理论上为 3.6 min。

表 6-10　一台电耗为 15 kW·h/100 km 的电动车
在不同充电功率下的充电时间对比（理论值）

充电功率	60 kW	120 kW	250 kW
充 100 km 续航所需时间	15 min	7.5 min	3.6 min

相比第二代超级充电桩的 120 kW 最大充电功率，新的超级充电桩的最大充电功率整整提升了一倍有余。与此同时，通过增大充电站功率冗余，新的第三代超级充电桩不会出现多车充电分流而导致单车充电功率下降的情况。

要提升充电功率，可以提升充电电压或充电电流。如果提升充电电流，考虑到线缆的安全载流量，充电线缆和系统中的线路就需要加粗，当电流大到一定程度，线缆体积的增加会使得增加充电电流的方案变得不现实。因此目前提升充电功率的方案主要以进一步提升充电电压为主。提升充电电压就需要提升整车零部件、电气零部件的电压等级，这会大大增加车辆的制造成本。同时整个电池系统的相应性能指标（如电池组温控、充电线缆冷却等指标）都要大幅提高，才能满足大功率充电的需求。

与此同时，采用大功率对电池充电时会导致电池发热显著增多，电池冷却系统的性能以及电池管理系统的效率对于电池衰减的控制显得尤为重要。

现在主流的纯电动车，在采用直流快充时，电池组和功率转换模块的冷却系统会加速工作，以降低电池组和充电系统的温度，从而避免电池组因高温而加速老化或损坏。如果把目前的最大充电功率翻倍甚至再进一步增加，要控制电池组充电时产生的高温同时确保车辆各项安全性能并非易事，需要长时间进行各项相关实验验证。

项目 7

三人表决器电路的装接与调试

——组合逻辑电路

项目目标

1. 了解数字信号及其特点。
2. 学会数制、编码以及逻辑代数的基本运算。
3. 能识读逻辑门电路符号，会分析基本门电路的逻辑功能。
4. 了解常见组合逻辑电路编码器、译码器的基本功能。
5. 掌握组合逻辑电路的分析方法。
6. 能根据逻辑需要设计、装接和调试三人表决器电路。

项目情境

在电视综艺节目上，当选手表演完毕后，3 名评委对选手的表现进行评判，按下表决器判定选手是否过关，采用少数服从多数原则，若有 2 位或 2 位以上评委按下按键则选手过关，反之淘汰。表决器可以由简单的数字逻辑电路组建而成，如图 7-1 所示。那么，如何制作一款符合要求的表决器电路呢？

下面让我们来动手做一做吧！

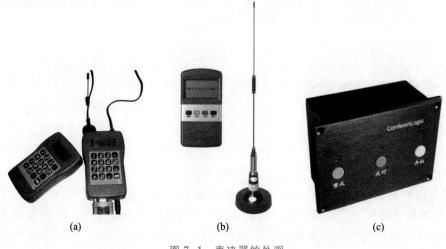

(a)　　　　　　(b)　　　　　　(c)

图 7-1　表决器的外观

📑 项目概述

　　本项目带领大家走进数字世界，了解什么是数字信号及其特点，学会数制与编码的基本运算，熟悉常用逻辑门电路的工作原理和检测方法，根据逻辑需要设计、装接和调试三人表决器电路。

任务 1
认识数字信号

◆ 任务目标

1. 认识数字信号。
2. 了解数字信号的进制关系。
3. 学会数字信号的逻辑运算方法。

✏️ 任务描述

　　本任务主要介绍数字的特点、二进制的编码方式及运用，是学习数字电路的必备基础知识。

🔧 任务准备

　　在人类生存的环境中，存在各种信号，其中就有电信号，它是目前处理最为便捷、最为成熟的信号之一。在电子技术中，被传递和处理的信号可分为模拟信号和数字信号两大类。

1. 数字信号与模拟信号

　　模拟信号如图 7-2 所示，它在时间和幅度（数值）上均是连续变化的，前面项目中处理的放大信号就是模拟信号，生活中的声音、温度、速度也均是模拟信号，处理模拟信号的电路称为模拟电路。

　　数字信号如图 7-3 所示，它在时间和幅度（数值）上均是不连续（离散）的，如十字路口的交通灯信号，处理数字信号的电路称为数字电路。后续项目的电路均属于数字电路范畴，主要有数字信号的产生、整形、编码、存储、计数和传输等。

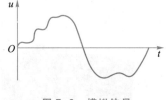
图 7-2　模拟信号

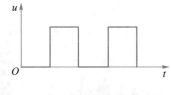
图 7-3　数字信号

2. 数字电路的特点

　　① 数字电路研究的问题是输入的高、低电平与输出的高、低电平之间的因果关系，称之为逻辑关系。与模拟电路相比，数字电路比较简单，便于集成与系列化生产，并且使用方便。

　　② 研究数字电路逻辑关系的主要工具是逻辑代数。在数字电路中，输入信号也称为输入变量，输出信号也称为输出变量，输出变量取决于输入变量，输出变量与输入变量之间的这种关系

称为逻辑函数，它们均为二值量，非 **0** 即 **1**。需要注意，**0** 和 **1** 并不表示数量的大小，而只是代表一种状态，如高或低、通或断、有或无等。若规定高电平为逻辑 **1**，低电平为逻辑 **0**，称为正逻辑；反之，若规定高电平为逻辑 **0**，低电平为逻辑 **1**，称为负逻辑。

③ 数字电路对组成它的元器件的精度要求不高，只要在工作时能够可靠地区分 **0** 和 **1** 两种状态即可达到要求。

④ 数字电路不仅能完成数值计算，还能完成逻辑运算和判断，具有运算速度快、保密性强、工作准确可靠、精度高、抗干扰能力强等优点。

⑤ 数字电路维修方便，故障的识别和判断比较容易。

3. 数字信号的数制

根据一定的进位规则，用多位数码来表示某个数的值，这就是所谓的数制。"逢十进一"的十进制就是在生活中应用最广泛的数制，数字电路中较为常用的是二进制、八进制和十六进制。

（1）十进制数

① 有 10 个有效的数码：0、1、2、3、4、5、6、7、8、9。

② 按照"逢十进一、借一当十"的规则计数。

③ 同一个数码在不同的位置时位权不同。例如，十进制数 111 三个数码都是 1，但是最右边的数码"1"表示 1；中间的数码"1"表示 10；最左边的数码"1"表示 100。即十进制数的位权从低位到高位分别为 $1(10^0)$、$10(10^1)$、$100(10^2)$、$\cdots$，对于第 n 位十进制数，位权为 10^{n-1}。

（2）二进制数

① 有 2 个有效的数码：**0、1**。

② 按照"逢二进一、借一当二"的规则计数。

③ 同一个数码在不同的位置时位权不同。例如，二进制数 111 三个数码都是 1，但是最右边的数码"1"表示 1；中间的数码"1"表示 2；最左边的数码"1"表示 4。即二进制数的位权从低位到高位分别为 $1(2^0)$、$2(2^1)$、$4(2^2)$、$\cdots$，对于第 n 位二进制数，位权为 2^{n-1}。

（3）八进制数

① 有 8 个有效的数码：0、1、2、3、4、5、6、7。

② 按照"逢八进一、借一当八"的规则计数。

③ 同一个数码在不同的位置时位权不同。例如，八进制数 111 三个数码都是 1，但是最右边的数码"1"表示 1；中间的数码"1"表示 8；最左边的数码"1"表示 64。即八进制数的位权从低位到高位分别为 $1(8^0)$、$8(8^1)$、$64(8^2)$、$\cdots$，对于第 n 位八进制数，位权为 8^{n-1}。

（4）十六进制数

① 有 16 个有效的数码：0、1、2、3、4、5、6、7、8、9、A、B、C、D、E、F。

② 按照"逢十六进一、借一当十六"的规则计数。

③ 同一个数码在不同的位置时位权不同。例如，十六进制数 111 三个数码都是 1，但是最右边的数码"1"表示 1；中间的数码"1"表示 16；最左边的数码"1"表示 256。即十六进制数的位权从低位到高位分别为 $1(16^0)$、$16(16^1)$、$256(16^2)$、$\cdots$，对于第 n 位十六进制数，位权为 16^{n-1}。

与十进制数相对应的二进制数、八进制数、十六进制数见表 7-1。

表 7-1　与十进制数相对应的二进制数、八进制数、十六进制数

数制	数码表示方法															
十进制	0	1	2	3	4	5	6	7	8	9	10	11	12	13	14	15
二进制	**0**	**1**	**10**	**11**	**100**	**101**	**110**	**111**	**1000**	**1001**	**1010**	**1011**	**1100**	**1101**	**1110**	**1111**

数制	数码表示方法																
八进制	0	1	2	3	4	5	6	7	10	11	12	13	14	15	16	17
十六进制	0	1	2	3	4	5	6	7	8	9	A	B	C	D	E	F

4. 数制的转换

（1）非十进制数转换为十进制数

其转换方法为按权展开求和。

【例 7-1】$(10010)_2 = 1 \times 2^4 + 0 \times 2^3 + 0 \times 2^2 + 1 \times 2^1 + 0 \times 2^0$

$$= 16 + 0 + 0 + 2 + 0$$

$$= (18)_{10}$$

【例 7-2】$(1A7)_{16} = 1 \times 16^2 + 10 \times 16^1 + 7 \times 16^0$

$$= 256 + 160 + 7$$

$$= (423)_{10}$$

（2）十进制整数转换为二进制数

可将十进制数逐次除 2 取余数，直至商为 0。最后把全部余数按相反的次序排列起来，求得二进制数，归纳为"除 2 取余，倒序排列"。

【例 7-3】将十进制数 23 转换为二进制数。

```
2 | 23
2 | 11   … 1      低位  ↑
2 |  5   … 1
2 |  2   … 1
2 |  1   … 0
      0   … 1      高位
```

即 $(23)_{10} = (10111)_2$

（3）二进制数转换为十六进制数

可将二进制整数自右向左每 4 位分为一组，最后不足 4 位的，高位用零补足，再把每 4 位二进制数对应的十六进制数写出即可。

【例 7-4】将二进制数 1011010100 转换为十六进制数。

二进制数　　**0010　1101　0100**

十六进制数　　2　　D　　8

即 $(1011010100)_2 = (2D8)_{16}$

（4）十六进制数转换为二进制数

将每个十六进制数用 4 位二进制数表示，然后按十六进制数的排序将这些 4 位二进制数排列好，就可得到相应的二进制数。

【例 7-5】将十六进制数 7BF 转换为二进制数。

十六进制数　　7　　B　　F

二进制数　　**0111　1011　1111**

即 $(7BF)_{16} = (11110111111)_2$

5. 数字信号的编码

二进制数字系统中，每一位数只能用 **0** 或 **1** 表示两个不同的信号。为了能用二进制数表示更多的信号，把若干个 **0** 和 **1** 按一定的规律编成代码，并赋予每个代码以固定的含义，这就称为编码。

　　在数字电路中，各种数据要转换为二进制代码才能进行处理，而人们习惯于使用十进制数，输入、输出仍采用十进制数，这样就产生了用 4 位二进制数表示 1 位十进制数的计数方法，这种用于表示十进制数的二进制代码称为二-十进制（binary coded decimal）代码，简称 BCD 码。它具有二进制数的形式以满足数字系统的要求，又具有十进制数的特点（只有 10 种数码状态有效）。因为 4 位二进制数有 16 种状态，而十进制数只需要 10 种，从 16 种状态中选择 10 种，就有多种组合，这样就有多种编码，表 7-2 列出了几种常见的 BCD 码。

表 7-2　几种常见的 BCD 码

	8421 码	2421 码	5421 码	余 3 码	格雷码
0	0000	0000	0000	0011	0000
1	0001	0001	0001	0100	0001
2	0010	0010	0010	0101	0011
3	0011	0011	0011	0110	0010
4	0100	0100	0100	0111	0110
5	0101	1011	1000	1000	0111
6	0110	1100	1001	1001	0101
7	0111	1101	1010	1010	0100
8	1000	1110	1011	1011	1100
9	1001	1111	1100	1100	1101

任务实施

学生工作页

工作任务	数字信号的认识	学生/小组		工作时间	

1. 数字信号和模拟信号的特点分别是什么？

2. 数制转换

（1）请将下列十进制数转换为二进制数

① $(71)_{10}$

② $(111)_{10}$

③ $(217)_{10}$

④ $(128)_{10}$

（2）请将下列二进制数转换为十进制数、八进制数、十六进制数

① $(1001)_2$

② $(11010)_2$

③ $(110101)_2$

④ $(111100101)_2$

（3）请将下列十六进制数转换为二进制数、八进制数、十进制数。

① $(178)_{16}$

② $(2F)_{16}$

③ $(100)_{16}$

④ $(1B9)_{16}$

续表

3. 码制转换

十进制数	8421 码	5421 码	余 3 码
23			
57			
156			
217			

备注	

 任务小结

任务评价表

工作任务	数字信号的认识	学生/小组		工作时间	
评价内容	评价指标		自评	互评	师评
1. 你对数字信号、模拟信号是否了解？	A. 是 B. 否				
2. 你的数制转换结果正确吗？	A. 正确率 100% B. 正确率大于 80% C. 正确率小于 80%				
3. 你的码制转换结果正确吗？	A. 正确率 100% B. 正确率大于 80% C. 正确率小于 80%				
实训收获					
实训体会					
开始时间		结束时间		实际时长	

任务拓展

　　在实际的数字电路中，由于电路传输特性的影响，图 7-3 所示的理想数字信号是不存在的，实际的数字信号如图 7-4 所示，称为数字脉冲，可以用如下的 5 个参数来描述。

　　① 脉冲的幅度 U_m　脉冲的底部到脉冲的顶部之间的变化量。

　　② 脉冲的宽度 t_w　从脉冲前沿的 $0.5U_m$ 到脉冲后沿的 $0.5U_m$ 两点之间的时间间隔称为脉冲的宽度，又可以称为脉冲的持续时间。

　　③ 脉冲的重复周期 T　在重复的周期信号中两个相邻脉冲对应点之间的时间间隔称为脉冲的重复周期。

　　④ 脉冲的上升时间 t_r　指脉冲的上升沿从 $0.1U_m$ 上升到 $0.9U_m$ 所用的时间。

⑤ 脉冲的下降时间 t_f　指脉冲的下降沿从 $0.9U_m$ 下降到 $0.1U_m$ 所用的时间。

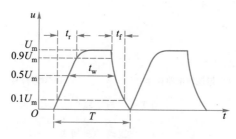

图 7-4　实际矩形脉冲的主要参数

任务 2

基本逻辑门电路的测试

◆ 任务目标

1. 熟悉基本逻辑门、复合逻辑门的逻辑功能，能识读图形符号。
2. 能进行逻辑门电路的化简。
3. 掌握 74 系列集成门电路的逻辑功能测试方法。

✎ 任务描述

逻辑门电路是构成数字电路的基本逻辑单元，掌握各种门电路的逻辑功能和电气特性，对于正确使用数字集成电路是十分必要的。本任务通过对基本逻辑门电路的分析与测试，为后面的应用做好准备。

✿ 任务准备

数字电路中往往用输入信号表示"条件"，用输出结果表示"结果"，而结果与条件之间的因果关系称为逻辑关系，能实现这种逻辑关系的数字电路称为逻辑电路。

1. 基本逻辑门电路

逻辑关系中有与、或、非 3 种基本逻辑关系，分别对应着与、或、非 3 种基本逻辑运算，也对应数字电路中的与门、或门、非门 3 种基本逻辑门电路。

(1) 与逻辑——与门

图 7-5(a)所示的串联开关电路说明：只有决定某件事情的所有条件都具备时，结果才会发生。这种结果与条件之间的关系称为与逻辑关系，简称与逻辑。图 7-5(b)所示是与逻辑的图形符号。与运算符号为"·"，与逻辑用表达式可以表示为 $Y = A \cdot B$ 或写成 $Y = AB$（省略运算符号）。与运算又称逻辑乘。

若用逻辑变量 A、B 表示两个开关，并且用 1 表示开关闭合，用 0 表示开关断开；用 Y 表示灯的状态，并且用 1 表示灯亮，用 0 表示灯不亮，则可以列出一张表征逻辑事件输入和输出之间全部可能状态的表格，这个表格称为真值表。与逻辑的真值表见表 7-3，逻辑功能可概括为"有 0 出 0，全 1 出 1"。

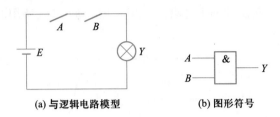

(a) 与逻辑电路模型　　　　　　(b) 图形符号

图 7-5　与逻辑

表 7-3　与逻辑的真值表

A	B	Y
0	0	0
0	1	0
1	0	0
1	1	1

（2）或逻辑——或门

当决定事物结果的几个条件中，有一个或一个以上的条件得到满足时，结果就会发生，这种逻辑关系称为**或逻辑**。或逻辑电路模型如图 7-6(a)所示，图形符号如图 7-6(b)所示。或逻辑运算符号为 "+"。**或逻辑用表达式可以表示为 $Y=A+B$**，或运算又称为逻辑加，其真值表见表 7-4，逻辑功能可概括为"有 **1** 出 **1**，全 **0** 出 **0**"。

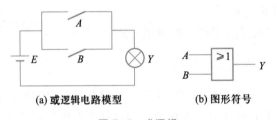

(a) 或逻辑电路模型　　　　　　(b) 图形符号

图 7-6　或逻辑

表 7-4　或逻辑的真值表

A	B	Y
0	0	0
0	1	1
1	0	1
1	1	1

（3）非逻辑——非门

在图 7-7(a)所示的电路中，开关断开时，灯亮；开关闭合时，灯不亮。这种逻辑关系称为**非逻辑关系**，简称非逻辑。非逻辑也称为逻辑求 "反"。图形符号如图 7-7(b)所示。**非逻辑用变量上加 "-" 表示。非逻辑用表达式可以表示为 $Y=\overline{A}$**，其真值表见表 7-5，逻辑功能可概括为"见 **1** 出 **0**，见 **0** 出 **1**"。

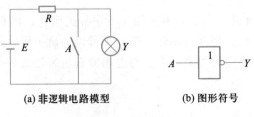

(a) 非逻辑电路模型　　　　　　(b) 图形符号

图 7-7　非逻辑

表 7-5　非逻辑的真值表

A	Y
0	1
1	0

2. 复合逻辑门电路

上述介绍的 3 种基本逻辑门电路经过一定的组合后可以构成复合逻辑门电路。

（1）与非门

在**与门**后串接**非门**就构成**与非门**，图形符号如图 7-8 所示，2 变量输入与非逻辑的表达式可以写成 $Y=\overline{AB}$，其真值表见表 7-6，逻辑功能可概括为"有 **0** 出 **1**，全 **1** 出 **0**"。

图 7-8　与非门的图形符号

表 7-6　2 变量输入与非逻辑的真值表

A	B	Y
0	0	1
0	1	1
1	0	1
1	1	0

（2）或非逻辑

在**或门**后串接**非门**就构成**或非门**，3 变量输入**或非门**的图形符号如图 7-9 所示，其表达式可以写成 $Y=\overline{A+B+C}$，其真值表见表 7-7，逻辑功能可概括为"全 **0** 出 **1**，有 **1** 出 **0**"。

图 7-9　3 变量输入或非门的图形符号

表 7-7　3 变量输入或非逻辑的真值表

A	B	C	Y
0	0	0	1
0	0	1	0
0	1	0	0
0	1	1	0
1	0	0	0
1	0	1	0
1	1	0	0
1	1	1	0

（3）与或非逻辑

与或非门一般由两个或多个**与门**和一个**或门**，再和一个**非门**串联而成，4 变量输入**与或非门**

的图形符号如图 7-10 所示，其表达式可以写成 $Y=\overline{AB+CD}$，其真值表见表 7-8，逻辑功能可概括为 "一组全 **1** 出 **0**，各组有 **0** 出 **1**。"

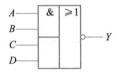

图 7-10　4 变量输入与或非门的图形符号

表 7-8　4 变量输入与或非逻辑的真值表

A	B	C	D	Y
0	0	0	0	1
0	0	0	1	1
0	0	1	0	1
0	0	1	1	0
0	1	0	0	1
0	1	0	1	1
0	1	1	0	1
0	1	1	1	0
1	0	0	0	1
1	0	0	1	1
1	0	1	0	1
1	0	1	1	0
1	1	0	0	0
1	1	0	1	0
1	1	1	0	0
1	1	1	1	0

（4）**异或逻辑**

异或逻辑的逻辑关系是：当 A、B 两个变量取值不相同时，输出 Y 为 **1**；而 A、B 两个变量取值相同时，输出 Y 为 **0**，图形符号如图 7-11 所示。**异或**逻辑的表达式可以写成 $Y=A\oplus B$，**异或**逻辑表达式也可以用**与**、**或**的形式表示，即写成 $Y=\overline{A}B+A\overline{B}$，其真值表见表 7-9，逻辑功能可概括为 "相同出 **0**，相异出 **1**。"

图 7-11　异或门的图形符号

表 7-9　异或逻辑的真值表

A	B	Y
0	0	0
0	1	1
1	0	1
1	1	0

（5）同或逻辑

同或逻辑的逻辑关系是：当 A、B 两个变量取值相同时，输出 Y 为 **1**；而 A、B 两个变量取值不相同时，输出 Y 为 **0**，图形符号如图 7-12 所示。**同或**逻辑的表达式可以写成 $Y=A\odot B$，**同或**逻辑表达式也可以用**与**、**或**的形式表示，即写成 $Y=AB+\overline{A}\,\overline{B}$，其真值表见表 7-10，逻辑功能可概括为"相同出 **1**，相异出 **0**。"

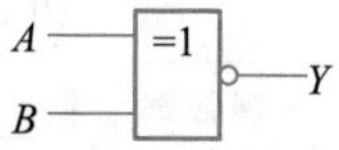

图 7-12 同或门的图形符号

表 7-10 同或逻辑的真值表

A	B	Y
0	**0**	**1**
0	**1**	**0**
1	**0**	**0**
1	**1**	**1**

任务实施

1. 准备工具和器材

（1）工具

本次任务实施所需要的常用仪器与工具见表 7-11。

表 7-11 常用仪器与工具

编号	名称	规格	数量
1	直流稳压电源	直流+5 V	1 台
2	万用表	自定	1 块
3	电烙铁	15~25 W	1 把
4	烙铁架	自定	1 个
5	电子实训通用工具	尖嘴钳、斜口钳、镊子、螺丝刀（一字和十字）、小剪刀等	1 套

（2）器材

本次任务实施所需要的器材见表 7-12。

表 7-12 器 材

编号	名称	规格	数量
1	电阻	1 kΩ	1 个
2	电阻	51 Ω	1 个
3	发光二极管	红色	1 只
4	74LS00 集成电路	双列直插式	1 片
5	74LS08 集成电路	双列直插式	1 片

续表

编号	名称	规格	数量
6	74LS86 集成电路	双列直插式	1 片
7	DIP14 集成电路插座	DIP-14	1 个
8	自锁按钮	8 mm×8 mm	2 个
9	排针	单排，2.54 mm	2 个
10	万能板	50 mm×100 mm	1 块
11	焊接材料	焊锡丝、松香助焊剂、连接导线等	1 套

2. 环境要求、安装工艺要求与安全要求

环境要求见项目 1 任务 1，安装工艺要求见项目 1 任务 3，安全要求见项目 2 任务 2。

3. 电路装接与测试的步骤与方法

根据学生工作页中的电路原理图，在万能板上进行装接，并进行电路调试，如图 7-13 所示。

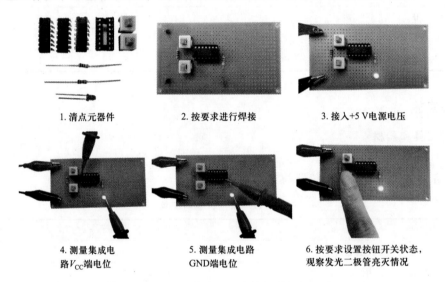

1. 清点元器件　　　2. 按要求进行焊接　　　3. 接入+5 V电源电压

4. 测量集成电路 V_{CC} 端电位　　　5. 测量集成电路 GND 端电位　　　6. 按要求设置按钮开关状态，观察发光二极管亮灭情况

图 7-13　74 系列集成门电路的装接与测试

学生工作页

工作任务	74 系列集成门电路的装接与测试	学生/小组		工作时间	
电路识读					

（注：74LS00、74LS08、74LS86 三片集成电路的引脚功能排列类似）

续表

电路识读	1. 主要元器件功能分析 （1）74LS00 集成电路的输入输出逻辑关系是：＿＿＿＿＿＿＿＿＿＿＿＿＿＿＿＿＿＿＿ （2）74LS08 集成电路的输入输出逻辑关系是：＿＿＿＿＿＿＿＿＿＿＿＿＿＿＿＿＿＿＿ （3）74LS86 集成电路的输入输出逻辑关系是：＿＿＿＿＿＿＿＿＿＿＿＿＿＿＿＿＿＿＿ 2. 电路工作原理梳理 （1）接通电源后，若 S_1、S_2 均不按，74LS00 集成电路 1 脚为＿＿电平，2 脚为＿＿电平，3 脚输出＿＿＿＿＿＿电平，发光二极管＿＿＿＿＿＿；若按下 S_2，S_1 不按，74LS00 集成电路 1 脚为＿＿电平，2 脚为＿＿电平，3 脚输出＿＿电平，发光二极管＿＿＿＿＿＿；若按下 S_1，S_2 不按，74LS00 集成电路 1 脚为＿＿＿电平，2 脚为＿＿＿电平，3 脚输出＿＿电平，发光二极管＿＿＿＿＿＿；若同时按下 S_1、S_2，74LS00 集成电路 1 脚为＿＿＿电平，2 脚为＿＿＿电平，3 脚输出＿＿电平，发光二极管＿＿＿＿＿＿；由上可知，74LS00 集成电路能实现＿＿＿＿＿＿＿＿＿＿功能 （2）接通电源后，若 S_1、S_2 均不按，74LS08 集成电路 1 脚为＿＿电平，2 脚为＿＿电平，3 脚输出＿＿电平，发光二极管＿＿＿＿＿＿；若按下 S_2，S_1 不按，74LS08 集成电路 1 脚为＿＿电平，2 脚为＿＿电平，3 脚输出＿＿电平，发光二极管＿＿＿＿＿＿；若按下 S_1，S_2 不按，74LS08 集成电路 1 脚为＿＿电平，2 脚为＿＿电平，3 脚输出＿＿电平，发光二极管＿＿＿＿＿＿；若同时按下 S_1、S_2，74LS08 集成电路 1 脚为＿＿＿电平，2 脚为＿＿＿电平，3 脚输出＿＿电平，发光二极管＿＿＿＿＿＿；由上可知，74LS08 集成电路能实现＿＿＿＿＿＿＿＿＿＿功能 （3）接通电源后，若 S_1、S_2 均不按，74LS86 集成电路 1 脚为＿＿电平，2 脚为＿＿电平，3 脚输出＿＿电平，发光二极管＿＿＿＿＿＿；若按下 S_2，S_1 不按，74LS86 集成电路 1 脚为＿＿电平，2 脚为＿＿电平，3 脚输出＿＿电平，发光二极管＿＿＿＿＿＿；若按下 S_1，S_2 不按，74LS86 集成电路 1 脚为＿＿电平，2 脚为＿＿＿电平，3 脚输出＿＿电平，发光二极管＿＿＿＿＿＿；若同时按下 S_1、S_2，74LS86 集成电路 1 脚为＿＿电平，2 脚为＿＿电平，3 脚输出＿＿电平，发光二极管＿＿＿＿＿＿；由上可知，74LS86 集成电路能实现＿＿＿＿＿＿＿＿＿＿＿＿功能
电路接线图绘制	

	序号	元器件代号	元器件名称	型号规格	数量	测量结果	备注
元器件识别与检测	1	R_1					
	2	R_2					
	3	LED					
	4	U_1					
	5	$S_1 \sim S_2$					

电路装接	具体步骤： （1）元器件成形　要求元器件成形符合工艺要求 （2）元器件插装　要求按先低后高、先轻后重、先易后难、先一般元器件后特殊元器件的顺序插装，并符合插装工艺要求 （3）元器件焊接　要求按"五步法"进行焊接，焊点大小适中、光滑，且焊点独立、不粘连 （4）电路连线　要求连线平直、不架空，并按绘制的接线图连线
电路检测与调试	（1）元器件安装检查　用目测法检查元器件安装的正确性，有无错装、漏装(有、无) （2）元器件成形检查　检查元器件成形是否符合规范(是、否) （3）焊接质量检查　焊接良好，有无漏焊、虚焊、粘连（有、无） （4）电路板电源输入端短路检测　用万用表电阻挡测量电路板电源输入端的正向电阻值为_____，反向电阻值为_____ （5）工作台电源检测　用万用表直流电压挡测量工作台电源电压值是_____ （6）电路板电源检测　用万用表直流电压挡测量电路板电源输入端的电压值是_____ （7）电路功能检测　通电后，发光二极管的亮灭情况由输入状态决定

电路技术参数测量与分析	1. 电路数据测量 （以 74LS00 集成电路为例） 若 S_1、S_2 均不按，则 1 脚电位为____V，2 脚电位为____V，输出端 3 脚电位为____V；若按下 S_2，S_1 不按，则 1 脚电位为____V，2 脚电位为____V，输出端 3 脚电位为____V 2. 电路数据分析 按要求设置按钮开关状态，根据发光二极管亮灭情况，将结果记录于下表，并进行电路特点分析

输入		74LS00	74LS08	74LS86
A	B	输出 Y_1	输出 Y_2	输出 Y_3
0	0			
0	1			
1	0			
1	1			

根据电路测试结果，74LS00 集成电路的逻辑功能是_____；74LS08 集成电路的逻辑功能是_____；74LS86 集成电路的逻辑功能是_____

任务小结

任务评价表

工作任务	74 系列集成门电路的装接与测试	学生/小组		工作时间	
评价内容	评价指标		自评	互评	师评
1. 电路识图(10 分)	识读电路图,按要求分析元器件功能和电路原理(每错一处扣 0.2 分)				
2. 电路接线图绘制(10 分)	根据电路图正确绘制接线图(每错一处扣 2 分)				
3. 元器件识别与检测(10 分)	正确识别和使用万用表检测元器件(识别检测错误,每个扣 2 分)				
4. 元器件成形与插装(10 分)	按工艺要求将元器件安装至万能板(安装错误,每个扣 2 分;安装未符合工艺要求,每个扣 2 分)				
5. 焊接工艺(20 分)	焊点适中,无漏、虚、假、连焊,光滑、圆润、干净、无毛刺,引脚高度基本一致(未达到工艺要求,每处扣 2 分)				
6. 电路检测与调试(20 分)	按图装接正确,电路功能完整,记录检测数据准确(返修一次扣 10 分,其余每错一处扣 2 分)				
7. 电路技术参数测量与分析(10 分)	按要求进行参数测量与分析,并将结果记录在指定区域内(每错一处扣 1 分)				
8. 职业素养(10 分)	安全意识强、用电操作规范(违规扣 2~5 分);不损坏器材、仪表(违规扣 2~5 分);现场管理有序,工位整洁(违规扣 2~5 分)				
实训收获					
实训体会					
开始时间		结束时间		实际时长	

任务拓展

逻辑函数的化简

逻辑代数是一种描述客观事物逻辑关系的数学方法,又称布尔代数。逻辑代数有一些基本的运算定律,通过这些定律可把一些复杂的逻辑函数式经恒等变换,化为较简单的函数表达式,这可以降低成本,提高电路工作的可靠性。

（1）逻辑代数基本定律

任何一个逻辑电路都能抽象为一个或多个逻辑函数，然后再用逻辑代数的方法加以变化或简化。一个逻辑函数可以采用多种方式来表示，常见的有逻辑函数表达式、真值表、逻辑电路图以及波形图。对一个数字电路进行简化，一般通过逻辑表达式化简来实现。根据逻辑**与、或、非**运算的基本法则，可推导出逻辑运算的基本定律，见表 7-13。

表 7-13　基 本 定 律

常量之间基本定律		
或运算	与运算	非运算
$0+0=0$　$0+1=1$ $1+0=1$　$1+1=1$	$0\cdot0=0$　$0\cdot1=0$ $1\cdot0=0$　$1\cdot1=1$	$\overline{1}=0$　$\overline{0}=1$
变量之间基本公式		
加	乘	非
$A+0=A$　$A+1=1$ $A+\overline{A}=1$　$A+A=A$	$A\cdot1=A$　$A\cdot0=0$ $A\cdot\overline{A}=0$　$A\cdot A=A$	$\overline{\overline{A}}=A$
变量之间基本定律		
交换律：$A\cdot B=B\cdot A$　$A+B=B+A$		
结合律：$(A\cdot B)\cdot C=A\cdot(B\cdot C)$　$(A+B)+C=A+(B+C)$		
分配律：$A\cdot(B+C)=A\cdot B+A\cdot C$　$A+B\cdot C=(A+B)\cdot(A+C)$		
反演律（摩根定律）：$\overline{A\cdot B}=\overline{A}+\overline{B}$　$\overline{A+B}=\overline{A}\cdot\overline{B}$		
分配律：$A+BC=(A+B)(A+C)$		
吸收律：$A+A\cdot B=A$　$A\cdot(A+B)=A$		
还原律：$A\cdot(\overline{A}+B)=A\cdot B$　$A+\overline{A}\cdot B=A+B$		
冗余律：$AB+\overline{A}C+BC=AB+\overline{A}C$		

（2）逻辑代数运算规则

逻辑代数在运算时，应遵循代入规则、反演规则、对偶规则 3 种重要规则。

① 代入规则

任何一个含有变量 A 的等式，如果将所有出现 A 的位置都用同一个逻辑函数代替，则等式仍然成立。这个规则称为代入规则。

例如，已知等式 $\overline{AB}=\overline{A}+\overline{B}$，用函数 $Y=AC$ 代替等式中的 A，根据代入规则，等式仍然成立，即有

$$\overline{(AC)B}=\overline{AC}+\overline{B}=\overline{A}+\overline{B}+\overline{C}$$

② 反演规则

对于任何一个逻辑函数表达式 Y，如果将表达式中的所有"$\cdot$"换成"$+$""$+$"换成"$\cdot$""0"换成"1""1"换成"0"，原变量换成反变量，反变量换成原变量，那么所得到的表达式就是函数 Y 的反函数。这个规则称为反演规则。例如：

$$Y=A\overline{B}+\overline{CDE}\rightarrow\overline{Y}=\overline{A\overline{B}+\overline{CDE}}\rightarrow\overline{Y}=(\overline{A}+B)(\overline{C}+D+\overline{E})$$

③ 对偶规则

对于任何一个逻辑表达式 Y，如果将表达式中的所有"$\cdot$"换成"$+$""$+$"换成"$\cdot$""0"

换成"**1**""**1**"换成"**0**",而变量保持不变,则可得到一个新的函数表达式 Y',Y' 称为 Y 的对偶函数。这个规则称为对偶规则。例如:

$$Y = A\overline{B} + C\overline{D}E \rightarrow Y' = (A + \overline{B})(C + \overline{D} + E)$$

任务 3
三人表决器的装接与调试

◆ 任务目标

1. 会分析组合逻辑电路的逻辑功能。
2. 会设计简单的组合逻辑电路,实现逻辑功能。
3. 能根据要求装接三人表决器,会进行电路调试。

📝 任务描述

本任务根据"少数服从多数"的逻辑功能要求,完成三人表决器的设计、装接与调试。

🐌 任务准备

数字电路中根据电路结构和逻辑功能的不同可分为组合逻辑电路和时序逻辑电路两大类。组合逻辑电路是由**与门**、**非门**、**与非门**等几种逻辑门电路组合而成的,门电路是组合逻辑电路的基本单元特点,它的典型特点是:电路输出状态仅取决于该时刻电路的输入信号,而与输入信号前的电路状态无关。

1. 组合逻辑电路的分析方法

组合逻辑电路的分析,一般是指基于逻辑电路图,经过分析得到电路逻辑功能的过程。一般步骤如图 7-14 所示。

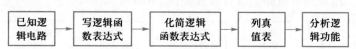

已知逻辑电路 → 写逻辑函数表达式 → 化简逻辑函数表达式 → 列真值表 → 分析逻辑功能

图 7-14 组合逻辑电路的分析步骤

【例 7-6】分析图 7-15 所示组合逻辑电路的逻辑功能

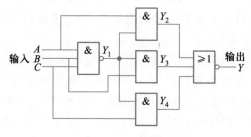

图 7-15 逻辑电路图

分析过程如下:

① 写逻辑函数表达式

$$Y_1 = \overline{ABC}$$

$$Y_2 = AY_1 = A\overline{ABC}$$

$$Y_3 = BY_1 = B\overline{ABC}$$

$$Y_4 = CY_1 = C\overline{ABC}$$

$$Y = \overline{Y_2 + Y_3 + Y_4} = \overline{A\overline{ABC} + B\overline{ABC} + C\overline{ABC}}$$

② 化简逻辑函数表达式

$$Y = \overline{A\overline{ABC} + B\overline{ABC} + C\overline{ABC}} = \overline{(A+B+C)\overline{ABC}} = \overline{A+B+C} + ABC$$

$$= \overline{A}\,\overline{B}\,\overline{C} + ABC$$

③ 列真值表，见表 7-14。

表 7-14   真 值 表

输入			输出
A	B	C	Y
0	0	0	1
0	0	1	0
0	1	0	0
0	1	1	0
1	0	0	0
1	0	1	0
1	1	0	0
1	1	1	1

④ 分析逻辑功能   从真值表得出此电路的逻辑功能是：3 个输入变量相同时结果出 **1**，否则为 **0**，所以该电路的功能可以用来判断输入信号是否相同，称其为"一致判别电路"。

2. 组合逻辑电路的设计方法

组合逻辑电路的设计，一般是指根据实际逻辑问题，基于其逻辑功能，经过设计得到电路最佳逻辑电路的过程。组合逻辑电路的设计步骤如图 7-16 所示。

图 7-16   组合逻辑电路的设计步骤

① 逻辑状态赋值   用逻辑电路实现某一事件的逻辑功能时，需要分析该事件的因果关系，"因"是逻辑电路的输入，"果"是逻辑电路的输出，用 **0**、**1** 分别代表输入、输出两种不同的状态，称为逻辑状态赋值。

② 列真值表   根据事件的因果关系，写出输入、输出对应的真值表。

③ 写逻辑函数表达式   其方法通常由上一步所列的真值表写出最小项表达式，即从真值表找出输出为 **1** 的对应最小项，然后将这些最小项相**或**就可得到最小项表达式。

④ 化简逻辑函数表达式   采用公式法或卡诺图化简法对最小项表达式进行化简，从而得到最简**与或**式。化简逻辑表达式的目的是使设计的逻辑电路器件数最少、电路更简洁。

⑤ 变换逻辑函数表达式   根据设计所给的逻辑门电路器件不同，对表达式作适当变换，例如有些电路设计时，要求用**与非**门来实现，这时就要将上一步化简所得的最简**与或**式通过二次求反，变换为**与非-与非**表达式。

⑥ 画出逻辑电路图   根据最后得到的逻辑函数表达式绘制逻辑门电路组成的逻辑电路图。

【例 7-7】 试用集成电路 CD4023(每片含 3 个 3 输入端**与非**门)、74LS00(每片含 4 个 2 输入端**与非**门)实现三人表决器电路。要求有 A、B、C 三名裁判，当有两名及以上裁判同意时表决通过，否则不予通过。

设计过程如下：

① 逻辑状态赋值　设电路输入分别为 A、B、C，**1** 表示同意，**0** 表示不同意；电路输出用 Y 表示，**1** 表示结果通过，**0** 表示不通过。

② 列真值表　见表 7-15。

表 7-15　真　值　表

输入			输出
A	*B*	*C*	*Y*
0	**0**	**0**	**0**
0	**0**	**1**	**0**
0	**1**	**0**	**0**
0	**1**	**1**	**1**
1	**0**	**0**	**0**
1	**0**	**1**	**1**
1	**1**	**0**	**1**
1	**1**	**1**	**1**

③ 写逻辑函数表达式。

$$Y = \overline{A}BC + A\overline{B}C + AB\overline{C} + ABC$$

④ 化简逻辑函数表达式。

$$Y = \overline{A}BC + A\overline{B}C + AB\overline{C} + ABC$$
$$= BC(\overline{A} + A) + A\overline{B}C + AB\overline{C}$$
$$= BC + A\overline{B}C + AB\overline{C}$$
$$= AC + BC + AB\overline{C}$$
$$= AC + B(C + A\overline{C})$$
$$= AC + BC + AB$$

⑤ 变换逻辑函数表达式。

$$Y = AC + BC + AB$$
$$= \overline{\overline{AC + BC + AB}}$$
$$= \overline{\overline{AC} \cdot \overline{BC} \cdot \overline{AB}}$$

⑥ 画出逻辑电路图　三人表决器逻辑电路图如图 7-17 所示。

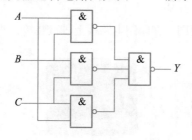

图 7-17　三人表决器逻辑电路图

任务实施

1. **准备工具和器材**

（1）工具

本次任务实施所需要的常用仪器与工具见表 7-16。

表 7-16 常用仪器与工具

编号	名称	规格	数量
1	直流稳压电源	直流+5 V	1 台
2	万用表	自定	1 块
3	电烙铁	15~25 W	1 把
4	烙铁架	自定	1 个
5	电子实训通用工具	尖嘴钳、斜口钳、镊子、螺丝刀（一字和十字）、小剪刀等	1 套

（2）器材

本次任务实施所需要的器材见表 7-17。

表 7-17 器 材

编号	名称	规格	数量
1	电阻	470 Ω	4 个
2	发光二极管	红色	1 只
3	74LS00 集成电路	双列直插式	1 片
4	CD4023 集成电路	双列直插式	1 片
5	DIP14 集成电路插座	DIP-14	2 个
6	自锁按钮	8 mm×8 mm	3 个
7	印制电路板	定制	1 块
8	焊接材料	焊锡丝、松香助焊剂、连接导线等	1 套

2. **环境要求、安装工艺要求与安全要求**

环境要求见项目 1 任务 1，安装工艺要求见项目 1 任务 3，安全要求见项目 2 任务 2。

3. **电路装接与调试的步骤与方法**

根据学生工作页中的电路原理图，在印制电路板上进行装接，并进行电路调试，如图 7-18 所示。

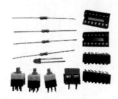  

1. 清点元器件　　　　2. 按要求进行焊接　　　　3. 接入+5 V电源电压

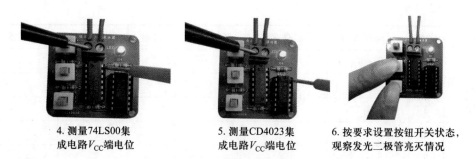

4. 测量74LS00集成电路 V_{CC} 端电位　5. 测量CD4023集成电路 V_{CC} 端电位　6. 按要求设置按钮开关状态，观察发光二极管亮灭情况

图 7-18　三人表决器的装接与调试

学生工作页

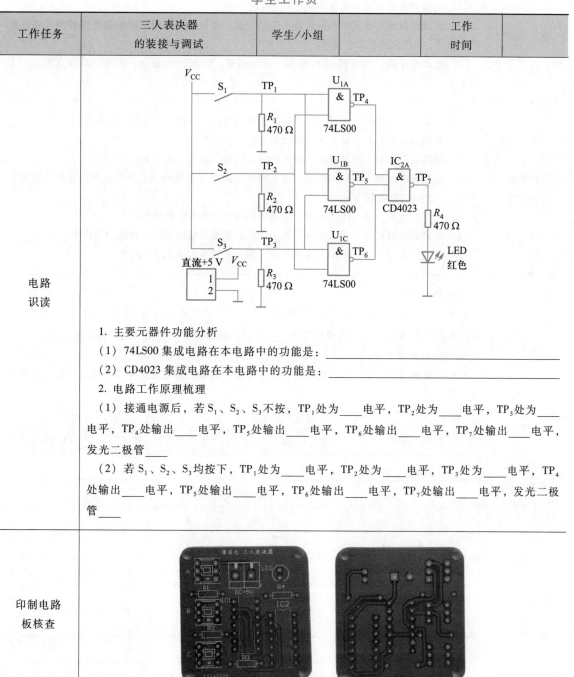

续表

	序号	元器件代号	元器件名称	型号规格	数量	测量结果	备注
元器件识别与检测	1	$R_1 \sim R_4$					
	2	LED					
	3	U_1					
	4	U_2					
	5	$S_1 \sim S_3$					

电路装接	具体步骤： （1）元器件成形　要求元器件成形符合工艺要求 （2）元器件插装　要求按先低后高、先轻后重、先易后难、先一般元器件后特殊元器件的顺序插装，并符合插装工艺要求 （3）元器件焊接　要求按"五步法"进行焊接，焊点大小适中、光滑，且焊点独立、不粘连
电路检测与调试	（1）元器件安装检查　用目测法检查元器件安装的正确性，有无错装、漏装（有、无） （2）元器件成形检查　检查元器件成形是否符合规范（是、否） （3）焊接质量检查　焊接良好，有无漏焊、虚焊、粘连（有、无） （4）电路板电源输入端短路检测　用万用表电阻挡测量电路板电源输入端的正向电阻值为_____，反向电阻值为_____ （5）工作台电源检测　用万用表直流电压挡测量工作台电源电压值是_____ （6）电路板电源检测　用万用表直流电压挡测量电路板电源输入端的电压值是_____ （7）电路功能检测　通电后，发光二极管的亮灭情况由输入状态决定

电路技术参数测量与分析	1. 电路数据测量 若 S_1 不按，S_2、S_3 均按下，则 TP_1 处电位为____V，TP_2 处电位为____V，TP_3 处电位为____V，TP_4 处电位为____V，TP_5 处电位为____V，TP_6 处电位为____V，TP_7 处电位为____V 2. 电路数据分析 按要求设置按钮开关状态，根据发光二极管亮灭情况，将结果记录于下表，并进行电路特点分析

输入			输出
A（TP_1）	B（TP_2）	C（TP_3）	Y（TP_7）
0	0	0	
0	0	1	
0	1	0	
0	1	1	
1	0	0	
1	0	1	
1	1	0	
1	1	1	

根据电路测试结果，该电路实现的逻辑功能是_____

 **任务小结**

任务评价表

工作任务	三人表决器的装接与调试	学生/小组		工作时间	
评价内容	评价指标		自评	互评	师评
1. 电路识图(20分)	识读电路图，按要求分析元器件功能和电路原理(每错一处扣1分)				
2. 元器件识别与检测(10分)	正确识别和使用万用表检测元器件(识别检测错误，每个扣2分)				
3. 元器件成形与插装(10分)	按工艺要求将元器件插装至印制电路板(插装错误，每个扣2分；插装未符合工艺要求，每个扣2分)				
4. 焊接工艺(20分)	焊点适中，无漏、虚、假、连焊，光滑、圆润、干净、无毛刺，引脚高度基本一致(未达到工艺要求，每处扣2分)				
5. 电路检测与调试(20分)	按图装接正确，电路功能完整，记录检测数据准确(返修一次扣10分，其余每错一处扣2分)				
6. 电路技术参数测量与分析(10分)	按要求进行参数测量与分析，并将结果记录在指定区域内(每错一处扣1分)				
7. 职业素养(10分)	安全意识强、用电操作规范(违规扣2~5分)；不损坏器材、仪表(违规扣2~5分)；现场管理有序，工位整洁(违规扣2~5分)				
实训收获					
实训体会					
开始时间		结束时间		实际时长	

任务拓展

TTL 门电路常识

　　随着电子技术的不断发展，实际工作中已经很少使用分立元器件的逻辑门电路，一般都采用集成逻辑门电路。最常用的是 TTL 和 CMOS 集成逻辑门电路。TTL 门电路是晶体管-晶体管逻辑门电路的简称，这种电路由于输入级和输出级均采用晶体三极管而得名。按照国际通用标准，根据工作温度不同，TTL 电路分为 54 系列($-55 \sim 125$ ℃)和 74 系列($0 \sim 70$℃)；根据速度和功耗的不同，TTL 电路又分为标准系列、高速(H)系列、肖特基(S)系列和低功耗肖特基(LS)系列。本书所要用到的 74LS04 反相器集成电路就属于低功耗肖特基系列 TTL 电路。这个系列与标准型相比较，不仅速度较高而且功耗也很低，现已成为整个 TTL 的发展方向。门电路的主要参数有输出高电平 U_{OH}、输出低电平 U_{OL}、输入短路电流 I_{IS}、扇出系数 N_0 等。

① TTL 门电路的输出高电平 U_{OH} U_{OH} 是**与非门**电路有一个或多个输入端接地或接低电平时的输出电压值，此时**与非门**工作管处于截止状态。空载时，U_{OH} 的典型值为 3.4~3.6 V，接有拉电流负载时，U_{OH} 下降。

② TTL 门电路的输出低电平 U_{OL} U_{OL} 是**与非门**电路所有输入端都接高电平时的输出电压值，此时**与非门**工作管处于饱和导通状态。空载时，它的典型值约为 0.2 V，接有灌电流负载时，U_{OL} 将上升。

③ TTL 门电路的输入短路电流 I_{IS} 它是指当被测输入端接地，其余端悬空，输出端空载时，由被测输入端输出的电流值。

④ TTL 门电路的扇出系数 N_0 扇出系数 N_0 指门电路能驱动同类门的个数，它是衡量门电路负载能力的一个参数，TTL 集成**与非门**电路有两种不同性质的负载，即灌电流负载和拉电流负载。因此，它有两种扇出系数，即低电平扇出系数 N_{OL} 和高电平扇出系数 N_{OH}。通常有 $I_{IH} < I_{IL}$，则 $N_{OH} > N_{OL}$，故常以 N_{OL} 作为门的扇出系数。

*任务 4

认识编码器、译码器

◆ 任务目标

1. 了解编码器的编码原理。
2. 了解译码器的译码原理。
3. 认识典型的集成编码电路。
4. 学会使用典型译码电路及译码显示器。

任务描述

本任务通过对编码器、译码器基本功能及典型集成电路的介绍，了解其使用方法和场合。

任务准备

1. 认识编码器

编码器是一种常用的组合逻辑电路。所谓编码，就是用二进制代码表示特定对象的过程。能够实现编码功能的数字电路称为编码器。例如，大家常用的计算机键盘下面就连接着编码器，每按下一个键，编码器就产生一个对应的二进制代码，以便计算机做出相应的处理。又比如电信局给每台电话机编上号码的过程也是编码。编码器的输入是被编码信号，输出是对应的二进制代码。

按输出代码种类的不同，可将编码器分为二进制编码器和二-十进制编码器两种。

（1）二进制编码器

将 2^n 个输入信号编成 n 位二进制代码的电路称为二进制编码器。

图 7-19 所示是 3 位二进制编码器示意图。I_0、I_1、…、I_7 是 8 个编码信号，其输出是 3 位二进制代码，分别用 A、B、C 表示。因为电路有 8 个输入端，3 个输出端，所以又称为 8 线-3 线编码器。

图 7-19 3 位二进制编码器示意图

在任何时刻，编码器只能对一个输入信号进行编码，即要求输入的 8 个变量中，任一个为 **1** 时，其余 7 个均为 **0**，电路输出对应的二进制代码。如要对 I_3 编码，则 $I_3=1$，其余 7 个输入均为 **0**，A、B、C 编码输出为 **011**。3 位二进制编码器的真值表见表 7-18。

表 7-18　3 位二进制编码器真值表

十进制数	输入变量	A B C
0	I_0	0　0　0
1	I_1	0　0　1
2	I_2	0　1　0
3	I_3	0　1　1
4	I_4	1　0　0
5	I_5	1　0　1
6	I_6	1　1　0
7	I_7	1　1　1

（2）二-十进制编码器

将十进制数的 10 个数字 0~9 编成二进制代码的电路称为二-十进制编码器，其中最常用的是 8421BCD 编码器。它有 10 个输入，分别用 I_0、I_1、$\cdots$、I_9 来表示；4 个输出分别用 A、B、C、D 来表示。其示意图与真值表分别如图 7-20 和表 7-19 所示。

图 7-20　二-十进制编码器示意图

表 7-19　二-十进制编码器真值表

十进制数	输入变量	A B C D
0	I_0	0　0　0　0
1	I_1	0　0　0　1
2	I_2	0　0　1　0
3	I_3	0　0　1　1
4	I_4	0　1　0　0
5	I_5	0　1　0　1
6	I_6	0　1　1　0
7	I_7	0　1　1　1
8	I_8	1　0　0　0
9	I_9	1　0　0　1

（3）典型编码集成电路

一般的编码器在工作时，只允许一个输入信号有效，如果输入两个或两个以上的信号，编码器就会出错。为了避免出现这种错误，可选用优先编码器。根据信号优先级别的不同。当输入两个或两个以上的信号时，对优先级别高的信号进行编码，级别低的信号不起作用。

8421BCD 码优先编码器真值表见表 7-20。

表 7-20　8421BCD 码优先编码器真值表

输入									输出			
$\overline{I_9}$	$\overline{I_8}$	$\overline{I_7}$	$\overline{I_6}$	$\overline{I_5}$	$\overline{I_4}$	$\overline{I_3}$	$\overline{I_2}$	$\overline{I_1}$	$\overline{Y_3}$	$\overline{Y_2}$	$\overline{Y_1}$	$\overline{Y_0}$
0	×	×	×	×	×	×	×	×	0	1	1	0
1	0	×	×	×	×	×	×	×	0	1	1	1

输入									输出			
$\overline{I}_9$	$\overline{I}_8$	$\overline{I}_7$	$\overline{I}_6$	$\overline{I}_5$	$\overline{I}_4$	$\overline{I}_3$	$\overline{I}_2$	$\overline{I}_1$	$\overline{Y}_3$	$\overline{Y}_2$	$\overline{Y}_1$	$\overline{Y}_0$
1	1	0	×	×	×	×	×	×	1	0	0	0
1	1	1	0	×	×	×	×	×	1	0	0	1
1	1	1	1	0	×	×	×	×	1	0	1	0
1	1	1	1	1	0	×	×	×	1	0	1	1
1	1	1	1	1	1	0	×	×	1	1	0	0
1	1	1	1	1	1	1	0	×	1	1	0	1
1	1	1	1	1	1	1	1	0	1	1	1	0
1	1	1	1	1	1	1	1	1	1	1	1	1

该编码器采用输入、输出低电平有效的编码方式，即 **0** 表示有信号，**1** 表示无信号。优先级别 I_9 最高，依次为 I_8、I_7、I_6、I_5、I_4、I_3、I_2、I_1、I_0。

74LS147 是专用的 8421BCD 码优先集成编码器，其引脚排列如图 7-21 所示。

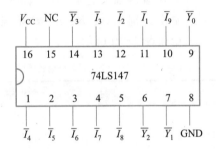

图 7-21　74LS147 优先集成编码器的引脚排列

2. 认识译码器

译码器与编码器的功能相反，它是将具有特定含义的二进制代码"翻译"出来，并转换成相应的输出信号。译码器的输入为二进制代码，输出是与输入对应的特定信息。常用的译码器有二进制译码器、二-十进制译码器和显示译码器。

（1）二进制译码器

在实际应用中最常见的是中规模集成电路 74LS138，它是一个 3 线-8 线译码器，其实物图和引脚排列如图 7-22 所示，真值表见表 7-21。

译码器

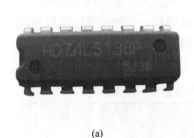

(a)

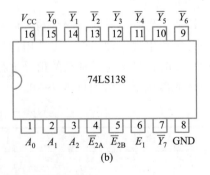

(b)

图 7-22　74LS138 的实物图和引脚排列

表 7-21　74LS138 译码器真值表

输入						输出							
E_1	$\overline{E}_{2A}$	$\overline{E}_{2B}$	A_2	A_1	A_0	$\overline{Y}_7$	$\overline{Y}_6$	$\overline{Y}_5$	$\overline{Y}_4$	$\overline{Y}_3$	$\overline{Y}_2$	$\overline{Y}_1$	$\overline{Y}_0$
×	1	×	×	×	×	1	1	1	1	1	1	1	1
×	×	1	×	×	×	1	1	1	1	1	1	1	1
0	×	×	×	×	×	1	1	1	1	1	1	1	1
1	0	0	0	0	0	1	1	1	1	1	1	1	0
1	0	0	0	0	1	1	1	1	1	1	1	0	1
1	0	0	0	1	0	1	1	1	1	1	0	1	1
1	0	0	0	1	1	1	1	1	1	0	1	1	1
1	0	0	1	0	0	1	1	1	0	1	1	1	1
1	0	0	1	0	1	1	1	0	1	1	1	1	1
1	0	0	1	1	0	1	0	1	1	1	1	1	1
1	0	0	1	1	1	0	1	1	1	1	1	1	1

　　该译码器有 3 个输入端，输入 3 位二进制代码；有 8 个输出端（低电平有效）。正常译码时，当输入从 **000** 变到 **111**，输出 $\overline{Y}_7 \sim \overline{Y}_0$ 中只有对应的一个为 **0**，其余均为 **1**。由真值表可知，它能译出 3 个输入变量的全部状态。该译码器设置 E_1、$\overline{E}_{2A}$、$\overline{E}_{2B}$ 3 个使能输入端，当 E_1 为 **1** 且 $\overline{E}_{2A}$ 和 $\overline{E}_{2B}$ 均为 **0** 时，译码器处于工作状态，否则译码器不工作。

　　（2）二-十进制译码器

　　典型的二-十进制译码器有很多种型号，图 7-23 所示为 74LS42 的实物图和引脚排列，其真值表见表 7-22。该译码器有 $A_0 \sim A_3$ 四个输入端（表示 4 位 8421BCD 码）、$\overline{Y}_0 \sim \overline{Y}_9$ 十个输出端（代表 10 个十进制数码 0~9），输出低电平有效。二-十进制译码器也称为 4 线-10 线译码器。

图 7-23　74LS42 的实物图和引脚排列

　　由表 7-22 可知，$\overline{Y}_0$ 输出为 $\overline{Y}_0 = \overline{\overline{A}_3\,\overline{A}_2\overline{A}_1\overline{A}_0}$。当 $A_3A_2A_1A_0 = \textbf{0000}$ 时，输出 $\overline{Y}_0 = \textbf{0}$。它对应的十进制数为 **0**。其余输出依此类推。该译码器除了能把 8421BCD 码译成相应的十进制数码之外，它还能"拒绝伪码"。所谓伪码，是指 **1010~1111** 六个码，当输入为该六个码中任意一个时，输出均为 **1**，即得不到译码输出。这就是拒绝伪码。

表 7-22　74LS42 二-十进制译码器真值表

输入				输出									
A_3	A_2	A_1	A_0	$\overline{Y}_9$	$\overline{Y}_8$	$\overline{Y}_7$	$\overline{Y}_6$	$\overline{Y}_5$	$\overline{Y}_4$	$\overline{Y}_3$	$\overline{Y}_2$	$\overline{Y}_1$	$\overline{Y}_0$
0	0	0	0	1	1	1	1	1	1	1	1	1	0

续表

输入				输出									
A_3	A_2	A_1	A_0	$\overline{Y_9}$	$\overline{Y_8}$	$\overline{Y_7}$	$\overline{Y_6}$	$\overline{Y_5}$	$\overline{Y_4}$	$\overline{Y_3}$	$\overline{Y_2}$	$\overline{Y_1}$	$\overline{Y_0}$
0	0	0	1	1	1	1	1	1	1	1	1	0	1
0	0	1	0	1	1	1	1	1	1	1	0	1	1
0	0	1	1	1	1	1	1	1	1	0	1	1	1
0	1	0	0	1	1	1	1	1	0	1	1	1	1
0	1	0	1	1	1	1	1	0	1	1	1	1	1
0	1	1	0	1	1	1	0	1	1	1	1	1	1
0	1	1	1	1	1	0	1	1	1	1	1	1	1
1	0	0	0	1	0	1	1	1	1	1	1	1	1
1	0	0	1	0	1	1	1	1	1	1	1	1	1

（3）数字译码显示器

在数字计算系统及测量仪表如电子表、数显温度计、数字万用表中，常需要把译码结果用人们习惯的十进制数码的字形显示出来，因此，必须用译码器的输出去驱动显示器件，具有这种功能的译码器称为数字译码显示器。

数字译码显示器是数字设备不可缺少的部分。数字译码显示器通常由计数器、译码器、驱动器、显示器等组成，其框图如图 7-24 所示。

图 7-24 数字译码显示器框图

① 数码显示器

数字显示器件是用来显示数字、文字或者符号的器件，常见的有辉光数码管、荧光数码管、液晶显示器（LCD）、半导体数码管（LED）、场致发光数字板、等离子体显示板等，虽然它们结构各异，但译码显示的原理是相同的。本书主要讨论最常用的半导体数码管。

② 七段显示译码器

七段半导体数码管是由 7 个发光二极管按"日"字形状排列制成的，有共阳极型和共阴极型两种，如图 7-25 所示。

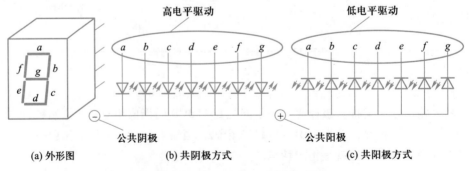

图 7-25 七段显示 LED 数码管

由图 7-25 可见，七段数码显示器是通过 $a \sim g$ 七个发光线段的不同组合来表示 0~9 十个十进制数码的。这就要求译码器把 10 组 8421BCD 码翻译成用于显示的七段二进制代码（$abcdefg$）信号。下面就以中规模 CMOS 集成电路 CD4511 为例来分析具体的译码过程。

CD4511 是一块用于驱动共阴极 LED（数码管）显示器的 BCD 码-七段码译码器，具有七段译码、消隐和锁存控制功能，其内部有上拉电阻，在输出端串联限流电阻后与数码管驱动端相连，就能实现对 LED 显示器的直接驱动。它的实物图和引脚排列如图 7-26 所示。

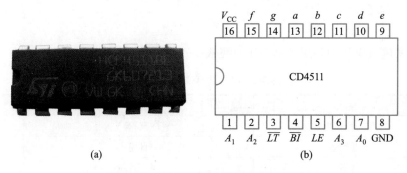

图 7-26　CD4511 的实物图和引脚排列

图 7-26 中，$A_3 \sim A_0$ 为 4 线输入（4 位 8421BCD 码），$a \sim g$ 为七段输出，输出为高电平有效。功能端 $\overline{BI}$ 是消隐输入控制端，当 $\overline{BI}=0$ 时，不管其他输入端状态如何，七段数码管均处于熄灭（消隐）状态，不显示数字。$\overline{LT}$ 脚是测试输入端，当 $\overline{BI}=1$，$\overline{LT}=0$ 时，译码输出全为 1，不管输入 $A_3 \sim A_0$ 状态如何，七段均发亮，显示"8"，它主要用来检测数码管是否损坏。LE 为锁定控制端，当 $LE=0$ 时，允许译码输出。$LE=1$ 时译码器是锁定保持状态，译码器输出被保持在 $LE=0$ 时的数值。CD4511 的真值表见表 7-23。

表 7-23　CD4511 的真值表

输入							输出							显示
LE	$\overline{BI}$	$\overline{LT}$	A_3	A_2	A_1	A_0	a	b	c	d	e	f	g	
×	1	0	×	×	×	×	1	1	1	1	1	1	1	8
×	0	1	×	×	×	×	0	0	0	0	0	0	0	消隐
0	1	1	0	0	0	0	1	1	1	1	1	1	0	0
0	1	1	0	0	0	1	0	1	1	0	0	0	0	1
0	1	1	0	0	1	0	1	1	0	1	1	0	1	2
0	1	1	0	0	1	1	1	1	1	1	0	0	1	3
0	1	1	0	1	0	0	0	1	1	0	0	1	1	4
0	1	1	0	1	0	1	1	0	1	1	0	1	1	5
0	1	1	0	1	1	0	0	0	1	1	1	1	1	6
0	1	1	0	1	1	1	1	1	1	0	0	0	0	7
0	1	1	1	0	0	0	1	1	1	1	1	1	1	8
0	1	1	1	0	0	1	1	1	1	0	0	1	1	9
0	1	1	1	0	1	0	0	0	0	0	0	0	0	消隐
0	1	1	1	0	1	1	0	0	0	0	0	0	0	
0	1	1	1	1	0	0	0	0	0	0	0	0	0	
0	1	1	1	1	0	1	0	0	0	0	0	0	0	
0	1	1	1	1	1	0	0	0	0	0	0	0	0	
0	1	1	1	1	1	1	0	0	0	0	0	0	0	
1	1	1	×	×	×	×	锁存							锁存

任务实施

1. 准备工具和器材

（1）工具

本次任务实施所需要的常用仪器与工具见表 7-24。

表 7-24　常用仪器与工具

编号	名称	规格	数量
1	直流稳压电源	直流+5 V	1 台
2	万用表	自定	1 块
3	电烙铁	15~25 W	1 把
4	烙铁架	自定	1 个
5	电子实训通用工具	尖嘴钳、斜口钳、镊子、螺丝刀（一字和十字）、小剪刀等	1 套

（2）器材

本次任务实施所需要的器材见表 7-25。

表 7-25　器　　材

编号	名称	规格	数量
1	电阻	470 Ω	4 个
2	发光二极管	红色	8 只
3	74LS138 集成电路	双列直插式	1 片
4	DIP16 集成电路插座	DIP-16	1 个
5	自锁按钮	8 mm×8 mm	3 个
6	排针	单排，2.54 mm	2 个
7	万能板	50 mm×100 mm	1 块
8	焊接材料	焊锡丝、松香助焊剂、连接导线等	1 套

2. 环境要求、安装工艺要求与安全要求

环境要求见项目 1 任务 1，安装工艺要求见项目 1 任务 3，安全要求见项目 2 任务 2。

3. 电路装接与调试的步骤与方法

根据学生工作页中的电路原理图，在万能板上进行装接，并进行电路调试，如图 7-27 所示。

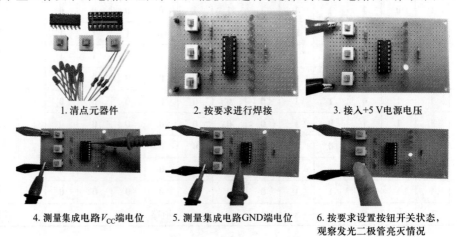

1. 清点元器件　　　　2. 按要求进行焊接　　　　3. 接入+5 V电源电压

4. 测量集成电路V_{CC}端电位　　5. 测量集成电路GND端电位　　6. 按要求设置按钮开关状态，观察发光二极管亮灭情况

图 7-27　译码电路的装接与调试

学生工作页

工作任务	译码电路的 装接与调试	学生/小组		工作 时间	
电路 识读					

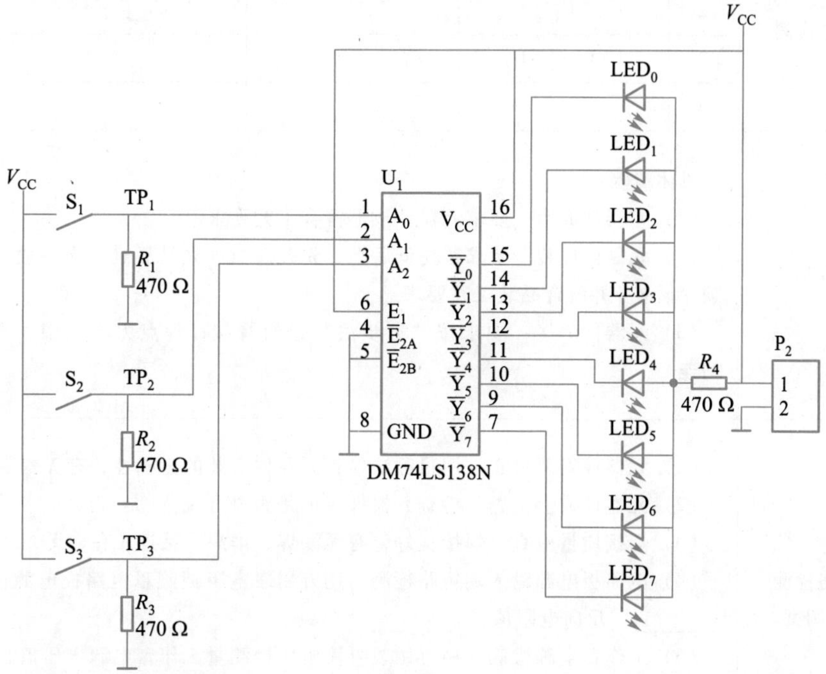

1. 主要元器件功能分析

（1）74LS138 集成电路在本电路中的功能是：＿＿＿＿＿＿＿＿＿＿＿＿＿＿＿＿＿＿＿＿

（2）电阻 R_1 在本电路中的功能是：＿＿＿＿＿＿＿＿＿＿＿＿＿＿＿＿＿＿＿＿＿＿＿

2. 电路工作原理梳理

（1）接通电源后，若设置 $S_3 \sim S_1$ 按钮开关状态为 **011**，则 U_1 的 3 脚、2 脚、1 脚状态分别为

＿＿＿＿＿＿、＿＿＿＿＿＿、＿＿＿＿＿＿。U_1 的输出端 $\overline{Y_7} \sim \overline{Y_0}$ 状态为＿＿＿＿＿＿＿＿＿＿＿＿，发光二极管

＿＿＿＿＿＿点亮，其余灭

（2）若设置 $S_3 \sim S_1$ 按钮开关状态为 **101**，则 U_1 的 3 脚、2 脚、1 脚状态分别为＿＿＿＿＿＿＿、

＿＿＿＿＿＿、＿＿＿＿＿＿。U_1 的输出端 $\overline{Y_7} \sim \overline{Y_0}$ 状态为＿＿＿＿＿＿＿＿＿＿＿＿，发光二极管＿＿＿＿＿＿

点亮，其余灭

电路接线 图绘制	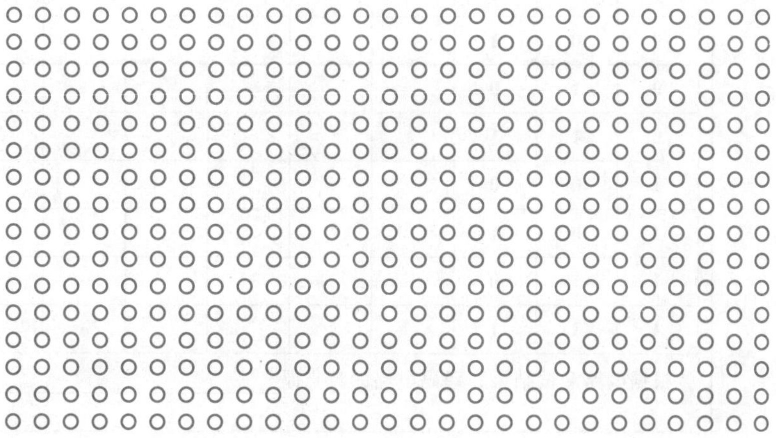

	序号	元器件代号	元器件名称	型号规格	数量	测量结果	备注
元器件识别与检测	1	$R_1 \sim R_4$					
	2	U_1					
	3	$LED_0 \sim LED_7$					
	4	$S_1 \sim S_3$					

电路装接	具体步骤： （1）元器件成形　要求元器件成形符合工艺要求 （2）元器件插装　要求按先低后高、先轻后重、先易后难、先一般元器件后特殊元器件的顺序插装，并符合插装工艺要求 （3）元器件焊接　要求按"五步法"进行焊接，焊点大小适中、光滑，且焊点独立、不粘连
电路检测与调试	（1）元器件安装检查　用目测法检查元器件安装的正确性，有无错装、漏装（有、无） （2）元器件成形检查　检查元器件成形是否符合规范（是、否） （3）焊接质量检查　焊接良好，有无漏焊、虚焊、粘连（有、无） （4）电路板电源输入端短路检测　用万用表电阻挡测量电路板电源输入端的正向电阻值为_____，反向电阻值为_____ （5）工作台电源检测　用万用表直流电压挡测量工作台电源电压值是_____ （6）电路板电源检测　用万用表直流电压挡测量电路板电源输入端的电压值是_____ （7）电路功能检测　通电后，发光二极管的亮灭情况由输入状态决定

电路技术参数测量与分析

1. 电路数据测量

接通电源后，测得 74LS138 的 16 脚、8 脚分别为_____V、_____V

2. 电路数据分析

按要求设置按钮开关状态，根据发光二极管亮灭情况，将结果记录于下表，并进行电路特点分析

按钮开关状态			发光二极管亮灭情况							
S_3	S_2	S_1	LED_7	LED_6	LED_5	LED_4	LED_3	LED_2	LED_1	LED_0
0	0	0								
0	0	1								
0	1	0								
0	1	1								
1	0	0								
1	0	1								
1	1	0								
1	1	1								

根据电路测试结果，译码电路的特点是_____

_____

 任务小结

任务评价表

工作任务	译码电路的装接与调试	学生/小组		工作时间	
评价内容	评价指标	自评	互评	师评	
1. 电路识图（10分）	识读电路图，按要求分析元器件功能和电路原理（每错一处扣1分）				
2. 电路接线图绘制（10分）	根据电路图正确绘制接线图（每错一处扣2分）				
3. 元器件识别与检测（10分）	正确识别和使用万用表检测元器件（识别检测错误，每个扣2分）				
4. 元器件成形与插装（10分）	按工艺要求将元器件插装至万能板（插装错误，每个扣2分；插装未符合工艺要求，每个扣2分）				
5. 焊接工艺（20分）	焊点适中，无漏、虚、假、连焊，光滑、圆润、干净、无毛刺，引脚高度基本一致（未达到工艺要求，每处扣2分）				
6. 电路检测与调试（20分）	按图装接正确，电路功能完整，记录检测数据准确（返修一次扣10分，其余每错一处扣1分）				
7. 电路技术参数测量与分析（10分）	按要求进行参数测量与分析，并将结果记录在指定区域内（每错一处扣2分）				
8. 职业素养（10分）	安全意识强、用电操作规范（违规扣2~5分）；不损坏器材、仪表（违规扣2~5分）；现场管理有序，工位整洁（违规扣2~5分）				
实训收获					
实训体会					
开始时间		结束时间		实际时长	

任务拓展

集成显示译码器 74LS48

74LS48 集成显示译码器的作用是将输入端的 4 个 BCD 码译成能驱动半导体数码管的信号，并显示相应的十进制数字符号。74LS48 输出高电平有效，与共阴极半导体数码管配合使用。

74LS48 的实物和引脚排列如图 7-28 所示。图中 A_3、A_2、A_1、A_0 为 BCD 码的 4 个输入端，Y_a、Y_b、Y_c、Y_d、Y_e、Y_f、Y_g 为七段码的 7 个输出端，与数码管的 a、b、c、d、e、f、g 相对应；另外，它还有 3 个控制信号端：试灯输入信号 $\overline{LT}$、灭灯输入信号 $\overline{RBI}$、特殊控制信号 $\overline{BI}/\overline{RBO}$，$\overline{LT}$、$\overline{RBI}$、$\overline{BI}/\overline{RBO}$ 可组合应用形成不同的功能控制。74LS48 集成电路的真值表见表 7-26。

(a) 实物

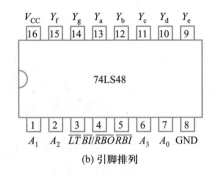

(b) 引脚排列

图 7-28　74LS48 集成电路

表 7-26　74LS48 集成电路的真值表

功能	输入						输入/输出	输出						
	$\overline{LT}$	$\overline{RBI}$	A_3	A_2	A_1	A_0	$\overline{BI/RBO}$	Y_a	Y_b	Y_c	Y_d	Y_e	Y_f	Y_g
0	1	1	0	0	0	0	1	1	1	1	1	1	1	0
1	1	×	0	0	0	1	1	0	1	1	0	0	0	0
2	1	×	0	0	1	0	1	1	1	0	1	1	0	1
3	1	×	0	0	1	1	1	1	1	1	1	0	0	1
4	1	×	0	1	0	0	1	0	1	1	0	0	1	1
5	1	×	0	1	0	1	1	1	0	1	1	0	1	1
6	1	×	0	1	1	0	1	0	0	1	1	1	1	1
7	1	×	0	1	1	1	1	1	1	1	0	0	0	0
8	1	×	1	0	0	0	1	1	1	1	1	1	1	1
9	1	×	1	0	0	1	1	1	1	1	1	0	1	1
10	1	×	1	0	1	0	1	0	0	0	1	1	0	1
11	1	×	1	0	1	1	1	0	0	1	1	0	0	1
12	1	×	1	1	0	0	1	0	1	0	0	0	1	1
13	1	×	1	1	0	1	1	1	0	0	1	0	1	1
14	1	×	1	1	1	0	1	0	0	0	1	1	1	1
15	1	×	1	1	1	1	1	0	0	0	0	0	0	0
灭灯	×	×	×	×	×	×	0	0	0	0	0	0	0	0
灭零	0	0	0	0	0	0	0	0	0	0	0	0	0	0
试灯	0	×	×	×	×	×	1	1	1	1	1	1	1	1

项目总结

　　1. 数字电子技术是有关数字信号产生、整形、编码、存储和传输的技术。

　　2. 数制主要有十进制、二进制和十六进制等，在数字电路中常用的是二进制，各进制可按一定的方法进行转换。

　　3. 基本逻辑门电路有**与门**、**或门**和**非门** 3 种，基本逻辑门电路可组成复合逻辑门电路，常见的有**与非门**、**或非门**、**与或非门**、**异或门**、**同或门**等。

　　4. 逻辑函数的常用表达方法有逻辑函数表达式、真值表、逻辑电路图等，它们可以互相转换。

　　5. 组合逻辑电路由门电路组成，它的特点是：电路输出状态仅取决于该时刻电路的输入信号，而与输入信号前的电路状态无关。

6. 组合逻辑电路的一般分析步骤是：

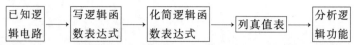

已知逻辑电路 → 写逻辑函数表达式 → 化简逻辑函数表达式 → 列真值表 → 分析逻辑功能

7. 组合逻辑电路的一般设计步骤是：

实际逻辑问题 → 逻辑状态赋值 → 列真值表 → 写逻辑函数表达式 → 化简逻辑函数表达式 → 变换逻辑函数表达式 → 画出逻辑电路

8. 常见的组合逻辑电路有编码器、译码器等。编码器的功能是将输入的电平信号编制成二进制代码，常见的有二进制编码器、二-十进制编码器。通用译码器的功能是将输入的二进制数码译成相应的输出信号。显示译码器的功能是将输入的 BCD 码译成能用于显示器件的十进制数的信号，并驱动显示器显示数字。

💡 思考与实践

1. 数制、码制转换

（1）将下列十进制数转换为二进制数。

① $(39)_{10}$

② $(81)_{10}$

③ $(124)_{10}$

④ $(167)_{10}$

（2）请将下列二进制数转换为十进制数、八进制数、十六进制数。

① $(111)_2$

② $(10111)_2$

③ $(110111)_2$

④ $(1100111)_2$

（3）请将下列十六进制数转换为二进制数、八进制数、十进制数。

① $(3E)_{16}$

② $(101)_{16}$

③ $(1A0)_{16}$

④ $(1FF)_{16}$

（4）请将下列的十进制数转换为 8421 码。

① $(19)_{10}$

② $(72)_{10}$

③ $(139)_{10}$

④ $(658)_{10}$

2. 化简逻辑函数式

（1）$Y = ABC + \overline{A} + \overline{B} + \overline{C}$

（2）$Y = AC + A\overline{C} + \overline{A}B$

（3）$Y = \overline{\overline{AB}(B+C)A}$

3. 组合逻辑电路分析

分析图 7-29 所示电路的逻辑功能。

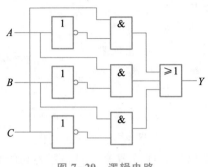

图 7-29　逻辑电路

4. 组合逻辑电路设计

某机床由 A、B、C 三台电动机拖动，根据加工要求为：A 电动机必须先起动运行；若起动 B 电动机，则必须起动 C 电动机；A 电动机运行后，C 电动机也可起动运行。满足上述要求时，指示灯亮，否则指示灯熄灭。设开机信号为 **1**，指示灯亮为 **1**，写出灯亮的逻辑表达式并化简。

 学习材料　　　　　0 和 1 是如何创造整个数字世界的？

此时此刻，屏幕前的你正准备看一个 .mp4 的短视频。或许就在刚才，你还听了一首 .mp3 的音乐，拍了张 .jpg 的照片，读了本 .txt 的小说，下了部 .avi 的电影。所有这些纷繁复杂的数字文件，在本质上都只是一串串由 **0** 和 **1** 所组成的代码。那么 0 和 1，究竟是如何创造出这个有趣的数字世界的呢？

由于计算机电路只有通和断两种状态，所以二进制更适合计算机：只需要 0 和 1 两个数字，就可以传递一切信息。

如图 7-30 所示，如何才能把一串看似毫无规则的 **0** 和 **1**，变成我们熟悉的图片和音乐呢？

图 7-30　图片、音频中的 0 和 1

以图像为例：.bmp 是 Windows 系统中的标准图像文件格式。在你手机或计算机的某个角落里有这样一串数据 01110101　　01101110　　01100100　　01100101　　01100110　　01101001　01101110　01100101　01100100。前 16 位翻译过来，就是 BM 两个字母，也就是 bmp 文件开始的标识，紧随其后的是图片的各项基本信息。

例如，有一张图片，长宽都为 55 个像素，颜色深度 24 位，意思是说，每个像素点的颜色，都是由 24 个 **0** 和 **1** 所组成的数据来表示的，如图 7-31 所示。

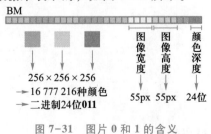

图 7-31　图片 0 和 1 的含义

　　最开始的 24 位如果都是 **1**，就是说图像的第一个像素中，有最大强度的红绿蓝 3 种颜色，所以这个像素显示为白色。如接下来的 24 位前 8 位是 **1** 而后 16 位都是 **0**，则第二个像素就是纯红色。如第三个 24 位的前 16 位为 **1**，最后 8 位为 **0**，则第三个像素就是红色和绿色调和出来的黄色。根据这样的规则，理论上 RGB 三原色可以根据比例调节出所有颜色，最终可以填满整个 55×55 的格子，从而得到一张完整的图片。

　　因此，一个 bmp 图像文件中的这些 0 和 1，就是在逐个记录图像中每一个像素点的颜色。与之类似，wav 格式的音频文件中，1 s 被分成 441 000 个时刻点，文件的数据记录着每个时刻点上声音的振幅，最终连线，形成一道完整的声波，如图 7-32 所示。

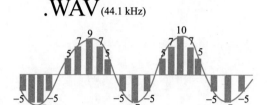

图 7-32　声波

　　大多数情况下，我们接触到的文件都和上面这两个例子一样：文件中 0 和 1 按照人们事先设计好的规则排列好，只需找到正确的打开方式，按照特定的规则来解读这些数据，就可以获取其中的信息，如图 7-33 所示。

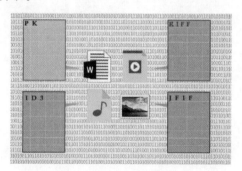

图 7-33　文件信息解读

　　那怎么知道某个文件中的 0 和 1 究竟是按什么规则排列的，又要用怎样的方式来解读它呢？这就需要用到扩展名。如图 7-34 所示，在文件的名字后面加几个特定的字符组成的扩展名，就可以帮助系统辨认出文件的类型，从而提示计算机去按照某种特定的规则，来正确解读其中的信息。

音频	视频	图像	文档	其他
.MP3	.MP4	.JPG	.DOCX	.ZIP
.M4A	.MOV	.PNG	.PPTX	.RAR
.AAC	.AVI	.TIF	.XLSX	.DMG
.WMA	.MPG	.GIF	.PDF	.EXE
.OGG	.WMV	.BMP	.TXT	.HTML
.WAV	.MKV	.PSD	.RTF	.PHP
.PCM	.FLV		.CSV	
.FLAC	.MTS			

图 7-34　各种文件格式

项目8

计数器电路的装接与调试
——时序逻辑电路

项目目标

1. 知道基本 RS 触发器的电路结构和图形符号，掌握其逻辑功能。
2. 知道触发方式，熟悉常见触发方式的特点。
3. 知道 JK、D、T 触发器的电路结构和图形符号，掌握其逻辑功能。
4. 了解典型集成 JK 触发器的引脚功能，掌握逻辑功能测试方法。
5. 了解计数器的功能及计数器的类型。
6. 理解二进制、十进制等典型集成计数器的特性，掌握其应用。
7. 学会使用典型集成电路装接与调试计数显示电路。

项目情境

　　数字钟在生活中广泛应用，它具有计时准确、显示直观、价格低廉等优点，如图 8-1 所示。组成数字钟的电路种类有很多，本项目将通过装接与调试计数器电路，学习时序逻辑电路的特点。下面让我们来动手做一做吧！

图 8-1　数字钟

项目概述

　　计数器电路的本质是一种时序逻辑电路。其主要特点是电路在任何时刻的输出，不仅与该时刻的输入信号有关，而且与电路原有的状态有关。通过本项目的学习，使学生知道触发器电路的组成、触发器的图形符号及其逻辑功能，并掌握时序逻辑电路的功能特点和结构特点，学会时序逻辑电路的测试和分析方法。

任务 1
RS 触发器的装接与调试

◆ **任务目标**

1. 知道基本 RS 触发器的电路结构和图形符号，熟悉其逻辑功能。
2. 能用**与非门**搭建 RS 触发器，并能测试逻辑功能。
3. 知道触发器的几种触发方式，熟悉常见触发方式的特点。

✎ **任务描述**

利用**与非门**集成电路（74LS00）等元器件，搭建 RS 触发器电路，测量电路相关参数，并进行电路分析。

✂ **任务准备**

1. 基本 RS 触发器

（1）电路结构和图形符号

基本 RS 触发器是一种简单的触发器，是构成其他种类触发器的基础。其逻辑电路和图形符号如图 8-2 所示。

基本 RS 触发器

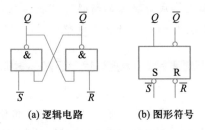

(a) 逻辑电路　　(b) 图形符号

图 8-2　基本 RS 触发器的逻辑电路与图形符号

基本 RS 触发器由两个**与非门**的输入和输出交叉反馈连接而成，电路有两个输入端 $\overline{R}$ 和 $\overline{S}$，字母上的"**非**"号表示低电平有效，即 R、S 为低电平时表示有输入信号；电路有两个输出端 Q 和 $\overline{Q}$，两者状态互补，当一个为低电平时，另一个为高电平，反之亦然。

（2）逻辑功能

通常规定以输出端 Q 的状态为触发器的状态，即 $Q=1$，$\overline{Q}=0$ 表示触发器为 **1** 态，$Q=0$，$\overline{Q}=1$ 表示触发器为 **0** 态。基本 RS 触发器具有置 0、置 1 和保持 3 种功能，其逻辑功能真值表见表 8-1，工作波形如图 8-3 所示。

表 8-1　基本 RS 触发器的逻辑功能真值表

输入		输出	功能
$\overline{S}$	$\overline{R}$	Q^{n+1}	
0	1	1	置 1
1	0	0	置 0

续表

输入		输出	功能
$\bar{S}$	$\bar{R}$	Q^{n+1}	
1	1	Q^n	保持
0	0	不定	禁止

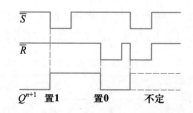

图 8-3　基本 RS 触发器的工作波形

① $\bar{S}=0$，$\bar{R}=1$

触发器 $\bar{S}$ 端输入低电平，触发有效，输出端 Q 被置为 **1** 态，$\bar{S}$ 端称为置 1（置位）端。

② $\bar{S}=1$，$\bar{R}=0$

触发器 $\bar{R}$ 端输入低电平，触发有效，输出端 Q 被置为 **0** 态，$\bar{R}$ 端称为置 0（复位）端。

③ $\bar{S}=1$，$\bar{R}=1$

触发器未输入，假设触发器原来处于 0 态，触发器保持原状态不变，这就是触发器的记忆功能。

④ $\bar{S}=0$，$\bar{R}=0$

触发器状态不确定。在 $\bar{S}=0$ 和 $\bar{R}=0$ 期间，Q、$\bar{Q}$ 同时被置为 **1**，而在 $\bar{S}$、$\bar{R}$ 端输入的低电平触发信号同时消失后，Q 和 $\bar{Q}$ 的状态不能确定，所以称为不定状态，使用触发器时应避免这种情况的发生，否则会出现逻辑混乱或错误。

2. 同步 RS 触发器

由于基本 RS 触发器的状态翻转是受输入信号直接控制的，因此其抗干扰能力较差。而在实际应用中，常常要求几个~几十个触发器在某一指定时刻按输入信号要求同时动作，因此除了 R、S 两个输入端外，还需要增加一个控制端 CP。由时钟脉冲 CP 来控制触发器按一定的节拍同步动作，即在时钟脉冲到来时输入触发信号才起作用。由时钟脉冲控制的 RS 触发器称为同步 RS 触发器。

（1）电路结构和图形符号

同步 RS 触发器是在基本 RS 触发器基础上增加两个**与非门**构成的，其逻辑电路和图形符号如图 8-4 所示。

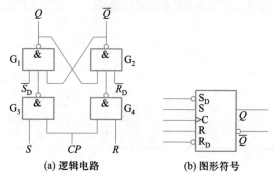

图 8-4　同步 RS 触发器的逻辑电路和图形符号

两个**与非门** G_1、G_2 构成基本 *RS* 触发器；两个**与非门** G_3、G_4 构成控制门，在时钟脉冲 *CP* 的控制下，将输入的 *R*、*S* 信号传送到基本 *RS* 触发器。而 $\overline{R_D}$、$\overline{S_D}$ 不受时钟脉冲 *CP* 的控制，可直接将触发器置 **0** 或置 **1**，称为异步置 **0** 端和异步置 **1** 端，字母上的非号表示低电平有效。

（2）逻辑功能

在 *CP*=**0** 期间，**与非门** G_3、G_4 被 *CP* 端的低电平关闭，使基本 *RS* 触发器的 $\overline{S}=\overline{R}=\mathbf{1}$，触发器保持原有状态不变。在 *CP*=**1** 期间，G_3、G_4 组成的控制门开门，触发器的输出状态由输入端 *R*、*S* 信号决定，*R*、*S* 输入高电平有效。触发器具有置 **0**、置 **1**、保持的逻辑功能。

同步 *RS* 触发器的逻辑功能真值表见表 8-2，工作波形如图 8-5 所示。

表 8-2　同步 *RS* 触发器的逻辑功能真值表

时钟脉冲 *CP*	输入		输出	功能
	S	*R*	Q^{n+1}	
0	×	×	Q^n	保持
1	**0**	**0**	Q^n	保持
1	**0**	**1**	**0**	置 **0**
1	**1**	**0**	**1**	置 **1**
1	**1**	**1**	不定	禁止

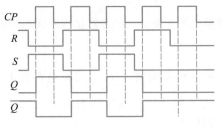

图 8-5　同步 *RS* 触发器的工作波形

任务实施

1. 准备工具和器材

（1）工具

本次任务实施所需要的常用仪器与工具见表 8-3。

表 8-3　常用仪器与工具

编号	名称	规格	数量
1	直流稳压电源	直流 +5 V	1 台
2	万用表	自定	1 只
3	电烙铁	15~25 W	1 把
4	烙铁架	自定	1 只
5	电子实训通用工具	尖嘴钳、斜口钳、镊子、螺丝刀（一字和十字）、小剪刀等	1 套

（2）器材

本次任务实施所需要的器材见表 8-4。

表 8-4 器 材

编号	名称	规格	数量
1	电阻	1 kΩ	1 个
2	发光二极管	红色	1 只
3	发光二极管	绿色	1 只
4	74LS00 集成电路	双列直插式	1 片
5	DIP14 集成电路插座	DIP-14	1 只
6	自锁按钮	8 mm×8 mm	2 只
7	排针	单排，2.54 mm	2 个
8	万能板	50 mm×100 mm	1 块
9	焊接材料	焊锡丝、松香助焊剂、连接导线等	1 套

2. 环境要求、安装工艺要求与安全要求

环境要求见项目 1 任务 1，安装工艺要求见项目 1 任务 3，安全要求见项目 2 任务 2。

3. 电路装接与调试的步骤与方法

根据学生工作页中的电路原理图，在万能板上进行装接，并进行电路调试，如图 8-6 所示。

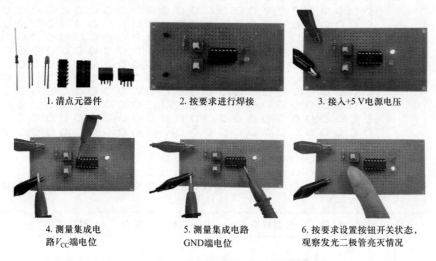

1. 清点元器件
2. 按要求进行焊接
3. 接入+5 V电源电压
4. 测量集成电路 V_{CC} 端电位
5. 测量集成电路 GND 端电位
6. 按要求设置按钮开关状态，观察发光二极管亮灭情况

图 8-6 基本 RS 触发器电路的装接与调试

学生工作页

工作任务	基本 RS 触发器电路的装接与调试	学生/小组		工作时间	
电路识读					

电路识读	1. 主要元器件功能分析 (1) 74LS00 集成电路在本电路中的功能是 _____ (2) LED_1 在本电路中的功能是：_____ 2. 电路工作原理梳理 (1) 接通电源后，若按下 S_1，S_2 不按，$\bar{S}$ 为____电平，$\bar{R}$ 为____电平，输出端 Q 为____电平，输出端 $\bar{Q}$ 为____电平，LED_1____，LED_2____ (2) 若按下 S_2，S_1 不按，$\bar{S}$ 为____电平，$\bar{R}$ 为____电平，输出端 Q 为____电平，输出端 $\bar{Q}$ 为____电平，LED_1____，LED_2____ (3) 若 S_1、S_2 均不按下，$\bar{S}$ 为____电平，$\bar{R}$ 为____电平，输出端 Q____ (4) 若同时按下 S_1 和 S_2，$\bar{S}$ 为____电平，$\bar{R}$ 为____电平，输出端 Q_____，这种情况_____出现

电路接线图绘制	

元器件识别与检测	序号	元器件代号	元器件名称	型号规格	数量	测量结果	备注
	1	R					
	2	$LED_1 \sim LED_2$					
	3	G_1、G_2					
	4	$S_1 \sim S_2$					

电路装接	具体步骤： (1) 元器件成形　要求元器件成形符合工艺要求 (2) 元器件插装　要求按先低后高、先轻后重、先易后难、先一般元器件后特殊元器件的顺序插装，并符合插装工艺要求 (3) 元器件焊接　要求按"五步法"进行焊接，焊点大小适中、光滑，且焊点独立、不粘连 (4) 电路连线　要求连线平直、不架空，并按绘制的接线图连线

电路检测与调试	（1）元器件安装检查　用目测法检查元器件安装的正确性，有无错装、漏装（有、无） （2）元器件成形检查　检查元器件成形是否符合规范（是、否） （3）焊接质量检查　焊接良好，有无漏焊、虚焊、粘连（有、无） （4）电路板电源输入端短路检测　用万用表电阻挡测量电路板电源输入端的正向电阻值为_____，反向电阻值为_____ （5）工作台电源检测　用万用表直流电压挡测量工作台电源电压值是_____ （6）电路板电源检测　用万用表直流电压挡测量电路板电源输入端的电压值是_____ （7）电路功能检测　通电后，发光二极管的亮灭情况由输入状态等决定
电路技术参数测量与分析	1. 电路数据测量 　　若按下 S_1，S_2 不按，则 $\bar{S}$ 端电位为____V，$\bar{R}$ 端电位为____V，输出端 Q 端电位为____V，LED_1_____；若按下 S_2，S_1 不按，则 $\bar{S}$ 端电位为____V，$\bar{R}$ 端电位为____V，输出端 Q 端电位为____V，LED_1_____ 2. 电路数据分析 　　按要求设置按钮开关状态，根据发光二极管亮灭情况，将结果记录于下表，并进行电路特点分析。 表格见下方 根据电路测试结果，基本 *RS* 触发器的特点是：_____ _____

电路技术参数测量与分析表：

$\bar{S}$	$\bar{R}$	Q	$\bar{Q}$	功能说明
0	1			
1	0			
1	1			
0	0			

任务小结

任务评价表

工作任务	基本 *RS* 触发器电路的装接与调试	学生/小组		工作时间	
评价内容	评价指标	自评	互评	师评	
1. 电路识读（10 分）	识读电路图，按要求分析元器件功能和电路原理（每错一处扣 0.5 分）				
2. 电路接线图绘制（10 分）	根据电路图正确绘制接线图（每错一处扣 2 分）				
3. 元器件识别与检测（10 分）	正确识别和使用万用表检测元器件（识别检测错误，每个扣 2 分）				
4. 元器件成形与插装（10 分）	按工艺要求将元器件插装至万能板（插装错误，每个扣 2 分；插装未符合工艺要求，每个扣 2 分）				

续表

评价内容	评价指标	自评	互评	师评
5. 焊接工艺(20分)	焊点适中,无漏、虚、假、连焊,光滑、圆润、干净、无毛刺,引脚高度基本一致(未达到工艺要求,每处扣2分)			
6. 电路检测与调试(20分)	按图装接正确,电路功能完整,记录检测数据准确(返修一次扣10分,其余每错一处扣2分)			
7. 电路技术参数测量与分析(10分)	按要求进行参数测量与分析,并将结果记录在指定区域内(每错一处扣2分)			
8. 职业素养(10分)	安全意识强、用电操作规范(违规扣2~5分);不损坏器材、仪表(违规扣2~5分);现场管理有序,工位整洁(违规扣2~5分)			
实训收获				
实训体会				

开始时间		结束时间		实际时长	

任务拓展

其他触发方式

根据时钟脉冲触发方式的不同,触发器的触发方式可以分为同步触发、上升沿触发、下降沿触发和主从触发4种。

(1) 上升沿触发

上升沿触发属于边沿触发,触发器状态的翻转只发生在 CP 由 **0** 变 **1** 的时刻,其余时刻无效。它保证了触发器状态在一个 CP 脉冲期间只能翻转一次,触发器的状态翻转次数与 CP 脉冲的个数相等;同时,克服了 R、S 信号受干扰后引起的触发器错误动作。上升沿触发的边沿式 RS 触发器的工作波形和图形符号如图 8-7 所示。

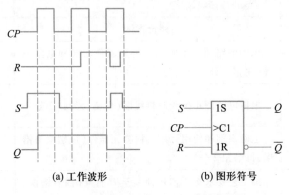

(a) 工作波形　　　　　(b) 图形符号

图 8-7　上升沿触发的边沿式 RS 触发器

（2）下降沿触发

下降沿触发也属于边沿触发，触发器状态的翻转只发生在 CP 由 **1** 变 **0** 的时刻，其余时刻无效。它保证了触发器状态在一个 CP 脉冲期间只能翻转一次，触发器的状态翻转次数与 CP 脉冲的个数相等；同时，克服了 R、S 信号受干扰后引起的触发器错误动作。下降沿触发的边沿式 RS 触发器的工作波形和图形符号如图 8-8 所示。

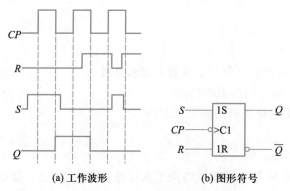

(a) 工作波形　　(b) 图形符号

图 8-8　下降沿触发的边沿式 RS 触发器

（3）主从触发

主从触发器是将两个同步式触发器串接在一起，分别为主触发器和从触发器。主从 RS 触发器的逻辑电路、图形符号和工作波形如图 8-9 所示。

当 $CP=1$ 时，输入信号 R、S 被主触发器接收，并使 Q' 状态按 R、S 信号变化；同时时钟脉冲 CP 经非门 G_9 将从触发器的 G_3、G_4 门封锁，保持触发器状态不变。

当 CP 由 **1** 变 **0** 后，主触发器被封锁，不再接收 R、S 信号，从触发器开启，将主触发器的状态输入从触发器中。这种触发器是在 CP 为 **1** 时接收输入信号，CP 由 **1** 变 **0** 时状态翻转。

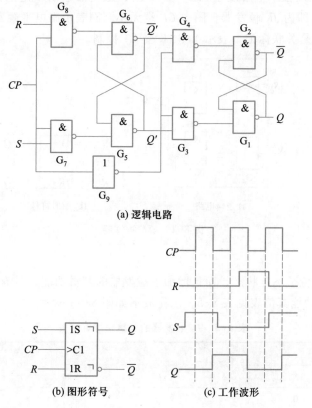

(a) 逻辑电路

(b) 图形符号　　(c) 工作波形

图 8-9　主从 RS 触发器的逻辑电路、图形符号和工作波形

任务 2
JK 触发器的装接与调试

◆ 任务目标

1. 熟悉 JK、D 触发器的图形符号，掌握其逻辑功能。
2. 了解典型集成 JK 触发器的引脚功能。
3. 掌握 CD4027 集成电路逻辑功能测试方法。

✎ 任务描述

利用 CD4027 系列双 JK 触发器集成电路等元器件，装接 JK 触发器电路，测试其电路功能。

✿ 任务准备

为了避免 RS 触发器存在的不定状态，在 RS 触发器的基础上发展了几种不同逻辑功能的触发器，如 JK 触发器、D 触发器、T 触发器等。本任务介绍 JK 触发器。

1. JK 触发器

（1）电路结构和图形符号

JK 触发器是在同步 RS 触发器的基础上引入两条反馈线构成的，其逻辑电路和图形符号如图 8-10 所示。当 $CP=1$、$R=S=1$ 时，若 $Q=1$、$\bar{Q}=0$，则经两条反馈线使 $\bar{R}=0$、$\bar{S}=1$，即 $\bar{S}$、$\bar{R}$ 不可能同时为 **0**，这样可以从根本上解决了当 $R=S=1$ 时，触发器输出不定的问题。将 S、R 输入端改写为 J、K 输入端，即为 JK 触发器。图中 CP 端无小圆圈表示高电平触发，有小圆圈表示低电平触发。C1、1J、1K 是关联标记，表示 1J、1K 受 C1 控制。

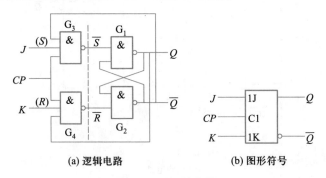

(a) 逻辑电路　　　　　　　(b) 图形符号

图 8-10　JK 触发器

（2）逻辑功能

JK 触发器不仅避免了不定状态，而且增加了触发器的逻辑功能，具有保持、置 **0**、置 **1**、翻转 4 种功能，其逻辑功能真值表见表 8-5，工作波形如图 8-11 所示。

表 8-5　JK 触发器的逻辑功能真值表

输入		输出	功能
J	K	Q^{n+1}	
0	**0**	Q^n	保持

输入		输出	功能
J	K	Q^{n+1}	
0	1	0	置 0
1	0	1	置 1
1	1	$\overline{Q^n}$	翻转

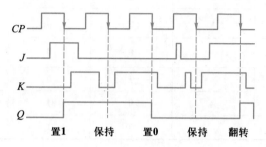

图 8-11 *JK* 触发器的工作波形

① $J=0$，$K=0$，$Q^{n+1}=Q^n$，输出保持原状态不变。

② $J=1$，$K=0$，$Q^{n+1}=1$，触发器被置 1 态。

③ $J=0$，$K=1$，$Q^{n+1}=0$，触发器被置 0 态。

④ $J=1$，$K=1$，$Q^{n+1}=\overline{Q^n}$，每来一个 *CP*，触发器状态就翻转一次。

2. 集成 *JK* 触发器

实际应用中，经常采用集成边沿 *JK* 触发器，常用的型号有：74LS76、74LS70、74LS112、74H71、74H72、CD4027 等。下面介绍集成边沿 *JK* 触发器的典型器件 CD4027。

（1）引脚排列和图形符号

CD4027 集成电路的实物外形、引脚排列和图形符号如图 8-12 所示。它内含两个上升沿触发的 *JK* 触发器，R_D、S_D 的作用不受 *CP* 同步脉冲控制，R_D 称为直接置 0 端或直接复位端，S_D 称为直接置 1 端或直接置位端。

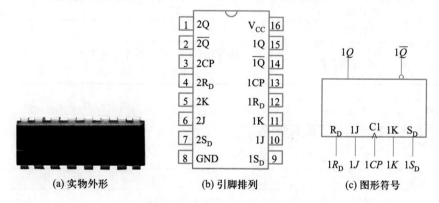

图 8-12 双 *JK* 触发器 CD4027

（2）逻辑功能

集成双 *JK* 触发器 CD4027 的逻辑功能真值表见表 8-6，表中"↑"表示上升沿触发。在实际应用中，R_D、S_D 常用来设置触发器的初态，初态设置结束后，R_D、S_D 都应置于 0 态（即 $R_D = S_D = 0$），以保证触发器正常工作。

表 8-6　集成双 *JK* 触发器 CD4027 的逻辑功能真值表

输入					输出功能	
CP	J	K	S_D	R_D	Q^{n+1}	$\overline{Q^{n+1}}$
↑	0	0	0	0	Q^n	$\overline{Q^n}$
↑	0	1	0	0	0	1
↑	1	0	0	0	1	0
↑	1	1	0	0	$\overline{Q^n}$	Q^n
↓	×	×	0	0	Q^n	$\overline{Q^n}$
×	×	×	1	0	1	0
×	×	×	0	1	0	1
×	×	×	1	1	1	1

　　集成 *JK* 触发器功能齐全，并且输入端 *J*、*K* 不受约束，使用方便。此外，触发器状态翻转只发生在 *CP* 上升沿（或下降沿）的瞬间，解决了因电平触发带来的触发器"空翻"现象，提高了触发器的工作可靠性和抗干扰能力。

 任务实施

　　1. 准备工具和器材
　　（1）工具
　　本次任务实施所需要的常用仪器与工具见表 8-7。

表 8-7　常用仪器与工具

编号	名称	规格	数量
1	直流稳压电源	直流+5 V	1 台
2	万用表	自定	1 只
3	电烙铁	15~25 W	1 把
4	烙铁架	自定	1 只
5	电子实训通用工具	尖嘴钳、斜口钳、镊子、螺丝刀（一字和十字）、小剪刀等	1 套

　　（2）器材
　　本次任务实施所需要的器材见表 8-8。

表 8-8　器　材

编号	名称	规格	数量
1	电阻	1 kΩ	1 个
2	电阻	51 Ω	1 个
3	电阻	10 kΩ	1 个
4	电容	470 pF	1 只
5	发光二极管	红色	1 只
6	CD4027 集成电路	双列直插式	1 片
7	DIP16 集成电路插座	DIP-16	1 只

编号	名称	规格	数量
8	自锁按钮	8 mm×8 mm	4 只
9	微动按钮	5 mm×5 mm	1 个
10	排针	单排，2.54 mm	2 个
11	万能板	50 mm×100 mm	1 块
12	焊接材料	焊锡丝、松香助焊剂、连接导线等	1 套

2. 环境要求、安装工艺要求与安全要求

环境要求见项目 1 任务 1，安装工艺要求见项目 1 任务 3，安全要求见项目 2 任务 2。

3. 电路装接与调试的步骤与方法

根据学生工作页中的电路原理图，在万能板上进行装接，并进行电路调试，如图 8-13 所示。

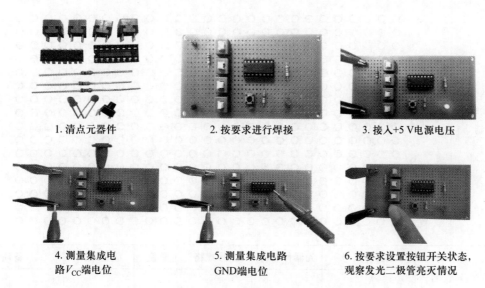

1. 清点元器件　　　　2. 按要求进行焊接　　　　3. 接入+5 V电源电压

4. 测量集成电路 V_{CC} 端电位　　5. 测量集成电路 GND端电位　　6. 按要求设置按钮开关状态，观察发光二极管亮灭情况

图 8-13 *JK* 触发器电路的装接与调试

学生工作页

工作任务	*JK* 触发器电路的装接与调试	学生/小组		工作时间	
电路识读					

V_{CC}

R_1 1 kΩ　　S_5

C_1 470 pF

S_1　3 1 2

S_2　3 1 2

S_3　3 1 2

S_4　3 1 2

R_3 10 kΩ

U$_{1B}$ CD4027

7

6　2J 2S$_D$ 2Q　1

3　>2CP

5　2K 2R$_D$ 2$\bar{Q}$　2

4

R_4 51 Ω

红 LED

电路 识读	1. 主要元器件功能分析 （1）CD4027 集成电路在本电路中的功能是：_____ （2）C_1 在本电路中的功能是：_____ 2. 电路工作原理梳理 （1）接通电源后，若按下 S_4，CD4027 集成电路的 4 脚端为 _____ 电平，使得 1 脚输出端为 _____ 电平，发光二极管 LED _____，电路完成初始状态设置。设置完成后，S_4 应该处于 _____ 状态，S_3 应该处于 _____ 状态 （2）若按下 S_5 一次，CP 端获得一个 _____，CD4027 集成电路输出状态可根据此刻的 ____ 脚和 ____ 脚状态触发一次。当 CD4027 集成电路的 5 脚、6 脚均为低电平时，触发器为 _____ 功能，即 $\overline{Q^{n+1}}=$ ____，当它们均为高电平时，触发器为 _____ 功能，即 $\overline{Q^{n+1}}=$ ____

电路接线 图绘制	

序号	元器件代号	元器件名称	型号规格	数量	测量结果	备注
1	R_1					
2	R_2					
3	R_3					
4	C_1					
5	LED					
6	U_1					
7	$S_1 \sim S_4$					
8	S_5					

(左侧合并单元格：元器件识别与检测)

电路装接	具体步骤： （1）元器件成形　要求元器件成形符合工艺要求 （2）元器件插装　要求按先低后高、先轻后重、先易后难、先一般元器件后特殊元器件的顺序插装，并符合插装工艺要求 （3）元器件焊接　要求按"五步法"进行焊接，焊点大小适中、光滑，且焊点独立、不粘连 （4）电路连线　要求连线平直、不架空，并按绘制的接线图连线

电路检测 与调试	（1）元器件安装检查　用目测法检查元器件安装的正确性，有无错装、漏装(有、无) （2）元器件成形检查　检查元器件成形是否符合规范(是、否) （3）焊接质量检查　焊接良好，有无漏焊、虚焊、粘连（有、无） （4）电路板电源输入端短路检测　用万用表电阻挡测量电路板电源输入端的正向电阻值为 _____，反向电阻值为_____ （5）工作台电源检测　用万用表直流电压挡测量工作台电源电压值是_____ （6）电路板电源检测　用万用表直流电压挡测量电路板电源输入端的电压值是_____ （7）电路功能检测　通电后，发光二极管的亮灭情况由输入状态等决定

电路技术
参数测量
与分析

1. 电路数据测量

若按下 S_4，其余不变，CD4027 集成电路的 4 脚电位为____V，3 脚输出端电位为____V，设置初始状态为 0

2. 电路数据分析

按要求设置按钮开关状态，根据发光二极管亮灭情况，将结果记录于下表，并进行电路特点分析。

CP	J	K	Q^n	Q^{n+1}	功能说明
上升沿	0	0	0		
	0	1	0		
	1	0	0		
	1	1	0		

根据电路测试结果，JK 触发器的特点是_____

任务小结

任务评价表

工作任务	JK 触发器电路 的装接与调试	学生/小组		工作 时间	
评价内容	评价指标	自评	互评	师评	
1. 电路识读(10 分)	识读电路图，按要求分析元器件功能和电路原理(每错一处扣 1 分)				
2. 电路接线图绘制（10分）	根据电路图正确绘制接线图(每错一处扣 2 分)				
3. 元器件识别与检测(10 分)	正确识别和使用万用表检测元器件(识别检测错误，每个扣 2 分)				
4. 元器件成形与插装(10 分)	按工艺要求将元器件安装至万能板(安装错误，每个扣 2 分;安装未符合工艺要求，每个扣 2 分)				
5. 焊接工艺(20 分)	焊点适中，无漏、虚、假、连焊，光滑、圆润、干净、无毛刺，引脚高度基本一致(未达到工艺要求，每处扣 2 分)				

评价内容	评价指标	自评	互评	师评
6. 电路检测与调试（20 分）	按图装接正确，电路功能完整，记录检测数据准确（返修一次扣 10 分，其余每错一处扣 2 分）			
7. 电路技术参数测量与分析（10 分）	按要求进行参数测量与分析，并将结果记录在指定区域内（每错一处扣 1 分）			
8. 职业素养（10 分）	安全意识强、用电操作规范（违规扣 2~5 分）；不损坏器材、仪表（违规扣 2~5 分）；现场管理有序，工位整洁（违规扣 2~5 分）			
实训收获				
实训体会				
开始时间		结束时间		实际时长	

任务拓展

1. 认识 D 触发器

（1）电路结构和图形符号

将 JK 触发器的 K 端串接一个**非**门后再与 J 端相连，作为输入端 D，即构成 D 触发器，其逻辑电路和图形符号如图 8-14 所示。

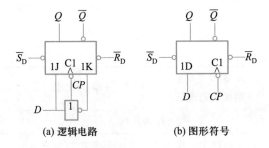

(a) 逻辑电路　　　　　(b) 图形符号

图 8-14　D 触发器

（2）逻辑功能

D 触发器只有一个输入端，消除了输出不定状态。在 $\overline{R}_D = \overline{S}_D = 1$ 时，当 CP 脉冲边沿到来时，D 触发器的逻辑功能真值表见表 8-9，工作波形如图 8-15 所示。

表 8-9　D 触发器的逻辑功能真值表

输入	输出	功能
D	Q^{n+1}	
0	0	置 0
1	1	置 1

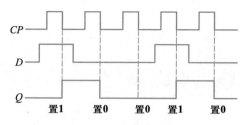

图 8-15 *D* 触发器的工作波形

① $D=0$，$Q^{n+1}=0$，触发器被置 **0** 态，输出与输入 D 的状态一致。

② $D=1$，$Q^{n+1}=1$，触发器被置 **1** 态，输出与输入 D 的状态一致。

2. 认识 *T* 触发器

（1）电路结构和图形符号

将 *JK* 触发器的 *K* 端与 *J* 端相连，作为输入端 *T*，即构成触发器，其逻辑电路和图形符号如图 8-16 所示。

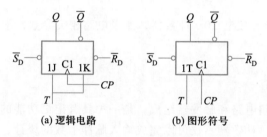

(a) 逻辑电路　　　　(b) 图形符号

图 8-16 *T* 触发器

（2）逻辑功能

T 触发器只有一个输入端，消除了输出不定状态。在 $\overline{R}_D = \overline{S}_D = 1$ 时，当 *CP* 脉冲边沿到来时，*T* 触发器的逻辑功能真值表见表 8-10，工作波形如图 8-17 所示。

表 8-10 *T* 触发器的逻辑功能真值表

输入	输出	功能
T	Q^{n+1}	
0	Q^n	保持
1	$\overline{Q^n}$	翻转

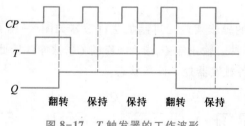

图 8-17 *T* 触发器的工作波形

① $T=0$，即 $J=K=0$，触发器工作在保持状态。

② $T=1$，即 $J=K=1$，触发器工作在翻转状态，此时 *T* 触发器又称为 T' 触发器或翻转触发器。

任务 3

10 s 计数器的装接与调试

◆ 任务目标

1. 知道时序逻辑电路的特点。
2. 掌握计数器的功能及计数器的类型。
3. 理解二进制、十进制等典型集成计数器的特性，掌握其在工程技术中的应用。
4. 学会使用典型集成电路装接与调试计数显示电路。

✎ 任务描述

利用 CD4518 等元器件，安装 10 s 计数器，测量电路相关参数，学会分析计数器的逻辑功能和特点。

✖ 任务准备

时序逻辑电路由逻辑门电路和触发器组成，是一种具有记忆功能的逻辑电路，常用的时序逻辑电路有寄存器和计数器。计数器不仅可以完成输入脉冲个数的统计，而且具有分频、定时及执行数字运算等功能。计数器按照进位制可以分为二进制计数器、十进制计数器和 N 进制计数器；按照计数增减可分为加法计数器和减法计数器；按照计数器中触发器翻转是否同步可分为异步计数器和同步计数器。

1. 二进制计数器

在计数脉冲作用下，各触发器状态的转换按二进制数的编码规律进行计数的数字电路称为二进制计数器，二进制计数器每输入一个脉冲，就进行一次加 **1** 运算的计数器称为二进制加法计数器，反之进行减 **1** 运算的称为二进制减法计数器。CP 脉冲只加到部分触发器的时钟脉冲输入端上，而其他触发器的时钟脉冲则由电路内部提供，触发器状态进行翻转更新有先有后，称为异步二进制计数器；反之，CP 脉冲同时作用于所有触发器的时钟脉冲输入端上，触发器状态同时进行翻转更新，称为同步二进制计数器。

（1）异步二进制加法计数器

① 电路结构

用 4 个 JK 触发器组成的异步 4 位二进制加法计数器如图 8-18 所示。FF_0 是最低位触发器，其控制端 "C1" 接收输入脉冲，输出端 Q_0 作为 FF_1 的 CP 脉冲，依此类推。各个触发器的 J、K 端悬空（相当于 $J=K=1$），各触发器处于计数状态。

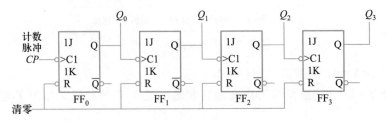

异步二进制
加法计数器

图 8-18　异步 4 位二进制加法计数器

② 工作过程

计数器工作前先由清零端清零，即计数器的初始状态为 $Q_3Q_2Q_1Q_0 = \mathbf{0000}$。

当第一个 CP 脉冲下降沿到来时，触发器 FF_0 翻转，Q_0 由 $\mathbf{0}$ 变 $\mathbf{1}$。FF_1 的 CP 控制端无下降沿信号不能翻转，于是第一个 CP 脉冲过后，计数器的状态为 $Q_3Q_2Q_1Q_0 = \mathbf{0001}$。

当第二个 CP 脉冲下降沿到来时，触发器 FF_0 翻转，Q_0 由 $\mathbf{1}$ 变 $\mathbf{0}$，产生的下降沿信号加至 FF_1 的 CP 控制端，触发器 FF_1 翻转，Q_1 由 $\mathbf{0}$ 变 $\mathbf{1}$，FF_2 的 CP 控制端无下降沿信号不能翻转，于是第二个 CP 脉冲过后，计数器的状态为 $Q_3Q_2Q_1Q_0 = \mathbf{0010}$。

依次类推，当第 15 个 CP 脉冲下降沿到来后，计数器的状态为 $\mathbf{1111}$。随着 CP 脉冲的输入，各个触发器的状态发生变化，见表 8-11。其过程还可以用时序图来表示，如图 8-19 所示。

表 8-11 异步 4 位二进制加法计数器状态表

计数脉冲	Q_3	Q_2	Q_1	Q_0	计数脉冲	Q_3	Q_2	Q_1	Q_0
0	0	0	0	0	8	1	0	0	0
1	0	0	0	1	9	1	0	0	1
2	0	0	1	0	10	1	0	1	0
3	0	0	1	1	11	1	0	1	1
4	0	1	0	0	12	1	1	0	0
5	0	1	0	1	13	1	1	0	1
6	0	1	1	0	14	1	1	1	0
7	0	1	1	1	15	1	1	1	1

第 16 个 CP 脉冲下降沿到来时，触发器 FF_0 翻转，Q_0 由 $\mathbf{1}$ 变 $\mathbf{0}$，Q_0 引起 FF_1 翻转，Q_1 由 $\mathbf{1}$ 变 $\mathbf{0}$，Q_1 引起 FF_2 翻转，Q_2 由 $\mathbf{1}$ 变 $\mathbf{0}$，Q_2 引起 FF_3 翻转，Q_3 由 $\mathbf{1}$ 变 $\mathbf{0}$。于是计数器的状态全部重新复位到 $Q_3Q_2Q_1Q_0 = \mathbf{0000}$。之后，当 CP 脉冲下降沿到来时，计数器开始新的计数周期。

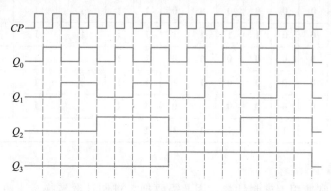

图 8-19 异步 4 位二进制加法计数器时序图

（2）同步二进制加法计数器

① 电路结构

由 4 个 JK 触发器和两个与门组成的同步 4 位二进制加法计数器如图 8-20 所示。

② 工作过程

由图 8-20 可知，各个触发器的输入信号为 $J_0 = K_0 = 1$，$J_1 = K_1 = Q_0$，$J_2 = K_2 = Q_0Q_1$，$J_3 = K_3 = Q_0Q_1Q_2$。若各个触发器的初始状态 $Q_3Q_2Q_1Q_0 = \mathbf{0000}$，其状态表见表 8-12。

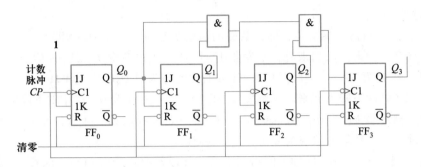

图 8-20　同步 4 位二进制加法计数器

表 8-12　同步 4 位二进制加法计数器状态表

初态				驱动信号								计数	次态			
Q_3	Q_2	Q_1	Q_0	J_3	K_3	J_2	K_2	J_1	K_1	J_0	K_0	CP	Q_3^{n+1}	Q_2^{n+1}	Q_1^{n+1}	Q_0^{n+1}
0	0	0	0	0	0	0	0	0	0	1	1	↓	0	0	0	1
0	0	0	1	0	0	0	0	1	1	1	1	↓	0	0	1	0
0	0	1	0	0	0	0	0	0	0	1	1	↓	0	0	1	1
0	0	1	1	0	0	1	1	1	1	1	1	↓	0	1	0	0
0	1	0	0	0	0	0	0	0	0	1	1	↓	0	1	0	1
0	1	0	1	0	0	0	0	1	1	1	1	↓	0	1	1	0
0	1	1	0	0	0	0	0	0	0	1	1	↓	0	1	1	1
0	1	1	1	1	1	1	1	1	1	1	1	↓	1	0	0	0
1	0	0	0	0	0	0	0	0	0	1	1	↓	1	0	0	1
1	0	0	1	0	0	0	0	1	1	1	1	↓	1	0	1	0
1	0	1	0	0	0	0	0	0	0	1	1	↓	1	0	1	1
1	0	1	1	0	0	1	1	1	1	1	1	↓	1	1	0	0
1	1	0	0	0	0	0	0	0	0	1	1	↓	1	1	0	1
1	1	0	1	0	0	0	0	1	1	1	1	↓	1	1	1	0
1	1	1	0	0	0	0	0	0	0	1	1	↓	1	1	1	1
1	1	1	1	1	1	1	1	1	1	1	1	↓	0	0	0	0

2. 十进制计数器

由于实际生活中常使用十进制计数，因此需要把二进制计数转换成十进制计数。图 8-21 所示是由 JK 触发器和门电路构成的异步 8421BCD 码十进制加法计数器。

十进制加法
计数器

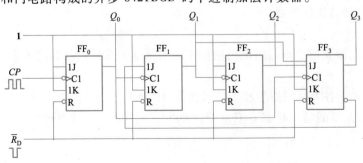

图 8-21　异步 8421BCD 码十进制加法计数器

异步十进制加法计数器是在 4 位二进制加法计数器基础上经过适当修改而成的，将图 8-18 稍加变化，FF_3 的 J 端输入的是 $Q_1 Q_2$ 的逻辑**与**信号，FF_3 的输出信号 $\overline{Q}$ 反馈到 FF_1 的 J 端。它与二进制加法计数器的主要差异在于跳过了二进制数码 **1010~1111** 的 6 个状态。

3. 集成计数器

（1）集成异步计数器 74LS290

集成异步计数器 74LS290（74290、74LS90）可分别实现二进制、五进制和十进制计数，具有清零、置数和计数功能。其实物和引脚排列如图 8-22 所示，功能表见表 8-13。

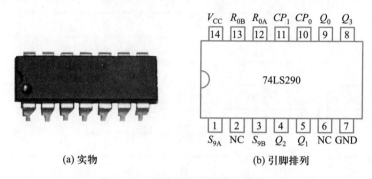

(a) 实物　　　　(b) 引脚排列

图 8-22　集成异步计数器 74LS290

表 8-13　集成异步计数器 74LS290 的功能表

输入						输出				
R_{0A}	R_{0B}	S_{9A}	S_{9B}	CP_0	CP_1	Q_3	Q_2	Q_1	Q_0	
1	×	×	×	**1**	**0**	**0**	**0**	**0**	**0**	异步置 **0**
1	×	**0**	×	×	**1**	**0**	**0**	**0**	**0**	
×	×	**1**	**1**	×	×	**1**	**0**	**0**	**1**	异步置 9
×	**0**	×	**0**	↓	**0**	Q_0 作为二进制输出端				
×	**0**	**0**	×	**0**	↓	$Q_3 Q_2 Q_1$ 作为五进制输出端				
0	×	×	**0**	↓	Q	CP_1 和 Q_0 相连，实现 8421 码十进制计数				
0	×	**0**	×	Q_3	↓	CP_0 和 Q_3 相连，实现 5421 码十进制计数				

（2）集成同步计数器 CD4518

CD4518 是二-十进制（8421BCD 编码）同步加计数器，内含两个单元的加法计数器，每个单

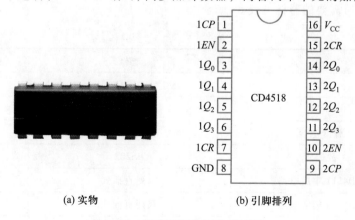

(a) 实物　　　　(b) 引脚排列

图 8-23　集成同步计数器 CD4518

元有两个时钟输入端 CP 和 EN，可用时钟脉冲的上升沿或下降沿触发。若用下降沿触发，触发信号由 EN 端输入，CP 端置 **0**；若用上升沿触发，触发信号由 CP 端输入，EN 端置 **1**。CR 端是清零端，CR 端置 **1** 时，计数器各端输出端 $Q_1 \sim Q_4$ 均为 0，只有 CR 端置 **0** 时，CD4518 才正常计数。它的实物和引脚排列如图 8-23 所示，功能表见表 8-14。

表 8-14　集成同步计数器 CD4518 的功能表

CP	EN	CR	输出
×	×	**1**	**0000**
↑	**1**	**0**	计数
0	↓	**0**	计数
↓	×	**0**	不计数
×	↑	**0**	不计数
↑	**0**	**0**	不计数
1	↓	**0**	不计数

任务实施

1. 准备工具和器材

（1）工具

本次任务实施所需要的常用仪器与工具见表 8-15。

表 8-15　常用仪器与工具

编号	名称	规格	数量
1	直流稳压电源	直流 +5 V	1 台
2	万用表	自定	1 只
3	电烙铁	15~25 W	1 把
4	烙铁架	自定	1 只
5	电子实训通用工具	尖嘴钳、斜口钳、镊子、螺丝刀（一字和十字）、小剪刀等	1 套

（2）器材

本次任务实施所需要的器材见表 8-16。

表 8-16　器　材

编号	名称	规格	数量
1	电阻	10 kΩ	1 个
2	电阻	300 Ω	7 个
3	瓷介电容	0.1 μF	1 只
4	数码管	BS202	1 只
5	CD4511 集成电路	双列直插式	1 片
6	CD4518 集成电路	双列直插式	1 片
7	DIP16 集成电路插座	DIP-16	2 只

编号	名称	规格	数量
8	微动按钮	8 mm×8 mm	1个
9	印制电路板	定制	1块
10	焊接材料	焊锡丝、松香助焊剂、连接导线等	1套

2. 环境要求、安装工艺要求与安全要求

环境要求见项目1任务1，安装工艺要求见项目1任务3，安全要求见项目2任务2。

3. 电路装接与调试的步骤与方法

根据学生工作页中的电路原理图，在印制电路板上进行装接，并进行电路调试，如图8-24所示。

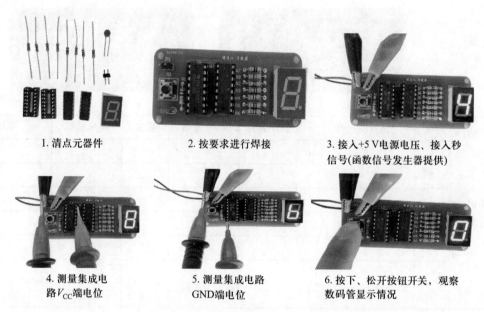

1. 清点元器件　　2. 按要求进行焊接　　3. 接入+5 V电源电压、接入秒信号(函数信号发生器提供)

4. 测量集成电路V_{CC}端电位　　5. 测量集成电路GND端电位　　6. 按下、松开按钮开关，观察数码管显示情况

图8-24　10 s计数器的装接与调试

学生工作页

工作任务	10 s计数器电路的装接与调试	学生/小组	工作时间	
电路识读				

电路识读	1. 主要元器件功能分析 (1) CD4511 集成电路在本电路中的功能是：_____ (2) CD4518 集成电路在本电路中的功能是：_____ 2. 电路工作原理梳理 (1) 接通电源后，若按下 S_1，CD4518 集成电路进行_____，其 3~6 脚输出状态为_____，经 CD4511_____后，数码管 DS_1 显示数字_____。 (2) 松开 S_1，函数信号发生器产生秒信号，接入 CLK 端，CD4518 开始_____，数码管状态为_____
印制电路板核查	

	序号	元器件代号	元器件名称	型号规格	数量	测量结果	备注
元器件识别与检测	1	R_1					
	2	$R_2 \sim R_8$					
	3	C_1					
	4	DS_1					
	5	U_1					
	6	U_2					
	7	S_1					

电路装接	具体步骤： (1) 元器件成形　要求元器件成形符合工艺要求 (2) 元器件插装　要求按先低后高、先轻后重、先易后难、先一般元器件后特殊元器件的顺序插装，并符合插装工艺要求 (3) 元器件焊接　要求按"五步法"进行焊接，焊点大小适中、光滑，且焊点独立、不粘连
电路检测与调试	(1) 元器件安装检查　用目测法检查元器件安装的正确性，有无错装、漏装(有、无) (2) 元器件成形检查　检查元器件成形是否符合规范(是、否) (3) 焊接质量检查　焊接良好，有无漏焊、虚焊、粘连（有、无） (4) 电路电源输入电阻检测　用万用表电阻挡测量电路板电源输入端的正向电阻值为_____，反向电阻值为_____ (5) 电路电源输入端电压检测　用万用表交流电压挡测量电路板电源输入端的电压值为_____ (6) 电路功能检测　电路板通电后的功能(或现象)_____(数码管显示情况)

| 电路技术
参数测量
与分析 | 1. 电路数据测量
（1）万用表测量
接通电源后，测得 CD4518 的 16 脚、CD4511 的 16 脚分别为＿＿＿V、＿＿＿V
（2）示波器测量

U_1 3 脚电压波形记录

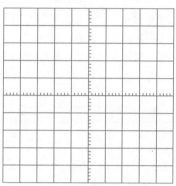

旋钮开关位置：
V/DIV＿＿＿＿＿　t/DIV＿＿＿＿＿　AC┴DC＿＿＿＿＿
读数记录：
电压峰-峰值＿＿＿＿＿　周期＿＿＿＿＿

2. 电路数据分析
根据电路测试结果，10 s 计数器的特点是＿＿＿＿＿＿＿＿＿＿＿＿＿＿＿＿＿＿＿＿＿
＿＿＿
＿＿＿ |

任务小结

任务评价表

工作任务	10 s 计数器 的装接与调试	学生/小组		工作 时间	
评价内容	评价指标	自评	互评		师评
1. 电路识读(20 分)	识读电路图，按要求分析元器件功能和电路原理(每错一处扣 3 分)				
2. 元器件识别与检测(10 分)	正确识别和使用万用表检测元器件(识别检测错误，每个扣 2 分)				
3. 元器件成形与插装(10 分)	按工艺要求将元器件安装至万能板(安装错误，每个扣 2 分；安装未符合工艺要求，每个扣 2 分)				
4. 焊接工艺(20 分)	焊点适中，无漏、虚、假、连焊，光滑、圆润、干净、无毛刺，引脚高度基本一致(未达到工艺要求，每处扣 2 分)				

评价内容	评价指标	自评	互评	师评
5. 电路检测与调试(20分)	按图装接正确,电路功能完整,记录检测数据准确(返修一次扣10分,其余每错一处扣2分)			
6. 电路技术参数测量与分析(10分)	按要求进行参数测量与分析,并将结果记录在指定区域内(每错一处扣2分)			
7. 职业素养(10分)	安全意识强、用电操作规范(违规扣2~5分) 不损坏器材、仪表(违规扣2~5分) 现场管理有序,工位整洁(违规扣2~5分)			
实训收获				
实训体会				
开始时间	结束时间		实际时长	

任务拓展

1. 计数集成电路的级联

74LS161 是常用的 4 位二进制可预置的同步加法计数器,一片 74LS161 只有 **0000~1111** 十六个状态,即最大构成十六进制,如要构成一个模为 60 的计数器,可以将两片 74LS161 串联起来,如图 8-25 所示。当高位片 74LS161(1)计数到 3(**0011**)时,低位片 74LS161(0)所计数为 16×3 = 48,之后低位片继续计数到 12(**1100**),**与非门**输出 **0**,将两片计数器同时清零,即可得到六十进制。

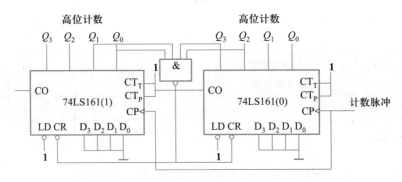

图 8-25 两片 74LS161 级联构成六十进制计数器

2. 认识寄存器

寄存器

在数字电路中,用来存放一组二进制数据或代码的电路称为寄存器。寄存器是由具有存储功能的触发器和门电路组合起来构成的。一个触发器可以存储 1 位二进制代码,存放 n 位二进制代码的寄存器需要用 n 个触发器来构成。按照功能的不同,寄存器分为数码寄存器(基本寄存器)和移位寄存器两大类。

(1)单拍接收式数码寄存器

4 位单拍接收式数码寄存器可由 4 个上升沿 D 触发器组成,其逻辑电路如图 8-26 所示。

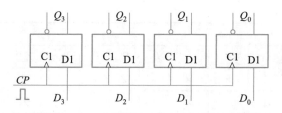

图 8-26　4 位单拍接收式数码寄存器逻辑电路

（2）双拍接收式数码寄存器

4 位双拍接收式数码寄存器由基本 RS 触发器组成，其逻辑电路如图 8-27 所示。

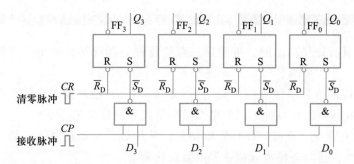

图 8-27　4 位双拍接收式数码寄存器逻辑电路

（3）移位寄存器

具有移位功能的寄存器称为移位寄存器。既能左移又能右移的寄存器称为双向移位寄存器，只需要改变左移、右移的控制信号便可实现双向移位要求。根据移位寄存器存取信息的方式不同，移位寄存器分为串入串出、串入并出、并入串出、并入并出 4 种形式。

74LS194 是 4 位双向通用移位寄存器，如图 8-28 所示，其逻辑功能见表 8-17。

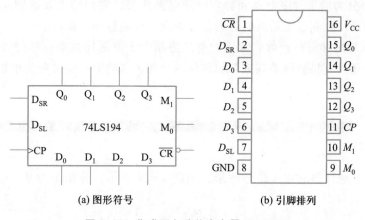

(a) 图形符号　　　　　　(b) 引脚排列

图 8-28　集成双向移位寄存器 74LS194

移位寄存器

表 8-17　逻　辑　功　能

功能	输入										输出			
	$\overline{CR}$	M_1	M_0	CP	D_{SR}	D_{SL}	D_0	D_1	D_2	D_3	Q_0^{n+1}	Q_1^{n+1}	Q_2^{n+1}	Q_3^{n+1}
清零	0	×	×	×	×	×	×	×	×	×	0	0	0	0
置数	1	1	1	↑	×	×	a	b	c	d	a	b	c	d
右移	1	0	1	↑	D_{SR}	×	×	×	×	×	D_{SR}	Q_0^n	Q_1^n	Q_2^n
左移	1	1	0	↑	×	D_{SL}	×	×	×	×	Q_1^n	Q_2^n	Q_3^n	D_{SL}

续表

功能	输入										输出			
	$\overline{CR}$	M_1	M_0	CP	D_{SR}	D_{SL}	D_0	D_1	D_2	D_3	Q_0^{n+1}	Q_1^{n+1}	Q_2^{n+1}	Q_3^{n+1}
保持	**1**	**0**	**0**	↑	×	×	×	×	×	×	Q_0^n	Q_1^n	Q_2^n	Q_3^n
保持	**1**	×	×	↓	×	×	×	×	×	×	Q_0^n	Q_1^n	Q_2^n	Q_3^n

其中，$D_0D_1D_2D_3$为并行数据输入端，D_{SR}、D_{SL}分别是右移、左移串行数据输入端，M_0、M_1是工作方式选择端，$Q_0Q_1Q_2Q_3$是数据输出端。$\overline{CR}$是低电平有效清零端。

项目总结

1. 触发器是指具有记忆功能的二进制信息存储器件，具有互补输出。它是构成时序逻辑电路的基本单元电路。

2. 根据逻辑功能的不同，触发器可分为 RS 触发器、JK 触发器、D 触发器等几种类型，同一种逻辑功能的触发器可以有各种不同的电路结构形式和制造工艺。

3. RS 触发器具有置位、复位、保持逻辑功能，常用做简单寄存器。一般功能复杂的触发器除其本身逻辑功能外，还具有异步置位、异步复位功能。

4. JK 触发器功能齐全，具有置位、复位、保持和计数等逻辑功能，通用性很强，且通过扩展其基本逻辑功能可以实现多功能触发器的开发与应用。

5. D 触发器结构简单，具有置 0、置 1 的逻辑功能，可用做数码寄存器。

6. T 触发器具有计数、保持的逻辑功能。

7. 时序电路由逻辑门电路和具有记忆功能的触发器构成，它的基本特征是在任何时刻的输出不仅和输入有关，而且还取决于电路原来的状态，即具有记忆功能。

8. 时序电路可分为同步时序电路和异步时序电路两类。它们的主要区别是：前者的所有触发器受同一个时钟脉冲控制，而后者的各触发器则受不同的脉冲源控制。

9. 计数器用来对脉冲进行计数，常用的有二进制、十进制计数器；移位寄存器除了具有寄存数码的功能外，还具有将数码单向或双向移位的功能，数码寄存器可分为单拍接收式和双拍接收式两种。

思考与实践

1. 已知基本 RS 触发器的输入信号波形，如图 8-29 所示，若初态为 **0**，画出输出 Q 和$\overline{Q}$的波形。

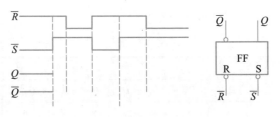

图 8-29　基本 RS 触发器

2. 同步 RS 触发器的输入信号波形如图 8-30 所示，若初态为 **1**，画出输出 Q 和$\overline{Q}$的波形。

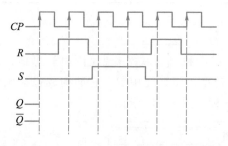
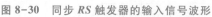

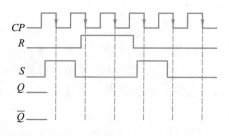

图 8-30　同步 RS 触发器的输入信号波形　　　　图 8-31　同步 RS 触发器的输入信号波形

3. 同步 RS 触发器的输入信号波形如图 8-31 所示，若初态为 **1**，画出输出 Q 和 $\overline{Q}$ 的波形。

4. JK 触发器的输入信号波形如图 8-32 所示，若初态为 **0**，画出输出 Q 和 $\overline{Q}$ 的波形。

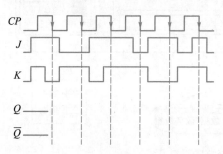

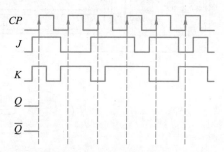

图 8-32　JK 触发器的输入信号波形　　　　图 8-33　JK 触发器的输入信号波形

5. JK 触发器的输入信号波形如图 8-33 所示，若初态为 **0**，画出输出 Q 和 $\overline{Q}$ 的波形。

6. D 触发器的输入信号波形如图 8-34 所示，若初态为 **0**，画出输出 Q 和 $\overline{Q}$ 的波形。

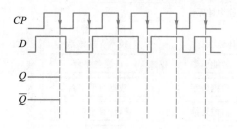

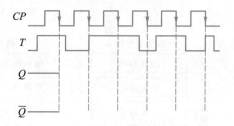

图 8-34　D 触发器的输入信号波形　　　　图 8-35　T 触发器的输入信号波形

7. T 触发器的输入信号波形如图 8-35 所示，若初态为 **1**，画出输出 Q 和 $\overline{Q}$ 的波形。

8. 某时序电路如图 8-36 所示，若初态为 **000**，画出输出 Q_0、Q_1、Q_2 的波形。

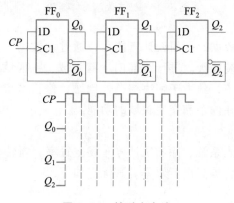

图 8-36　某时序电路

学习材料　　　　　城　市　大　脑

城市大脑是一个按照城市学的"城市生命体"理论和"互联网+现代治理"思维，创新运用大数据、云计算、人工智能等前沿科技构建的平台型人工智能中枢。它的构成包括城市大脑平台、行业系统、超级应用、区县中枢等，如图 8-37、图 8-38 所示。

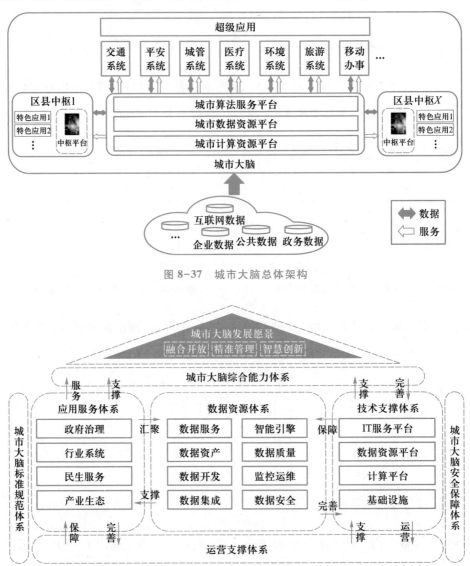

图 8-37　城市大脑总体架构

图 8-38　城市大脑总体架构

城市大脑汇聚城市海量数据，利用云计算能力，通过大数据、人工智能等技术支撑各行业系统有效运行，有效提升系统能级。进行跨部门、跨领域、跨区域的实时数据处理，实现数据融合创新，协调各个职能系统，致力于解决综合性问题，修正城市运行缺陷，提高城市运行效率。下面主要介绍城市大脑在泊车和交通领域的功能。

1. 智慧泊车

智慧泊车将车位信息接入系统，除了统计停车场空置率、周转率，还能"捕捉"车位承载量、收费情况以及热点分布，提高出行效率。其优点如下：

（1）支付方式更多样

可以实现先离场后付费，车主只需扫描二维码，输入车牌号，选择支付方式后，就可以使用这一功能。目前，"先离场后付费"支持微信、支付宝、银联等多种支付方式。

（2）付费时间更短

以往采用微信扫码支付方式，每次都需要打开商场公众号，找到停车缴费功能，然后单击支付。但开通"先离场后付费"功能后，只要注册一次，往后都可以直接开车离开，省去了操作手机支付的环节。

（3）便捷泊车

采用便捷泊车系统，可以进入智慧停车模式。

未来，便捷泊车系统还将实现"峰谷电"模式的收费。即通过智能算法，实现错时计费，在有足够的空余车位时，提供相应的停车优惠；在车位紧张时，恢复原价。

通过测算，智慧停车预计能将停车场的场库利用率提高5%~30%，平均为每辆车节省1~4元/小时。

2. 智慧交通

近年来，现代交通与互联网技术深度融合、全面碰撞，迸发出各种全新的技术、产品和模式，带给人们更智慧、更便捷的交通出行和交管服务体验。

（1）出行：大数据提供更合理的方案

每个路口红绿灯设置为多长时间，通行效率最高？遭遇火灾、120急救等紧急情形时，应如何合理地规划路线？出现交通事故时，如何更高效地调度警力、疏导交通？随着城市快速发展，汽车保有量大幅增加，城市交通治理面临越来越多的难题。

"城市大脑·智慧交通"系统将数以百亿计的城市交通管理数据、互联网平台数据等集中录入共享数据平台，由人工智能系统计算出更"聪明"的解决方案，再传回到设备上执行，实现对城市交通全局即时分析和调度。

当有紧急情况发生时，城市大脑及时开辟一条"绿色通道"。这条"绿色通道"得益于城市大脑的精密计算：基于沿路布控的交通摄像头，把拍摄到的视频自动转化为数值，采集最近两三个路口车辆排队长短情况，计算出多久可以将它们排空；并根据计算结果，自动调节交通信号灯，保证需要快速通过的车辆在经过该路口时信号灯是绿灯，且前方无排队车辆。

依托城市大脑，可以让交通信号灯"活"起来。城市大脑通过摄像头、红绿灯全局感知到某个路口容易堵，测算出拥堵时长、拥堵长度之后，会按照全局调节的思路制定一套配时优化策略，将这个路口的绿灯配时延长，相应的其他几个路口的绿灯配时缩短。这种智能配时优化模式，会随着交通流的变化动态调整，始终保证红绿灯时间与车流量的合理匹配，大大提升了道路出行的畅通度。

（2）服务：数据多跑路，群众少跑腿

"互联网+交通"不仅让出行更通畅，也让交管服务更便民。

打造"互联网+交管服务"，实现"让数据多跑路，让群众少跑腿"，已成为全国公安交管系统推动"放管服"改革的技术驱动力。2015年，公安部在全国范围内推广应用互联网交通安全综合服务管理平台，配套研发"交管12123"手机APP。在此基础上，各地公安交管部门还立足本地实际，研发了一大批的网络应用，努力打造更便民的"掌上交警队"。

（3）管理：研判快捷高效，处置科学精准

假设城区某个路口发生了重大交通事故，传统方式是当事人或者路人打电话报警。但通过"城市大脑·智慧交通"，摄像头、红绿灯就能把现场信息即时回传系统，同时将因事故造成的周边区域的拥堵信息，也实时回传。交通大数据会对事件进行研判，分析警力调度策略并推送给交警，交警据此决定是否出警、几人出警、在哪些区域疏导交通。

　　无论是交通基础设施建设，还是交通组织管理、交通运营管理都需要交通需求分析，掌握交通需求特点。交通需求特点包括总量特性、强度特性、时间空间分布特性等特性。掌握这些数据，可以更快捷高效地对交通状况进行分析诊断。

　　如今依托互联网技术和应用，能够更便捷、准确和全面地获取这些数据。例如，通过网约车平台，可以提供出发地、目的地数据；通过导航平台，可以提供实时的路况信息等。将这些来自不同数据源的数据经过挖掘、融合和分析，能够获得智慧交通所需的各种特性，助力更科学精准的交通规划和管理。

附录
示波器的使用

示波器是利用电子示波管的特性，将人眼无法直接观测的交变电信号转换成图像，显示在荧光屏上以便测量的电子测量仪器。示波器种类、型号很多，功能也不同。电子技术中使用较多的是 20 MHz 或者 40 MHz 的双踪示波器，如图附 1-1 所示，这些示波器用法大同小异。本书不针对某一型号的示波器，只是从概念上介绍示波器在电子技术实验中的常用功能。

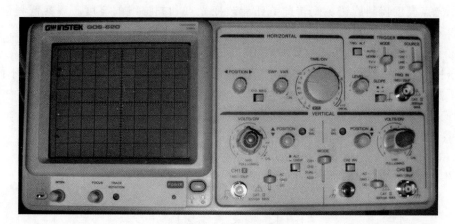

示波器使用
方法

图附 1-1　常用示波器

1. 荧光屏

现在的荧光屏通常是矩形平面，是示波管的显示部分。屏上水平方向和垂直方向各有多条刻度线，指示出信号波形的电压和时间之间的关系。水平方向指示时间，垂直方向指示电压。水平方向分为 10 格，垂直方向分为 8 格，每格又分为 5 份，如图附 1-2 所示。垂直方向标有 0%、10%、90%、100% 等标志，水平方向可能标有 10%、90% 标志，水平方向也可能不标注，供测直流电平、交流信号幅度、延迟时间等参数使用。根据被测信号在屏幕上占的格数乘以适当的比例常数（VOLTS/DIV、TIME/DIV）能得出电压值与时间值。

2. 示波管和电源系统

（1）电源（POWER）

示波器主电源开关。当此开关按下时，电源指示灯亮，表示电源接通。

（2）光迹旋钮（TRACE ROTATION）

使水平光迹与刻度线平行的调整旋钮。在正常情况下，屏幕上显示的水平光迹应与水平刻度线平行，但由于地球磁场与其他因素的影响，会使水平迹线产生倾斜，给测量造成误差，因此在使用前可用旋具调整前面板"光迹旋钮"TRACE ROTATION 旋转螺钉。

（3）聚焦（FOCUS）

聚焦旋钮调节电子束截面大小，将扫描线聚焦成最清晰状态。

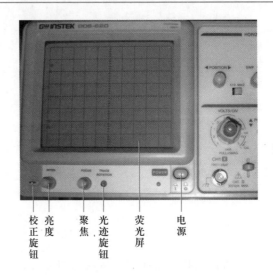

校正旋钮　亮度　聚焦　光迹旋钮　荧光屏　电源

图附 1-2　常用示波器的显示部分及调节旋钮

（4）亮度（INTENSITY 或 INTEN）

光迹及光点亮度控制旋钮。旋转此旋钮能改变光点和扫描线的亮度。观察低频信号时可小些，高频信号时可大些。一般不应太亮，以保护荧光屏。

（5）校正信号 CAL（峰-峰值 2 V，1 kHz）

此端子提供峰-峰值为 2 V、频率为 1 kHz 的方波信号（型号不同可能此值会有不同），用于校正 10：1 探极补偿电容器和检测示波器垂直与水平偏转因数。

① 设置板面控制件，并获得一扫描基线。

② 设置 VOLTS/DIV 为 10 mV/DIV 挡。

③ 将 CH1 的 10：1 探极接入输入插座，并与本机校正信号 CAL 连接。

④ 操作有关控制件，使屏幕上获得如图附 1-3 所示波形。

补偿适中　　　　　过补偿　　　　　欠补偿

图附 1-3　示波器显示的校正信号波形

（6）标尺亮度（ILUMINANCE）

此旋钮调节荧光屏后面的照明灯亮度。正常室内光线下，照明灯暗一些好。室内光线不足的环境中，可适当调亮照明灯。

3. 水平偏转因数和垂直偏转因数

（1）时基选择（TIME/DIV）和微调（SWP. VAR）

在单位输入信号作用下，光点在屏幕上偏移的距离称为偏移灵敏度，这一定义对 X 轴和 Y 轴都适用。灵敏度的倒数称为偏转因数。水平偏转因数的选择即为时基选择，时基（也称扫描时间）选择通过一个波段开关实现，按 1、2、5 方式把时基分为若干挡，如图附 1-4 所示扫描时间可从 0.2 μs/DIV～0.5 s/DIV，分为 20 挡。波段开关的指示值代表光点在水平方向移动一个格的时间值。例如在 10 ms/DIV 挡，光点在屏上移动一格代表时间值 10 ms。当设置到 X-Y 位置时，可用作 X-Y 示波器。

"微调"（SWP. VAR）旋钮用于时基校正和微调。沿顺时针方向旋到底处于"校正"（CAL）

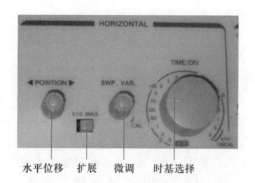

图附 1-4　示波器水平偏转因数控制面板

位置时，屏幕上显示的时基值与波段开关所示的标称值一致。逆时针旋转旋钮，则对时基微调。扩展键（×10 MAG），亦称水平放大键，按此按钮处于扫描扩展状态，通常为×10 扩展，即水平灵敏度扩大 10 倍，时基缩小到 1/10，即扫描速度可被扩展 10 倍。例如在 2 μs/DIV 挡，扫描扩展状态下荧光屏上水平一格代表的时间值等于 2 μs×(1/10)= 0.2 μs。

　　（2）垂直偏转因数选择（VOLTS/DIV）和微调

　　垂直偏转因数选择和微调与时基选择和微调的使用方法类似。垂直灵敏度的单位是 cm/V、cm/mV 或者 DIV/mV、DIV/V，垂直偏转因数的单位是 V/cm、mV/cm 或者 V/DIV、mV/DIV。实际上因习惯用法和测量电压读数的方便，有时也把偏转因数当灵敏度。示波器垂直偏转因数控制面板如图附 1-5 所示。

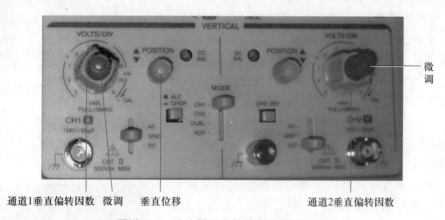

图附 1-5　示波器垂直偏转因数控制面板

　　双踪示波器中每个通道各有一个垂直偏转因数选择波段开关（VOLTS/DIV）。一般按 1、2、5 方式从 5 mV/DIV~5 V/DIV 分为 10 挡。波段开关指示的值代表荧光屏上垂直方向一格的电压值。例如波段开关置于 2 V/DIV 挡时，如果屏幕上信号光点移动一格，则代表输入信号电压变化 2 V。每个波段开关上往往还有一个小旋钮，可以微调每挡垂直偏转因数。将它沿顺时针方向旋到底，处于"校正"（CAL）位置，此时垂直偏转因数值与波段开关所指示的值一致。逆时针旋转此旋钮，能够微调垂直偏转因数。垂直偏转因数微调后，会造成与波段开关的指示值不一致，这点应引起注意。许多示波器具有垂直扩展功能，当微调旋钮被拉出时，垂直灵敏度扩大若干倍（偏转因数大幅度缩小）。例如，如果波段开关指示的偏转因数是 1 V/DIV，采用×5 扩展状态时，垂直偏转因数是 0.2 V/DIV。在做数字电路实验时，在屏幕上被测信号的垂直移动距离与 +5 V 信号的垂直移动距离之比常被用于判断被测信号的电压值。

　　（3）示波器前面板上的位移（POSITION）旋钮

　　调节信号波形在荧光屏上的位置。旋转水平位移旋钮（标有水平双向箭头）左右移动信号波形,如图附 1-4 所示。旋转垂直位移旋钮(标有垂直双向箭头)上下移动信号波形,如图附 1-5 所示。

(4) 输入通道和输入耦合选择

① 输入通道(VERT MODE)选择。

输入通道有 4 种选择方式:通道 1(CH1)、通道 2(CH2)、双通道(DUAL)、叠加(ADD),如图附 1-6 所示。

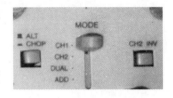

图附 1-6 输入通道选择方式

选择通道 1 时,示波器仅显示通道 1 的信号。选择通道 2 时,示波器仅显示通道 2 的信号。选择双通道时,示波器同时显示通道 1 信号和通道 2 信号,可切换 ALT/CHOP 模式来显示信号,(CHOP——断续方式,用于慢扫描的观察;ALT——交替方式,用于快扫描的观察)。选择叠加时,示波器显示两个通道的相加信号;当"CH2 INV"被压下时,通道 2 的信号将会被反向,则显示两个通道相减的信号。测试信号时,首先要将示波器的地与被测电路的地连接在一起。根据输入通道的选择,将示波器探头插到相应通道插座上,示波器探头上的地与被测电路的地连接在一起,示波器探头接触被测点。示波器探头上有一双位开关。此开关拨到"×1"位置时,被测信号无衰减送到示波器,从荧光屏上读出的电压值是信号的实际电压值。此开关拨到"×10"位置时,被测信号衰减为 1/10,然后送往示波器,从荧光屏上读出的电压值乘以 10 才是信号的实际电压值。

② 输入耦合方式。

输入耦合方式有 3 种选择:交流(AC)、地(GND)、直流(DC),如图附 1-7 所示。当选择"地"(GND)时,垂直输入端被接地,产生一零电压参考信号,扫描线显示出"示波器地"在荧光屏上的位置。选择"直流"(DC)耦合时,交直流信号一起输入示波器,用于测定信号直流绝对值和观测极低频信号。选择"交流"(AC)耦合时,阻止直流或极低频信号输入,用于观测交流信号。在数字电路实验中,一般选择"直流"方式,以便观测信号的绝对电压值。

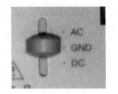

图附 1-7 输入耦合方式

(5) 触发

被测信号从 Y 轴输入后,一部分送到示波管的 Y 轴偏转板上,驱动光点在荧光屏上按比例沿垂直方向移动;另一部分分流到 X 轴偏转系统产生触发脉冲,触发扫描发生器,产生重复的锯齿波电压加到示波管的 X 轴偏转板上,使光点沿水平方向移动,两者合一,光点在荧光屏上描绘出的图形就是被测信号图形。由此可知,正确的触发方式直接影响到示波器的有效操作。为了在荧光屏上得到稳定、清晰的信号波形,掌握基本的触发功能及其操作方法是十分重要的。示波器触发部分控制面板如图附 1-8 所示。

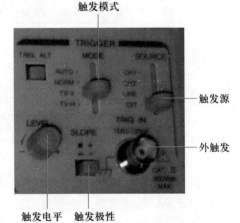

图附 1-8 示波器触发部分控制面板

① 触发源(SOURCE)选择。

要使屏幕上显示稳定的波形,则需将被测信号本身或者与被测信号有一定时间关系的触发信号加到触发电路。触发源选择确定触发信号由何处供给。通常有 3 种触发源:内触发(CH1、CH2)、电源触发(LINE)、外触发(EXT)。

内触发(CH1、CH2)使用被测信号作为触发信号,是经常使用的一种触发方式。由于触发信号本身是被测信号的一部分,在屏幕上可以显示出非常稳定的波形。双踪示波器中通道 1 或者通道 2 都可以选作触发信号，当"输入方式"（VERTICAL MODE）打在"双通道"（DUAL）或"叠加"（ADD）位置且"触发源"（SOURCE）打在"CH1"时，以通道 1（CH1）输入端的信号作为内部触发源；同理打在"CH2"时，以通道 2（CH2）输入端的信号作为内部触发源；按下"TRIG ALT"自动设定通道 1（CH1）、通道 2（CH2）的输入信号以交替方式轮流作为内部触发信号源。

电源触发（LINE）使用交流电源频率信号作为触发信号。这种方法在测量与交流电源频率有关的信号时是有效的。特别在测量音频电路、晶闸管的低电平交流噪声时更为有效。

外触发（EXT）使用外加信号作为触发信号，外加信号从外触发输入端（TRIG IN）输入。外触发信号与被测信号间应具有周期性的关系。由于被测信号没有用作触发信号，所以何时开始扫描与被测信号无关。

正确选择触发信号对波形显示的稳定、清晰有很大影响。例如在数字电路的测量中，对一个简单的周期信号而言，选择内触发可能好一些，而对于一个具有复杂周期的信号，且存在一个与它有周期关系的信号时，选用外触发可能更好。

② 触发电平（LEVEL）和触发极性（SLOPE）。

触发电平（LEVEL）调节又称为同步调节，它使得扫描与被测信号同步。触发电平调节旋钮调节触发信号的触发电平。一旦触发信号超过由旋钮设定的触发电平时，扫描即被触发。顺时针旋转旋钮，触发电平上升；逆时针旋转旋钮，触发电平下降。当触发电平旋钮调到电平锁定位置时，触发电平自动保持在触发信号的幅度之内，不需要电平调节就能产生一个稳定的触发。

触发极性（SLOPE）开关用来选择触发信号的极性。拨在"+"位置上时，在信号增加的方向上，当触发信号超过触发电平时就产生触发。拨在"−"位置上时，在信号减少的方向上，当触发信号超过触发电平时就产生触发。触发极性和触发电平共同决定触发信号的触发点。

③ 触发模式（MODE）选择。

触发模式选择有自动（AUTO）、常态（NORM）、电视场（TV-V）和电视行（TV-H）4 种。

自动（AUTO）：当无触发信号输入，或者触发信号频率低于 25 Hz 时，扫描会自动产生。

常态（NORM）：当无触发信号输入时，扫描处于准备状态，没有扫描线。触发信号到来后，触发扫描。

电视场（TV-V）：用于显示电视场信号。当需要观察一个整场的电视信号时，此模式对电视信号的场信号进行同步，扫描时间通常设定为 2 ms/DIV 或 5 ms/DIV。

电视行（TV-H）：用于显示电视行信号。对电视信号的行信号进行同步，扫描时间通常设定为 5 ms/DIV，显示几行信号波形，可以用微调旋钮调节扫描时见到所需的行数。送入示波器的同步信号必须是负极的。

4. 示波器使用的安全注意事项

① 测试前，应首先估算被测信号的幅度大小，若不明确，应将示波器的垂直偏转因数（VO-LTS/DIV）选择开关置于最大挡，避免因电压过大而损坏示波器。

② 在测量小信号波形时，由于被测信号较弱，示波器上显示的波形就不容易同步，这时，可采取以下两种方法加以解决：

第一，仔细调节示波器上的触发电平控制旋钮，使被测信号稳定和同步。必要时，可结合调整扫描微调旋钮，但应注意，调节该旋钮，会使屏幕上显示的频率读数发生变化（逆时针旋转扫描因素扩大 2.5 倍以上），给计算频率造成一定困难，一般情况下，应将此旋钮顺时针旋转到底，使之位于校正位置（CAL）。

第二，使用与被测信号同频率（或整数倍）的另一强信号作为示波器的触发信号，该信号可以直接从示波器的第二通道输入。

③ 示波器工作时，周围不要放一些大功率的变压器，否则测出的波形会有重影和噪波干扰。

④ 示波器可作为高内阻的电流电压表使用。手机电路中有一些高内阻电路，若用普通万用表测电压，由于万用表内阻较低，测量结果不准确，而且还可能会影响被测电路的正常工作。而示波器的输入阻抗比起万用表要高得多，使用示波器直流输入方式，先将示波器输入接地，确定好示波器的零基线，就能方便地测量被测信号的直流电压。

以上简要介绍了示波器的基本功能及操作，示波器还有一些更复杂的功能，如延迟扫描、触发延迟、X-Y 工作方式等。示波器入门操作是容易的，真正熟练则要在应用中掌握。值得指出的是，示波器虽然功能较多，但许多情况下用其他仪器、仪表更好。例如：在数字电路实验中，判断一个脉宽较窄的单脉冲是否发生时，用逻辑笔就简单得多；测量单脉冲脉宽时，用逻辑分析仪更好一些。

示波器面板中英文对照图，如图附 1-9、图附 1-10 所示。

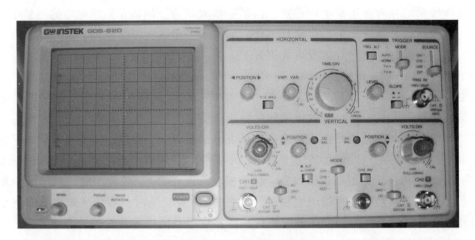

图附 1-9　示波器英文面板

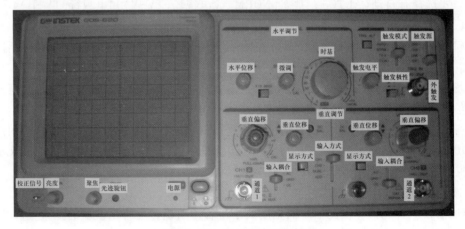

图附 1-10　示波器中文面板

[1] 朱红霞. 电子基本电路安装与测试[M]. 2 版. 北京：高等教育出版社，2018.

[2] 吴关兴. 电子技术基础与技能[M]. 北京：清华大学出版社，2010.

[3] 鲁晓阳. 电子技能实训——综合篇[M]. 北京：人民邮电出版社，2009.

[4] 陈振源. 电子技术基础与技能[M]. 3 版. 北京：高等教育出版社，2020.

[5] 王廷才. 电子技术基础与技能[M]. 北京：机械工业出版社，2010.

[6] 桂丽. 电力电子技术[M]. 北京：中国铁道出版社，2011.

郑重声明

高等教育出版社依法对本书享有专有出版权。任何未经许可的复制、销售行为均违反《中华人民共和国著作权法》，其行为人将承担相应的民事责任和行政责任；构成犯罪的，将被依法追究刑事责任。为了维护市场秩序，保护读者的合法权益，避免读者误用盗版书造成不良后果，我社将配合行政执法部门和司法机关对违法犯罪的单位和个人进行严厉打击。社会各界人士如发现上述侵权行为，希望及时举报，本社将奖励举报有功人员。

反盗版举报电话　　(010) 58581999　58582371　58582488
反盗版举报传真　　(010) 82086060
反盗版举报邮箱　　dd@ hep. com. cn
通信地址　北京市西城区德外大街 4 号　高等教育出版社法律事务与版权管理部
邮政编码　100120

防伪查询说明

用户购书后刮开封底防伪涂层，利用手机微信等软件扫描二维码，会跳转至防伪查询网页，获得所购图书详细信息。也可将防伪二维码下的 20 位密码按从左到右、从上到下的顺序发送短信至 106695881280，免费查询所购图书真伪。

反盗版短信举报

编辑短信 "JB，图书名称，出版社，购买地点" 发送至 10669588128

防伪客服电话

(010) 58582300

学习卡账号使用说明

一、注册/登录

访问 http://abook.hep.com.cn/sve，点击 "注册"，在注册页面输入用户名、密码及常用的邮箱进行注册。已注册的用户直接输入用户名和密码登录即可进入 "我的课程" 页面。

二、课程绑定

点击 "我的课程" 页面右上方 "绑定课程"，正确输入教材封底防伪标签上的 20 位密码，点击 "确定" 完成课程绑定。

三、访问课程

在 "正在学习" 列表中选择已绑定的课程，点击 "进入课程" 即可浏览或下载与本书配套的课程资源。刚绑定的课程请在 "申请学习" 列表中选择相应课程并点击 "进入课程"。

如有账号问题，请发邮件至：4a_admin_zz@ pub. hep. cn。